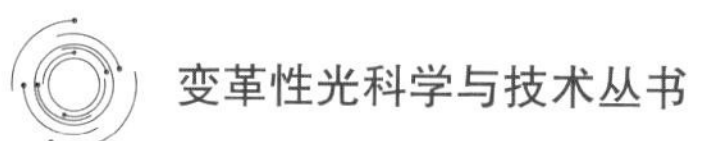

Theory and Key Technology of Photonic Antenna

光子天线的理论与关键技术

余建国 著

清華大学出版社
北京

内 容 简 介

本书讲述光子天线的基本原理，全书共分为13章，主要内容包括：光子天线的研究背景与意义，国内外研究现状，光子天线的基本原理，光子阵列天线的结构设计，光子天线的系统测试与验证，数字相干光通信系统的基本理论，16 QAM矢量毫米波信号的产生技术，载波相位恢复算法，高效率低成本的光纤无线一体化系统的实现，多频段小型化的分形结构和缝隙结构及阵列型光子天线的原理与设计，最后是总结和展望。

本书可作为微波光子学专业的高年级本科生和研究生的教学参考书，也可供移动通信行业的工程技术人员参考。

图书在版编目(CIP)数据

光子天线的理论与关键技术/余建国著. —北京：清华大学出版社，2021.8
(变革性光科学与技术丛书)
ISBN 978-7-302-58378-3

Ⅰ.①光…　Ⅱ.①余…　Ⅲ.①光学晶体－应用－微波天线　Ⅳ.①TN822

中国版本图书馆CIP数据核字(2021)第116721号

责任编辑：朱红莲
封面设计：意匠文化·丁奔亮
责任校对：赵丽敏
责任印制：杨　艳

出版发行：清华大学出版社
　网　　址：http://www.tup.com.cn，http://www.wqbook.com
　地　　址：北京清华大学学研大厦A座　　**邮　　编**：100084
　社 总 机：010-62770175　　**邮　　购**：010-62786544
　投稿与读者服务：010-62776969，c-service@tup.tsinghua.edu.cn
　质量反馈：010-62772015，zhiliang@tup.tsinghua.edu.cn
印 装 者：小森印刷(北京)有限公司
经　　销：全国新华书店
开　　本：170mm×240mm　　**印　　张**：15.25　　**字　　数**：291千字
版　　次：2021年8月第1版　　**印　　次**：2021年8月第1次印刷
定　　价：99.00元

产品编号：091180-01

丛书编委会

丛书序

光是生命能量的重要来源，也是现代信息社会的基础。早在几千年前人类便已开始了对光的研究，然而，真正的光学技术直到400年前才诞生，斯涅耳、牛顿、费马、惠更斯、菲涅耳、麦克斯韦、爱因斯坦等学者相继从不同角度研究了光的本性。从基础理论的角度看，光学经历了几何光学、波动光学、电磁光学、量子光学等阶段，每一阶段的变革都极大地促进了科学和技术的发展。例如，波动光学的出现使得调制光的手段不再限于折射和反射，利用光栅、菲涅耳波带片等简单的衍射型微结构即可实现分光、聚焦等功能；电磁光学的出现，促进了微波和光波技术的融合，催生了微波光子学等新的学科；量子光学则为新型光源和探测器的出现奠定了基础。

伴随着理论突破，20世纪见证了诸多变革性光学技术的诞生和发展，它们在一定程度上使得过去100年成为人类历史长河中发展最为迅速、变革最为剧烈的一个阶段。典型的变革性光学技术包括：激光技术、光纤通信技术、CCD成像技术、LED照明技术、全息显示技术等。激光作为美国20世纪的四大发明之一（另外三项为原子能、计算机和半导体），是光学技术上的重大里程碑。由于其极高的亮度、相干性和单色性，激光在光通信、先进制造、生物医疗、精密测量、激光武器乃至激光核聚变等技术中均发挥了至关重要的作用。

光通信技术是近年来另一项快速发展的光学技术，与微波无线通信一起极大地改变了世界的格局，使“地球村”成为现实。光学通信的变革起源于20世纪60年代，高琨提出用光代替电流，用玻璃纤维代替金属导线实现信号传输的设想。1970年，美国康宁公司研制出损耗为20 dB/km的光纤，使光纤中的远距离光传输成为可能，高琨也因此获得了2009年的诺贝尔物理学奖。

除了激光和光纤之外，光学技术还改变了沿用数百年的照明、成像等技术。以最常见的照明技术为例，自1879年爱迪生发明白炽灯以来，钨丝的热辐射一直是最常见的照明光源。然而，受制于其极低的能量转化效率，替代性的照明技术一直是人们不断追求的目标。从水银灯的发明到荧光灯的广泛使用，再到获得2014年诺贝尔物理学奖的蓝光LED，新型节能光源已经使得地球上的夜晚不再黑暗。另外，CCD的出现为便携式相机的推广打通了最后一个障碍，使得信息社会更加丰富多彩。

20 世纪末以来，光学技术虽然仍在快速发展，但其速度已经大幅减慢，以至于很多学者认为光学技术已经发展到瓶颈期。以大口径望远镜为例，虽然早在 1993 年美国就建造出 10 m 口径的“凯克望远镜”，但迄今为止望远镜的口径仍然没有得到大幅增加。美国的 30 m 望远镜仍在规划之中，而欧洲的 OWL 百米望远镜则由于经费不足而取消。在光学光刻方面，受到衍射极限的限制，光刻分辨率取决于波长和数值孔径，导致传统 i 线(波长：365 nm)光刻机单次曝光分辨率在 200 nm 以上，而每台高精度的 193 光刻机成本达到数亿元人民币，且单次曝光分辨率也仅为 38 nm。

在上述所有光学技术中，光波调制的物理基础都在于光与物质(包括增益介质、透镜、反射镜、光刻胶等)的相互作用。随着光学技术从宏观走向微观，近年来的研究表明：在小于波长的尺度上(即亚波长尺度)，规则排列的微结构可作为人造“原子”和“分子”，分别对入射光波的电场和磁场产生响应。在这些微观结构中，光与物质的相互作用变得比传统理论中预言的更强，从而突破了诸多理论上的瓶颈难题，包括折反射定律、衍射极限、吸收厚度-带宽极限等，在大口径望远镜、超分辨成像、太阳能、隐身和反隐身等技术中具有重要应用前景。譬如：基于梯度渐变的表面微结构，人们研制了多种平面的光学透镜，能够将几乎全部入射光波聚集到焦点，且焦斑的尺寸可突破经典的瑞利衍射极限，这一技术为新型大口径、多功能成像透镜的研制奠定了基础。

此外，具有潜在变革性的光学技术还包括：量子保密通信、太赫兹技术、涡旋光束、纳米激光器、单光子和单像元成像技术、超快成像、多维度光学存储、柔性光学、三维彩色显示技术等。它们从时间、空间、量子态等不同维度对光波进行操控，形成了覆盖光源、传输模式、探测器的全链条创新技术格局。

值此技术变革的肇始期，清华大学出版社组织出版“变革性光科学与技术丛书”，是本领域的一大幸事。本丛书的作者均为长期活跃在科研第一线，对相关科学和技术的历史、现状和发展趋势具有深刻理解的国内外知名学者。相信通过本丛书的出版，将会更为系统地梳理本领域的技术发展脉络，促进相关技术的更快速发展，为高校教师、学生以及科学爱好者提供沟通和交流平台。

是为序。

罗先刚

2018 年 7 月

前　言

随着现代社会向信息化、网络化、智能化的飞速发展，无线移动通信的频带资源越来越紧张，如果能将光纤通信几乎无限的频带资源与无线通信几乎无限的频带需求结合起来就可以解决无线通信频带需求的问题。光子天线就是能解决此问题的有效途径。光子天线将承载调制信号的光波通过天线直接以微波、毫米波或太赫兹波的形式发射出去，避免了由光波调制解调变成电信号，再由电信号解调调制微波或毫米波的复杂过程。承载调制信号的光波与没有承载调制信号的光波在光电探测器中拍频产生的电信号，经天线直接发射成有承载信号的微波或毫米波。高频微波、毫米波、太赫兹波信号由于频率很高，在自由空间传输时损耗很大，严重地影响了其传输距离。基于光纤拉远的光子天线恰好是解决长距离无线传输的有效方法。本书通过理论推导、仿真设计、测试验证等方式证明了光子天线的可行性。天线作为光子天线的重要组成部分，其性能的好坏对整个光子天线具有重要影响。如何实现高增益、宽频带、多频段、小型化是提高光子天线性能的主要研究内容。

本书介绍了三大类共九款结构新颖的多频宽带、高辐射、小型化天线和回波损耗、方向图、增益和效率等相关性能参数的测试结果。天线可覆盖 GSM900、DCS1800、TD-SCDMA、WCDMA、CDMA2000、LTE、5G、蓝牙、GPS、北斗、WLAN 和 WiMAX 等全部或部分通信的频段。针对高频微波、毫米波、太赫兹波传输距离受限的问题，本书介绍采用基于射频拉远的光载无线通信（radiooverfiber，RoF）技术，在光载无线通信系统的接收端采用相干探测的方式实现对光信号的线性探测，采用数字信号处理（digital signal processing，DSP）技术补偿信号的传输损伤。针对光纤传输的桥接和补环的应用需求，介绍了采用光纤无线一体化的传输方案。

本书可作为微波光子学专业的高年级本科生和研究生的教学参考书，也可供研发 5G/6G 移动通信系统的工程师及相关研究人员参考。

本书总结了作者主持的国家自然科学基金项目、国家“863”项目及参与此类项目研究的博士生和硕士生学位论文，在撰写过程中王斓、赵伦、于臻（现工作单位华北科技学院）、李依桐、黄雍涛、李凯乐等同学做了很多有益的工作，在此对各位同学表示感谢！

由于时间仓促，作者水平有限，不妥之处，请读者批评指正！

余建国

2020 年 10 月

目 录

绪　论

目前大规模商用的2G、3G、4G、5G甚至未来移动通信的无线信号传输都采用光纤拉远的方式通过光纤前传和回传，这样能显著降低无线电波的发射功率而节省能源，延长无线信号的传输距离，提高传输速率，改善无线信号传输质量。这是光与无线的有机结合，是性能各异的光子与电子的对立统一，这是哲学的胜利！光子天线是在此基础上实现小型化、集成化、芯片化的结果；是光生微波、光生毫米波、光生太赫兹波技术的结晶；是光生、光载、光接收无线信号技术发展的必然趋势。

1.1　研究背景与意义

现代社会是一个电子通信、光纤通信、无线通信等多种技术融合发展的信息化社会，无线通信技术在人们的日常生活中也得到了广泛应用。与此同时，人们对信息带宽、信道容量等通信指标提出了越来越高的要求，这也促进了无线通信技术的快速发展。传统的微波通信系统的成本相对较低，已采用频谱利用率很高的蜂窝式系统，能快速实现移动基站和移动终端之间的互联。我国的无线通信主要利用微波频段：L波段(1～2 GHz)、S波段(2～4 GHz)、C波段(4～8 GHz)、X波段(8～12 GHz)等，然而在民用和军事通信方面的频谱资源越来越紧张，现有无线电频谱已经不能满足通信业务增长的需求，利用更高频率的无线电频谱资源已成为一种发展趋势。但是高频谱也存在很多缺点：频率越高传输损耗越大，不得不缩短中继站之间的通信距离；传输高频信号的设备成本更高、技术更复杂，增加了系统的成本和难度；另外，电子通信设备的频率响应度有限，在同一系统中对不同波段的信号响应度不同，现有系统很难兼容未来的多频段通信。

针对微波通信中可用带宽紧张、传输损耗大、体积和功耗大等弊端，光纤通信恰好弥补了前者的不足。光纤通信系统具有频带资源丰富、传输损耗超低、尺寸极小、抗电磁干扰能力极强等优点。

首先，光纤通信系统具有超大的传输容量。光纤通信系统拥有 850 nm、1310 nm 及 1550 nm 三个波长的低损耗窗口。1310 nm 窗口和 1550 nm 窗口对应的通信带宽分别为 17.51 THz 和 12.5 THz。两个通信窗口的总带宽为 30 THz，为解决微波通信中频带紧张的问题做出了很大贡献。

其次，光纤通信系统的传输损耗低。在 1310 nm 低损耗窗口的损耗值为 0.3～0.5 dB/km，在 1550 nm 低损耗窗口的损耗值为 0.2～0.3 dB/km。与微波通信的高传输损耗相比，光纤通信更适合用于远距离传输，还可以减少中继站的个数，降低系统的投入成本。

再次，光纤传输系统还拥有超强的抗电磁干扰能力。构成光纤的主要材料石英是一种很好的绝缘体，传输过程中，由于石英的绝缘特性，光纤及其所传送的信号很难被外面的电磁波所影响。光纤从结构上由内而外依次为纤芯、包层、涂覆层，这种多层结构使光纤具有高保密性，传输信号不会自然泄露出来。

最后，光纤通信还可以使用波分复用、时分复用、频分复用、偏振复用等技术。利用复用技术可以提高光纤通信的频谱效率，利用并行处理多路信号的优势可以提升信号传输的效率和容量。

由于光子技术具有宽频带、高传输速率、并行性及高集成性等优点，可以实现衰减小、无电磁干扰等多种优势，而微波技术可以实现信号的集成化、低成本、无线传输与处理，因此，将微波技术与光子技术相结合形成了微波光子学，使用光子技术来解决微波通信的瓶颈问题。本书主要研究光子天线中微波和光波的相互作用机理，研究光载微波的信号产生、传输、处理以及相应的系统集成。

近些年，随着光子集成技术的逐步成熟，光子器件与功能模块集成化已经成了国内外的发展趋势。光电子集成系统具有体积小、可靠性高、性能优良及价格低廉等优点，可以满足高频光电子技术的实际应用，在 5G 和下一代移动互联网中将会发挥重要作用。

硅基光电子集成芯片的本质是在硅基芯片上直接实现光波到微波、毫米波甚至太赫兹波的直接转换，替代现有通信系统由众多的光/电、电/光转换器件等分立元件构成的方式。硅基光电子技术被认为是未来高速电路和通信系统的关键技术。高集成硅基光子芯片的发展必将为光计算、光交换、光互联的实现奠定坚实的技术基础。

研制高集成硅基光子芯片将彻底颠覆基于化合物半导体原料制作光器件的方

式。长期以来通常把电子器件集成在硅基上，将光子器件集成在化合物半导体材料上，由于两种器件各自集成的基板材质不同，光电子器件的集成很难完成，只能制作分立的光电子器件。光电子器件不能集成，体积不能缩小，由分立的光电子器件构成的系统可靠性、稳定性难以保障。通过研发高度集成的硅基光电子芯片将使光子器件和电子器件都制作在硅基上，因而能实现光电子集成。基于硅基的光电子集成而建立的通信系统必能提高稳定性、可靠性和保密性能。将通信系统光电集成后显著降低制造成本，减小设备的体积和质量，降低施工难度，节省运营成本等，彻底颠覆目前只有电子集成没有光电子集成的现状。

基于快速发展的信息化社会，我们对信息的实时性及可靠性提出了更高的要求。军事方面对通信器件在精密度和可靠性上的指标要求更高。将光电子技术高度集成于硅基，实现硅基与光电子的融合，集它们的优点于一体，使器件更加小型化，传输更加稳定快速，这对于军事领域的发展至关重要。用硅基微波光子芯片制作的光子芯片可应用在军事方面，如光学相控阵雷达、光纤远程雷达、保密光通信、无电源供应的战场环境等。光学相控阵雷达源于相控阵雷达，就是利用不断发展进步的现代军用光电子技术，而又不同于传统微波或者毫米波相控阵雷达的一种新型激光雷达。由于光学相控阵雷达是利用工作在光波段的激光作为信息载体，不受传统无线电波的干扰，而且光束极窄，很难被第三方截获，因此在军事上得到广泛应用。虽然光学激光相控阵雷达目前还处于研究阶段，但是一旦相关的光学加工工艺获得突破，那么以光学相控阵（optical phased array，OPA）为基础的激光雷达（图 1.1.1）将在目标探测与跟踪、高分辨率成像、自适应光学系统（定向能武器）、精密捕获与对准（自由空间激光通信）等方面发挥出巨大潜力。

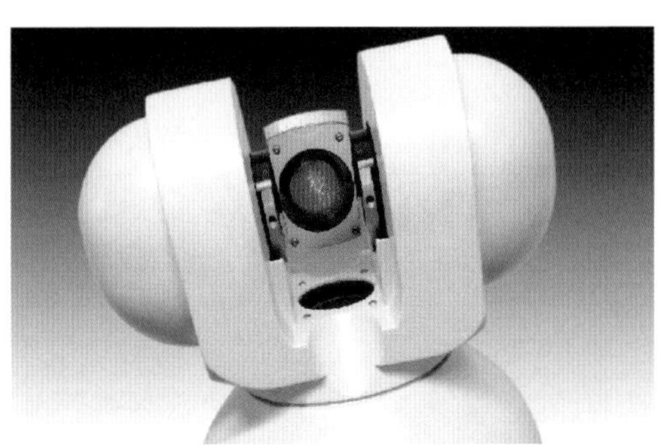

图 1.1.1　光学相控阵雷达示意图

在民用方面，光子天线可以替代现有的 2G、3G、4G 移动通信室内覆盖系统。目前使用的 6 GHz 以下的频谱资源日益紧张，已经不能满足第五代移动通信所需的传输速率。由于高频的电磁波在空气中传输损耗较大，6 GHz 以上还有巨大的高频资源空闲，随着低噪声放大器(low noise amplifier，LNA)、功率放大器、混频器、上变频器、检波器、调制器、压控振荡器(voltage-controlled oscillator，VCO)、移相器、开关、单片微波集成电路(monolithic microwave integrated circuit，MMIC)收发前端、发射/接收(T/R)组件(收发系统)等放大技术和信号处理技术的进步，该频段集成电路技术的飞速发展为其普及、应用奠定了基础，高频电磁波已经越来越受到各个生产厂商的青睐。

1.2 国内外研究现状

随着硅基光电子技术的快速发展，很多国家都在加大研发投入，美国、欧洲、日本等已经开始做相关的深入研究。

美国在传统微电子研究和制作方面的技术已经成熟，在微电子技术刚刚出现时就得到了快速的发展并占领了主导位置。美国利用已有的技术优势对硅基光电子集成技术进行进一步的深入研究。迄今为止，该项技术的发展已经成功带动了美国经济的发展。在军事应用(包括智能武器、雷达、通信和电子战等方面)的推动下，光电集成技术的发展十分迅速。IBM 公司首先提出了将该技术应用到多功能光学系统在微型芯片上的集成过程中。

IBM 公司对未来的硅基光电子集成芯片提出设想的结构。如图 1.2.1 所示，首先可以将光源、光电探测器、光调制器等光电元器件集成在硅基材料上。另外还可以利用硅基光电子技术将硅基生物探测芯片、硅基太阳能芯片这样的特殊功能单元集成到一起，实现光电子信号处理芯片的多功能。

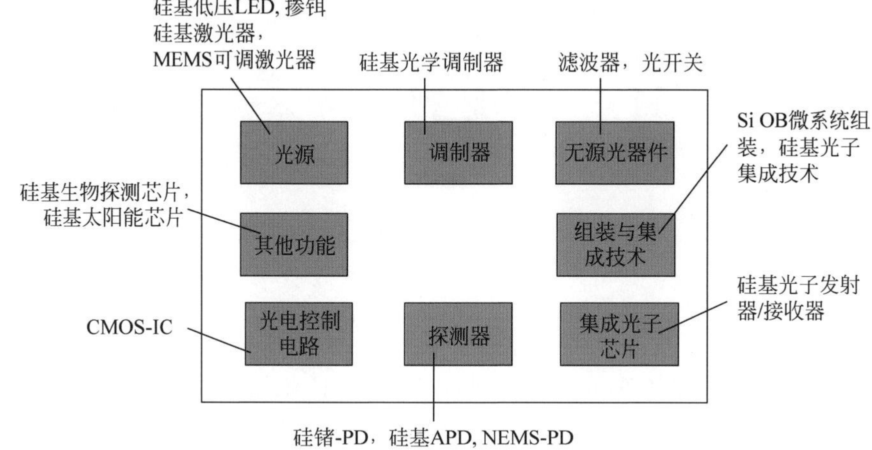

图 1.2.1 IBM 公司硅基光电子集成芯片的结构构想

2016 年，美国波士顿大学科学家首次开发出能在可见光波段内操作的纳米无线光学通信系统，更短波长的可见光将大大缩小计算机芯片的尺寸。新系统的核心技术是一种纳米天线，能让光子成群移动并高精度控制光子与表面等离子体间的相互转换。新系统中纳米等离子天线之间能通过光子相互通信，两个天线间的信息传输能耗降低了 50%，大大提高了无线通信效率，这对建筑节能也是一大利好。研究人员已经证明新纳米系统在性能上完全超越硅基光学波导技术。硅基光学波导内的光散射会降低数据传输速度，而纳米天线内不仅光子能保持光速传播，表面等离子体也能以接近 90%～95%的光速传播。

日本始终对光电子技术的研究和发展都比较重视，其硅基光电子器件领域的研究在亚洲一直处于领先地位。目前，主要研究机构有东京大学微光子实验室、名古屋大学实验室、NEC 公司等，日本也已成功地研制了用于光纤通信的 80×80 阵列的微型光开关、微机电系统（micro-electro-mechanical system，MEMS）可调谐激光器、硅基光子调制器以及用于传感的微机电系统的光学干涉传感芯片。

欧洲在硅基光电子集成方面的研究起步比美国晚一些。欧洲各国政府也对该项技术非常重视，因此在 20 世纪 90 年代末微纳光子器件的研究就得到了快速的发展。其研究机构也很多，主要有欧洲微电子研究中心（IMEC）、剑桥大学光子系统中心、帝国理工学院的光学和半导体器件研究组等，目前，已经成功研制出了基于光子晶体的紧凑型光开关、光调制器以及用于传感的硅基纳米光子化学传感器等重要微纳光器件。2010 年，Y. Yashchyshyn、J. Modelski 等人研制了发射光子天线，如图 1.2.2～图 1.2.4 所示。

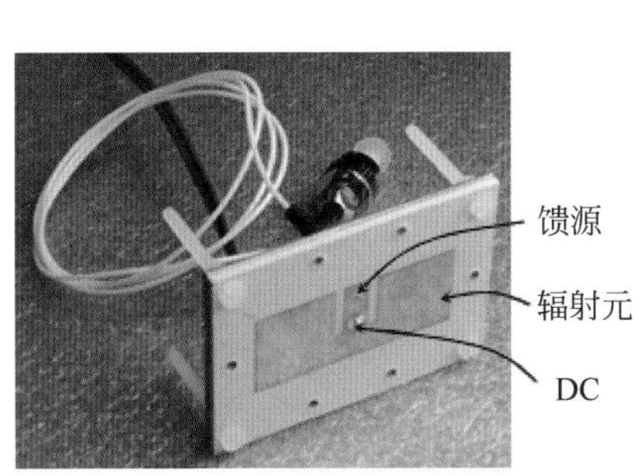

图 1.2.2　光子天线示意图

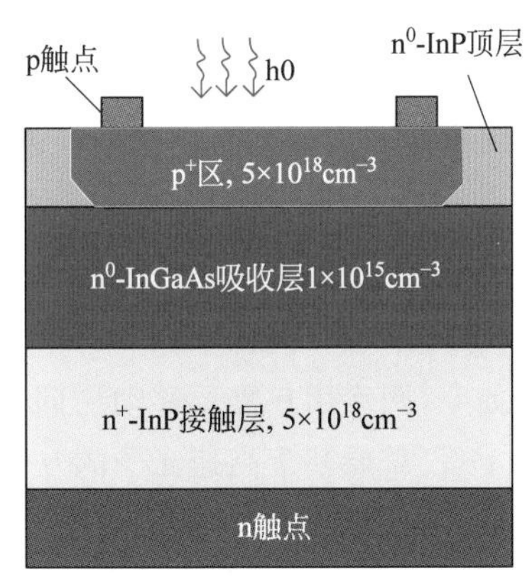

图 1.2.3　光电二极管的横截面

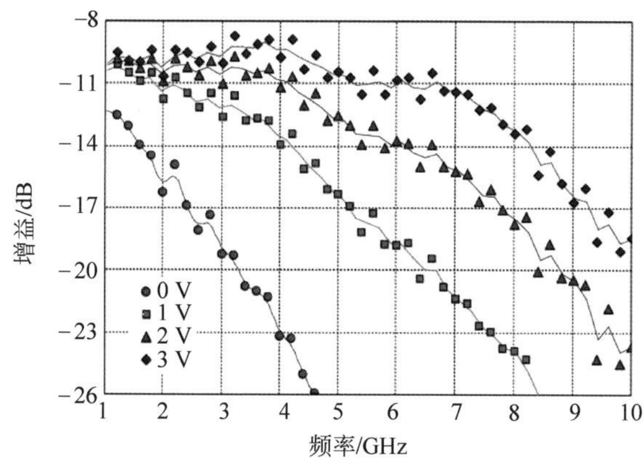

图 1.2.4 不同电压下光电子对激光二极管模块的增益

中国在硅基光电子芯片方面已开展了前期研究，中科院、清华大学、北京大学、复旦大学、湖南大学、北京邮电大学、武汉邮电科学研究院等承担了许多国家自然科学基金重点项目、国家“973”项目、自主前沿项目等，在理论仿真试验方面为进一步研制芯片打好了可靠的理论基础。中科院微电子有限公司对低噪声放大器、压控振荡器、混频器等多个微电子器件进行了仿真设计。清华大学设计了一款基于 IBM 90 nm 互补金属氧化物半导体(CMOS)工艺的功率放大器并发表了相关的文章，其中，功率附加效率约为 24.3%，饱和输出功率可以达到 18.3 dBm。北京邮电大学国家重点实验室首次在硅衬底上生长出了纯闪锌矿结构的近乎完美的 GaAs 纳米线，为研制相关器件提供了可能。现阶段国内的研究机构只针对单独的模块进行研究，而国外已经开展了对整体集成电路的相关工作，在这方面中国已经远远落后。此外，在科研上的人力和物力投入也有很大差距。所以我国必须要增强在硅基光电集成方面的自主研发和创新能力，以防在竞争中处于不利地位。

1.3 光子天线概述

如今，网络用户需要移动访问其家庭和办公室内的网络，同时需要宽带接入。因此，不仅需要基于高速光子的互联网接入网络，而且还需要能够实现移动无线终端的转换。因此需要将移动性与高速率相结合。将超宽带无线传输与基于光子的网络相结合的系统称为光纤无线电系统。但是，在这种系统中，需要两次转换：一次是从射频信号到光波，另一次是从光波到射频。在每个接入点和每个天线处都要有附加模块，因此，需要进行光子模块与高频器件的集成化和小型化，从而降低基础设施成本。

在基站架构中，现有的光接入网络基础设施可以成功地通过无线电光纤技术在网络控制器和天线点之间传送微波通信信号。通用光网络基础设施将在几个运营商之间共享以提供不同的服务。与基于同轴电缆的传统配电网络相比，光纤配线网络具有以下优点：宽带宽能力，高电气隔离，极低串扰，低射频(RF)衰减和色散，抗电磁干扰。为了降低这种系统的安装和维护成本，必须使无线电天线单元尽可能简单。这可以通过使用光子有源集成天线来实现。使用光子基天线馈电开启了独特、高性能天线系统的可能性。

光子天线可以是混合型或单片式。混合光子天线有两个独立组成部分：光纤光电调制器模块和传统的微波天线，通过微波连接器连接在一起。在单片光子天线中，光电调制器与微波天线集成。光子天线具有以下优点：重量轻，体积小，因为光子天线不需要金属射频电缆；光纤损耗低于 0.2 dB/km，为实现天线远程控制提供了可能；宽带宽；抗电磁干扰能力强，这对大型天线系统非常关键。光子天线可以将光波直接转换为微波、毫米波，甚至太赫兹波。利用光子天线＋光纤可以完全替代现代网中数以万计的采用昂贵的同轴电缆＋吸顶天线的室内覆盖系统。

当下的 3G/4G/5G 蜂窝移动通信无线网络系统大多使用射频单元加数字单元的结构模型，设备结构复杂，成本高，耗电多，施工难度大，容量有限，扩容困难。如果采用光子天线，整个通道采用全光纤技术，能同时支持多个频段、多种制式在同一根光纤中传输，代替同轴电缆的传输模式，实现从有源设备到无源设备的根本转变，降低设备和建设成本，减少机房面积，降低施工难度，提高传输带宽，减少运营成本，增加可扩展性，提升竞争力。硅基光子天线的实现方式，在结构和原理上都提出了颠覆性的变革，使无线网络覆盖由电的时代变成了光的时代。

1.4　本书的结构安排

首先对硅基光电子技术的研究背景及国内外研究进展情况进行介绍，然后总结了光生高频信号技术和天线及其组阵的相关理论知识。根据目前已有的文献资料和研究成果，以光电子技术中高频信号的产生和天线设计为中心展开研究工作，由理论到实践，由简单到复杂，从分析问题到解决问题，本书设计了一种光子阵列天线，主要包括两部分：一是四单元阵列天线的设计；二是基于光子天线的系统测试与验证。

通过以上对研究内容的整体分析，全书共分 13 章。

第 1 章是绪论。对本书研究内容的背景及意义做了详细的介绍，重点说明了硅基光电子芯片的定义及其在军事和民用方面的重要作用。接着是美国、欧洲、日本及中国在硅基光电子技术方面的研究现状。然后简要介绍了光子天线的概念，天线作为通信系统中的关键器件，设计高性能的天线对通信整体性能至关重要。最后，介绍了论文整体的结构安排。

第 2 章是光子天线技术的相关理论。首先分析了光电子技术的基本原理，包括光电转换模块和电光转换模块。然后分析了光生高频信号的几种关键技术。其中，对直接调制法、光外差法、光电振荡器法三种光生高频信号方法的原理进行了详细的介绍说明。在以上三种方法的基础上，介绍了一种基于激光相干原理的高频信号产生方法，通过理论推导和公式计算对其产生过程进行了详细的分析。

第 3 章是光子阵列天线的设计。首先介绍了微带天线的基本结构和理论知识。接着，针对中国地区的 K 波段（18～27 GHz），基于微带天线结构设计了一款微带矩形贴片阵列天线，详细说明了天线的设计过程。引入 T 型结功率分配器采用微带馈电方法对天线进行馈电，反复调节天线尺寸的大小，尽可能实现微带天线和 50 欧姆馈线在中心频率处的阻抗匹配。之后，对所设计的微带天线阵列的仿真结果进行了分析讨论，并加工制作出实物，测量了天线的辐射增益。

第 4 章是基于光子天线的测试与验证。首先对基于光子天线的光子系统进行了整体概述。然后采用光通信系统设计平台 OptiSystem 对系统设计仿真分析，详细介绍说明了微波光子天线系统的仿真结构模型。最后对仿真结果进行了分析说明，通过实际测试验证了仿真结果。

第 5 章首先介绍了数字相干光探测（即光前端）的基本原理，包括 90°混频器、相位分集的相干接收机以及基于相位分集和偏振分集的相干接收机的原理。然后介绍了数字相干光通信系统的信号处理算法（即数字解调器）的各个子模块的原理，具体的模块包括重抽样子模块、IQ 正交化子模块、色度色散子模块、时钟恢复子模块、偏振解复用子模块、频偏估计子模块和相位噪声估计。

第 6 章首先分析了毫米波信号的产生方法以及现在的毫米波产生技术，针对 QPSK 信号的频谱效率过低以及使用 MZM 调制器生成的毫米波信号的光信噪比（optical signal to noise ratio，OSNR）相对较低、稳定性也相对较差，提出并实验论证了一种基于相位调制器并结合倍频和预编码技术的 40 GHz 16 QAM 矢量毫米波信号产生方法。产生的速率为 2 Gbaud 的 40 GHz 16 QAM 矢量信号在单模光纤中传输 22 km 后误码率低于 HD-FEC 门槛 3.8×10^{-3}。

第 7 章分析了基于分区的 CPE 算法以及基于 BPS 的 CPE 算法，在此基础上介绍了一种改进的二阶 CPE 算法，在第一阶段使用传统的 P3 算法进行粗估计，在第二阶段使用简单的符号乘法就可以判断 16 QAM 星座中间圈上点的位置并进行相应的相位旋转，使得 16 QAM 星座成为普通的 QPSK 星座，然后可以方便地估计相位噪声。该算法的复杂度比 P123 算法略低，但性能比 P123 算法更好。该算法的性能比 BPS 算法略差，但是在复杂度上却比 BPS 算法低 13 倍。

第 8 章通过实验论证了两种光纤无线一体化系统：基于偏振复用 16 QAM 调制信号传输的 Q 波段(30～50 GHz)光纤无线一体化系统和基于 DML 的光纤无线一体化系统。

第 9 章介绍了天线的基本理论和分析方法，主要有有限元法、时域有限积分法、矩量法和时域有限差分方法。

第 10 章介绍了多频段小型化天线的理论基础，介绍了三类天线九种分形天线的结构模型。

第 11 章设计的天线借鉴了中国古代铜钱天圆地方的外观特点，采用五次方圆嵌套分形结构，通过对天线辐射主体缝隙的优化，以改变微带天线金属表面电流流向，天线体尺寸大小为 88.5 mm×60 mm×1.6 mm。测试结果与仿真结果比较吻合，验证了设计的合理性，可满足 DCS1800、TD-SCDMA、WCDMA、CDMA2000、LTE、蓝牙、GPS、北斗系统、格洛纳斯、伽利略等卫星导航系统，WLAN 和 WiMAX 等移动通信系统的要求。设计的天线辐射体部分采用 3 次迭代 Koch 雪花分形对正六边形辐射体进行同心掏空，形成了一个环形结构，整体尺寸大小为 88.5 mm×58 mm×1.6 mm。测试结果与仿真结果比较吻合，验证了设计的合理性，同时该天线具有较好的全向辐射特性，工作在 1.6～2.05 GHz，2.4～2.95 GHz，3.5～4.05 GHz 和 5.15～6 GHz 等四个宽频段内，增益为 0.21～7.79 dBi，效率介于 51%～98%，可满足 DCS1800、TD-SCDMA、WCDMA、CDMA2000、LTE、蓝牙、WLAN、GPS、北斗系统、格洛纳斯、伽利略等卫星导航系统的要求。

第 12 章设计的天线采用了倒三角形辐射体结构，内部具有十四个单元三角形缝隙阵列，以产生多波段，天线体尺寸大小为 60 mm×55 mm×1.6 mm 。测试结果与仿真结果比较吻合，验证了设计的合理性，同时该天线具有较好的全向辐射特性，工作在 2.23～2.65 GHz，3～3.52 GHz 和 4～5.89 GHz 等三个宽频段内，可满足 3G、4G、5G 移动通信系统和 WLAN、蓝牙、WiMAX 及卫星接收等无线通信系统的要求。设计的天线采用了圆形辐射体，其内部采用四个同心矩形开口环缝隙环，类似于中国传统文化中的“回形纹”结构，采用 50 Ω 微带线结构馈电方式，天线体尺寸大小为 50 mm×40 mm×1.6 mm。测试结果与仿真结果比较吻合，验证了设计的合理性，同时该天线具有较好的全向辐射特性，增益为 1.33～4.83 dBi，效率为 61%～95%，工作在 2.88～3.44 GHz 和 3.65～4.29 GHz 两个频段内，可满足 LTE 和 WiMAX 等无线通信应用。

第 13 章是总结与展望。

第 2 章

光子天线技术的理论基础

2.1 光子天线的基本原理

光子天线的外在表现是输入光子输出电磁波的天线。发射方向是有线输入光子无线输出电磁波,接收方向是无线输入电磁波有线输出光子。内在本质涵盖了无线通信和光纤通信相互转换的两个方面：一是光生微波、毫米波、太赫兹波的相关技术和方法；二是将比较成熟的光电转换技术用于微波、毫米波、太赫兹波、光波传输,进而提升通信系统的性能。光子技术在微波、毫米波、太赫兹波光子天线系统中的应用主要体现在三个方面：一是在信号产生时使用光子器件代替电子器件来产生无线信号；二是在无线信号传输过程中用光波作为载波来传输基带信号,使用光纤替代同轴电缆作为传输媒介；三是在信号处理过程中用光子信号处理器代替电子信号处理器。

在微波、毫米波、太赫兹波光子天线系统中,不仅有光器件、电器件,还有光电/电光转换器件。电器件主要是电学处理器件,光器件主要是光源和光学处理器件。光源是将电信号转换成光信号的器件,包括半导体激光器(LD)、垂直腔面发射激光器(VCSEL)、半导体发光二极管(LED)等。光学器件主要分为两类：第一类是有源光器件,例如光纤放大器、光谱仪、激光二极管等；第二类是无源光器件,例如光纤连接器、光定向耦合器、光学隔离器等。使用光学技术生成无线信号之后,再利用电学处理器件对其进行电学处理。其中应用最多的电学器件有滤波器、模数转换器、检测设备等。

对于电光转换模块,把无线信号调制到光信号上主要有两种方式：直接调制法和外调制法。前者的工作原理是激光器既做光源又做调制器,直接将所传输的高频信号输送到激光器中,激光器的偏置电流随着电信号的变化而变化,因此激光器输出的光强也会相应地改变。直接调制法存在固有的缺点和局限性，不适用于大带宽调制，因为受到啁啾效应及非线性的影响，信号衰减比较快、频谱也会大范围展宽，所以在实际工程应用中会受到严重限制。外调制法中，光信号的产生和调制是独立进行的，光源和光调制器是分离的器件，光源不会受到调制信号的干涉，使用外调制器把微波信号调制到光信号上，不同的调制器种类使光信号的传输特性也不同，例如光信号的幅值、相位、偏振方向等都会随着所用调制器的不同而相应变化。

对于光电转换模块，其实就是特指光电探测器。光电探测器的工作原理本质上就是光电效应。光信号辐射的能量会被热探测器的材料吸收，温度的升高会改变热探测器的电学特性。不同于光子探测器，热探测器对光信号辐射的波长不会具有选择性。只是从光信号中解调出所需信息，从而进行后续的信号处理。

光电探测器主要是基于平方率探测原理，即探测器输出电流强度与光信号场强的平方成正比，具有平方律特性，因此光电探测器也被称为平方率探测器件。表征光电探测器性能的有响应灵敏度、3 dB 带宽、饱和功率值和线性度等参数。频率响应线性度，指的是光电探测器的拍频光电流与输入光功率成线性关系比例的程度及范围，探测器线性范围的下限通常是由器件暗电流和系统噪声等原因决定的，上限由饱和电流或者过度负载决定。

假设光信号的电场强度为 $E(\omega)$，那么，经过光电探测器探测后的输出光电流为

$$i_{PD}(t)=\Re\mid E(\omega)\times E^{*}(\omega)\mid\propto\Re P_{\text{in}}(t)$$

式中，$\Re$ 为光电探测器的接收灵敏度，单位为 A/W，而且 $0<\Re<1$；$P_{\text{in}}(t)$是输入到光电探测器的光功率；$E^{*}(\omega)$是 $E(\omega)$的相位共轭形式。

2.2　高频信号产生技术分析

目前，国内外关于光生微波、毫米波、太赫兹波等高频电磁波信号的研究也取得了丰富的成果，对其总结主要有以下几种方法：直接调制法、光外差法、外调制器法三种。其中光外差法应用最为广泛，根据其工作原理的不同，具体分为相位锁定法、非线性效应法。

直接调制法就是用无线信号直接调制激光器，它是最简单的一种光生无线信号方式(图 2.2.1)。激光器既做光源又做调制器，直接将所传输的信号输送到激光器中驱动直调激光器，激光器的偏置电流随着电信号的变化而变化，因此激光器输出的光强也会相应地改变。

直接调制法也存在固有的缺点和局限性，不适用于大带宽调制。因为受到啁

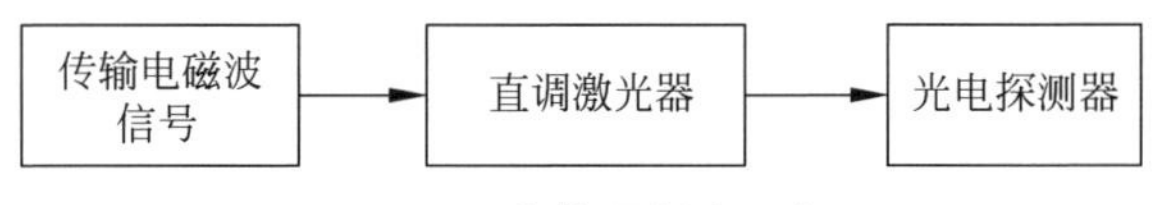

图 2.2.1　直接调制法示意图

啾效应及非线性的影响，信号衰减比较快、频谱也会大范围展宽，所以在实际工程应用中会受到严重限制，只适用于短距离低速率的传输系统。

光外差法的主要工作原理如图 2.2.2 所示，是在光纤中传输两路频率不同的信号，两路信号的频率差为设计所需的信号频率。将被传送的微波信号调制到任意一个光信号上，当两路信号进入光电探测器后，在光电探测器中拍频产生它们的差频，即设计所需要的微波信号。

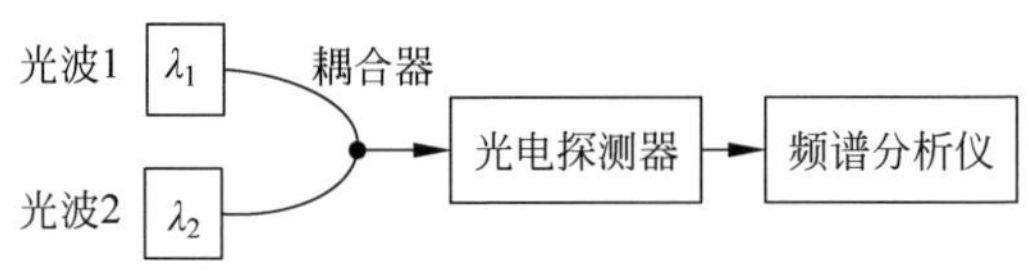

图 2.2.2　光外差法示意图

远程光外差法是近些年来微波光子学的一个发展趋势。与直接调制法相比，光外差法有非常大的优势，它能够生成高频的射频信号，而且在光纤通信过程中产生的色散影响低，因为传送的两个光波谱线宽度很窄，光谱成分少。

外调制器法的实现框图见图 2.2.3，其基本原理是激光相干原理。在普通光源中，原子发光过程都是自发辐射过程，各个原子的辐射都是自发、独立地进行的，因而各个原子发出的光子在频率、发射方向和初位相上都是不相同的，所以，在光源的不同位置发出来的光各不相同，不具备空间相干性；而它的 $\Delta\nu$ 很大，所以 Δt 就很短，因而也不具备时间相干性，普通光源发出的光不是干涉光。对激光器来说，它所发射的激光单色性很好，即激光的 $\Delta\nu$ 非常小，比普通光的 $\Delta\nu$ 要小得多，因而激光的相干时间 Δt 很大，即激光的时间相干性是很好的。

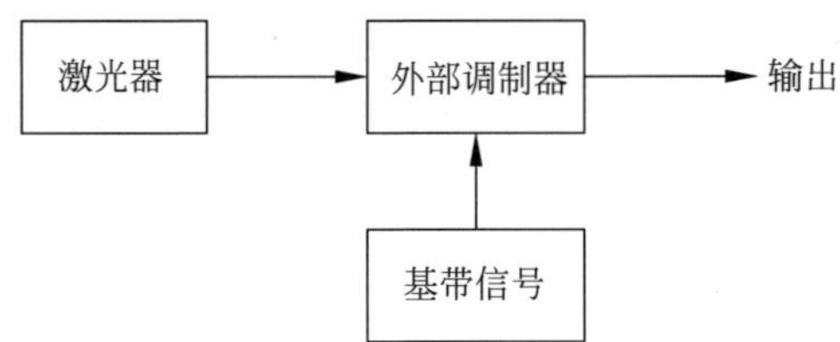

图 2.2.3　外调制器法示意图

外调制器法的实现机理是强光信号在混频的过程中光与物质发生非线性效应，混频后产生了倍频、和频、差频、同频等，采取相位匹配的方法，抑制不需要的分量，加强需要的分量，所需的高频电磁波就是我们需要加强的差频信号。根据麦克斯韦方程组和 MZM 调制模型，可以研究推导和设计出无线信号的实现方案。

2.3 基于光外差法的高频信号产生

如图 2.2.2 所示为通过外部光外差法生成无线信号的框图模型，两个激光器独立地产生两个波长分别为 λ_1、λ_2 的光信号，两路信号经过光耦合器后传送到光电探测器，拍频产生所需的无线信号，最后在频谱分析仪上对拍频信号进行分析。产生的无线信号频率 f_{m} 为

$$f_{\mathrm{m}}=\frac{c}{\lambda_1}-\frac{c}{\lambda_2} \tag{2.3.1}$$

式中，c 为真空中的光速。假设两个光信号的电场表达式是

$$E_1(t)=E_1\cos(2\pi f_1 t+\varphi_1) \tag{2.3.2}$$

$$E_2(t)=E_2\cos(2\pi f_2 t+\varphi_2) \tag{2.3.3}$$

式中，E_1、E_2 分别是两个光信号的振幅；f_1、f_2 分别是两个光信号的频率；φ_1、φ_2 分别为初始相位，两个光信号叠加的场强 $E(t)=E_1(t)+E_2(t)$。

以下公式为计算光电探测器上输出的光信号的能量：

$$\begin{aligned}P(t)\propto I(t)&=\{E_1(t)+E_2(t)\}^2\\&=E_1^2\cos^2(2\pi f_1 t+\varphi_1)+E_2^2\cos^2(2\pi f_2 t+\varphi_2)+\\&\quad E_1E_2\{\cos[2\pi(f_1+f_2)t+(\varphi_1+\varphi_2)]+\\&\quad \cos[2\pi(f_1-f_2)t+(\varphi_1-\varphi_2)]\}\end{aligned} \tag{2.3.4}$$

式(2.3.2)及式(2.3.3)也可以改写成以下形式：

$$E_1(t)=E_1\mathrm{e}^{\mathrm{j}(2\pi f_1 t+\varphi_1)} \tag{2.3.5}$$

$$E_2(t)=E_2\mathrm{e}^{\mathrm{j}(2\pi f_2 t+\varphi_2)} \tag{2.3.6}$$

光电探测器有一个关键的参数，即响应度 $R_{\text{响}}$，单位是 A/W，定义如下：

$$R_{\text{响}}=\frac{q\eta}{hf} \tag{2.3.7}$$

其中，f 是接收信号的频率；η 是量子效率。

以下表达式表示光电探测器上的电流：

$$i(t)=R_{\text{响}}\cdot P(t) \tag{2.3.8}$$

根据式(2.3.4)、式(2.3.7)及式(2.3.8)，推导出输出电流为

$$i(t)=\frac{q\eta}{hf}\cdot\{E_1^2+E_2^2+2E_1E_2\cos[2\pi(f_1+f_2)t+(\varphi_1+\varphi_2)]+$$

$$2E_1E_2\cos[2\pi(f_1-f_2)t+(\varphi_1-\varphi_2)]\}\tag{2.3.9}$$

光电探测器输出的无线信号频率是 f_1-f_2，根据以上对光电探测器的工作原理分析，f_1 和 f_2 均为高频的光信号。式(2.3.9)的 E_1^2，E_2^2 是直流分量，是对光信号的响应参数。然而，式(2.3.9)的后两项和前两项在物理意义上有很大的区别，它们不再是直流分量，而是随时间和频率变化的量，代表的是光功率的时变响应。其中，由于 f_1、f_2 为高频信号，f_1+f_2 的频率太高，而且在实际中很难存在如此高的频率，光电探测器不能探测出此频率的光信号。因此，频率为 f_1+f_2 的光信号与探测器不发生相互作用，此项可忽略不计。相比 f_1+f_2，f_1-f_2 是个变化速度很慢的电流分量，在 f_1-f_2 不超过光电探测器的截止响应频率 f_c 的情况下，就会产生相应的光电流。基于以上的工作原理分析和数学计算，光电探测器上的响应电流是

$$i(t)=\frac{2\eta q}{hf}\cdot\{E_1^2+E_2^2+2E_1E_2\cos[2\pi(f_1-f_2)+(\varphi_1-\varphi_2)]\}\tag{2.3.10}$$

假定光电探测器的等效电阻为 R，由欧姆定律可知，生成的无线信号电压是 $V(t)=R\cdot i(t)$。在不考虑直流分量仅考虑交流分量的情况下，电压特性如下：

$$V(t)\propto\frac{2\eta q}{hf}\cdot E_1E_2\cos[2\pi(f_1-f_2)+(\varphi_1-\varphi_2)]\tag{2.3.11}$$

鉴于光波频率要远大于光电探测器的截止频率，可以对交流分量在很长时间区域内求积分均值来近似等效为光电探测器上的响应电流：

$$\begin{aligned}i(t)&\propto\frac{1}{T}\cdot\frac{2\eta q}{hf}\cdot\int_0^T E_1E_2\cos\,[2\pi(f_1-f_2)t+(\varphi_1-\varphi_2)]\mathrm{d}t\\&=\frac{2\eta q}{hf}\cdot\frac{E_1E_2}{\pi T(f_1-f_2)}\cdot\{\sin\,[2\pi(f_1-f_2)t+(\varphi_1-\varphi_2)]-\sin\,(\varphi_1-\varphi_2)\}\\&\propto\frac{2\eta q}{hf}\cdot\sin[2\pi(f_1-f_2)+(\varphi_1-\varphi_2)]\end{aligned}\tag{2.3.12}$$

基于能量 Q 和电压 V 及电流 I 之间的关系，得出产生的无线信号能量在一定时间 T 内的积分平均值是定值，进而得知无线信号功率在一定的时间内是稳定的。

2.4 基于外调制器的高频信号产生

如图 2.4.1 所示，第一个 MZM 是单臂调制器，其作用是实现强度调制，基带信号通过该调制器强度调制到入射光信号上。第一个 MZM 的输出为

$$E_{\text{out1}}(t)=A(t)\exp\,(\mathrm{j}\omega_0t)\tag{2.4.1}$$

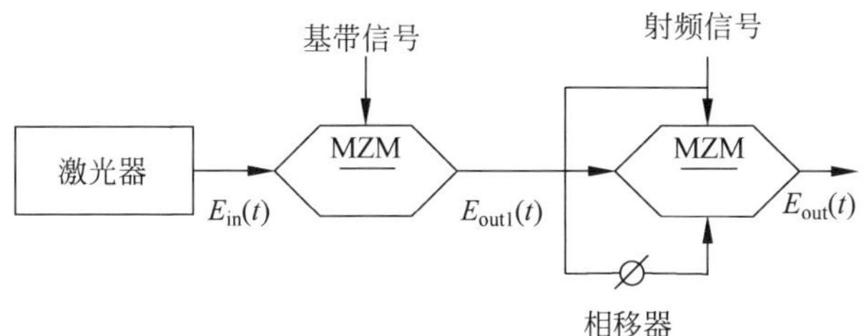

图 2.4.1　通过外调制器产生高频信号的框图

根据贝塞尔(Bessel)展开公式：

$$\exp(\mathrm{j}x\cos\theta) = \sum_{n=-\infty}^{+\infty} \mathrm{j}^n J_n(x)\exp(\mathrm{j}n\theta) \tag{2.4.2}$$

$$\exp(\mathrm{j}x\cos\theta) = \sum_{n=-\infty}^{+\infty} J_n(x)\exp(\mathrm{j}n\theta) \tag{2.4.3}$$

可将第二个 MZM 的输出表示为

$$\begin{aligned} E_{out}(t) &= \frac{A(t)\exp(\mathrm{j}\omega_0 t)}{2}\left\{\exp[\mathrm{j}Z_1\cos(\omega_{RF}t)] + \exp\left(\mathrm{j}\frac{\pi V_{DC2}}{V_\pi}\right)\exp[\mathrm{j}Z_2\cos(\omega_{RF}t+\theta)]\right\} \\ &= \frac{A(t)}{2}\sum_{k=-\infty}^{+\infty}\mathrm{j}^k[J_k(Z_1) + \\ &\quad \exp\left(\mathrm{j}\frac{\pi V_{DC2}}{V_\pi}\right)\sum_{q=-\infty}^{+\infty}(-\mathrm{j})^{-q}J_{k-q}(Z_2\cos\theta)J_q(Z_2\cos\theta)]\exp[\mathrm{j}(\omega_0+k\omega_{RF})t] \\ &= A(t)\sum_{k=-\infty}^{+\infty} a_k\exp[\mathrm{j}(\omega_0+k\omega_{RF})t] \end{aligned} \tag{2.4.4}$$

其中 a_k 和 φ_k 的表达式如下：

$$a_k = \frac{1}{2}\left|\sum_{k=-\infty}^{+\infty}\mathrm{j}^k\left[J_k(Z_1) + \exp\left(\mathrm{j}\frac{\pi V_{DC2}}{V_\pi}\right)\sum_{q=-\infty}^{+\infty}(-\mathrm{j})^{-q}J_{k-q}(Z_2\cos\theta)J_q(Z_2\cos\theta)\right.\right|$$

$$\varphi_k = \arg\left\{\mathrm{j}^k\left[J_k(Z_1) + \exp\left(\mathrm{j}\frac{\pi V_{DC2}}{V_\pi}\right)\sum_{q=-\infty}^{+\infty}(-\mathrm{j})^{-q}J_{k-q}(Z_2\cos\theta)\right\}J_q(Z_2\cos\theta)\right)$$

通过控制第二个 MZM 的偏置电压、射频信号的相位以及移相器的移相值可以实现 DSB 调制。

2.5 本章小结

本章主要介绍了光子天线技术的基础理论。首先分析了光子天线的基本原理，包括光电转换模块和电光转换模块。光电转换模块特指光电探测器，光电探测器的工作原理本质上就是光电效应。在电光转换模块中，主要介绍了把无线信号调制到光信号上的两种调制方式：直接调制法和外调制法。然后分析了光生高频无线信号的几种关键技术。其中，对直接调制法、光外差法、外调制器法三种光生高频信号方法的原理进行了介绍说明。直接调制法就是用无线信号直接调制激光器，它是最简单的一种光生信号方式；光外差法是在光纤中传输两路频率差为所需频率的信号，将基带信号调制到任意一个光信号上，当两路信号进入光电探测器后拍频产生所需信号；外调制器法不是对激光器直接进行调制，而是对激光器输出的光信号进行调制，基于激光相干原理。外调制器法的实现机理是强光信号在混频的过程中光与物质发生非线性效应，混频后产生了倍频、和频、差频、同频等，采取相位匹配的方法，抑制不需要的分量，加强需要的分量。最后通过公式计算推导对光外差法和外部调制器法产生高频信号的原理和过程，并进行了详细的分析。

第3章

光子阵列天线的设计

光子天线中可用光生微波、毫米波或太赫兹波等电磁波，考虑到光生毫米波和光生太赫兹波的光子阵列天线设计的原理与光生微波的基本原理相同，只有频率不同，故本书以光生微波为例介绍光子天线。

传统的微波天线是使用微波频段的电磁波来进行信号传输的，而且在信源的生成过程中，完全是利用的全电子学。随着通信技术的不断发展，开始引入光子技术来实现微波信号的生成、传送及处理。电子技术与光子技术的结合可以提升通信传输的性能质量，给通信领域带来了新的发展空间。本章以工作频率为 20 GHz 的四单元天线阵列为例，详细分析了天线的设计过程及仿真测试结果。对于阵列天线的设计，包括两个方面：一是天线阵阵元的设计，主要包括辐射元形式的选取、辐射元尺寸的确定及馈电形式选择；二是阵列的设计，包括阵列形式的选择、阵列尺寸的确定及匹配网络的设计。

3.1 微带光子天线的分析方法

研究天线要首先分析其向外围空间辐射的电磁场。只有得知了电磁场的特点，才能进一步得知天线的其他性能特征，例如输入阻抗、方向图和增益等。常见的分析方法有传输线法、腔模理论、多端口网络模型和数值分析法等。以下将分别详细介绍四种方法的分析原理及过程。

3.1.1 光子天线传输线法

传输线法在结构上分为四部分，由下而上依次为接地板、介质、金属带线以及基片上方的空气介质。它是一种开放型结构，电磁波可以向四周整个区域辐射。电磁波在介质和空气中的传输性能不同，在两者的分界面上电磁波的振幅和相位都会发生变化。在传输线法中，电磁波具有多模形式，电场和磁场在各个方向上都存在分量。所以我们常用到的横电磁波不能在微带线中单独传输。如果传输的信号频率偏低，导致波长远远大于传输线的基片厚度，电磁波的能量就会集中于介质基片内，那么微带线所产生的就是准横电磁波。

基于以上对传输线法的解析，在满足以下两条基本假设情况下，使用传输线法来研究微带天线更常见。首先，要假设金属带线、接地板及其之间的介质形成了一段微带传输线，传播的是准 TEM 波，传输方向由馈电位置确定，沿着传播方向上呈现的是驻波形式，垂直于传播方向上的分量是定值。其次，我们要把传输线的两个开口端近似看作两个辐射缝口。缝隙垂直方向的场即传输线两端的场强，可近似认为缝平面在微带片两端的延展面上，开口场强方向会随着开口平面的改变而改变。

矩形贴片天线就是一种典型的微带天线，其辐射原理和以上分析的微带天线原理相同。辐射元就是一片金属带线，长度往往是传输信号波长的一半，它与接地板和介质基片可近似看作一段传输线，两个开口端的缝口向外辐射电磁波。因为贴片尺寸大概为半波长，所以两端辐射边缘场的法向分量方向相反，水平分量方向相同。对于远场辐射场来说，两个开口端在水平方向上的辐射场可以看作无限大平面上同相激励的两个槽。简而言之，微带贴片单元可等效为半波长的传输线谐振器。两个开路端的边缘场辐射电磁波，辐射场只沿着辐射贴片的水平方向变化，在垂直方向上不发生变化。用 x-y 平面表示辐射贴片所在的水平面，两个辐射缝隙的间距为 $L(L\approx\lambda/2)$。

使用传输线模型理论对天线进行分析的方法比较简单明了，计算复杂度小。但传输线模型理论也具有自身的局限性，该方法分析的对象往往是矩形微带天线和微带振子，对于其他模型的天线并不适用。另外，传输线模型理论是建立在一维平面上，当微带天线是多层结构的时候，该方法也不适用。同时，使用此方法的前提是传输线传输的是准横电磁波模式，且传输波长要远远大于基板的厚度。

3.1.2 光子天线腔膜理论

腔膜理论的研究基础为微带谐振腔。从外观形状上来看，谐振式的微带天线和微带谐振腔没有很大的不同，所以，两者的分析方法可以互通。

分析微带谐振腔的过程为：首先要划定谐振腔的边界条件，明确腔内的传输主模，然后根据公式计算谐振腔的输入阻抗、品质因数及谐振频率等特性参数。使用此方法来分析天线就成了单模理论。在很多情况下，使用此方法得不到我们想要的结果。因此，对此方法进行优化改善，形成了多模理论。用无限个互相正交的模来表示腔体内的电磁场，这种表示方式相对来说比较准确。根据这种多模理论分析天线而得到的结果比较精确，计算量也不是很大，所以经常被用在实际工程当中。

像传输线法一样，腔模理论的分析也有假设条件。设腔体高度为 h，传输电磁波的波长为 $\lambda(\lambda \gg h)$，对于腔内的电场，可以忽略 x 轴和 y 轴方向的场强分量，近似为只有 z 轴方向的分量；对于腔内的磁场，可以忽略 z 轴方向的磁场分量，近似看做只有 x 轴和 y 轴方向上的分量。在这个传输空间内，对于所有有用频段的场，都和 z 轴方向无关；对于边缘上的点，微带中的电流都没有正交于边缘的分量，这表示磁场在边缘处的切向分量可以忽略不计。腔膜理论中的腔其实就是由四周的磁壁和上、下两面的电壁组成的腔体。如果把天线中的场看作腔体中的场，就可根据腔膜理论来求解天线的辐射方向图、输入阻抗和辐射功率等特性参数。

腔体模型的电场和磁场可以通过以下计算公式求解：

$$\bar{E}_{mn} = \Psi_{mn}\hat{Z}, \quad \bar{H} = \bar{Z} \times \nabla_t \Psi_{mn}/\mathrm{j}\omega\mu \tag{3.1.1}$$

$$(\nabla_t^2 + k_{mn}^2)\psi_{mn} = 0 \tag{3.1.2}$$

在磁壁上，$\dfrac{\partial_{\psi_{mn}}}{\partial_n}=0$。

其中，∇_t 是 z 轴方向上的哈密尔顿算子；ψ_{mn} 是矩形微带贴片辐射电磁场的解；k_{mn} 是相对于 TM_{mn} 模的谐振波数：

$$k_{mn} = \omega_{mn}\sqrt{\mu\varepsilon} \tag{3.1.3}$$

无论是用微带线还是同轴线对微带天线馈电，都会产生很多模。在求解时需要考虑周全，否则就会得出错误的结论。

假设可以用理想导体将微带天线的周围包起来，而且理想导体的引入不影响原有电磁场的分布，那么场可以用模函数 ϕ_{mn} 来表示。因此，E_z 可以表示为

$$E_z = \mathrm{j}k_0\eta_0 \sum_{m=0}^{\infty}\sum_{n=0}^{\infty} \frac{\phi_{mn}(x,y)\phi_{mn}(x',y')}{k^2 - k_{mn}^2} \mathrm{sinc}\left(\frac{m\pi d}{2L}\right) \tag{3.1.4}$$

其中，$k^2 = \varepsilon_r(1-\mathrm{j}\tan\delta)k_0^2$，$k_0 = 2\pi/\lambda_0$；$\tan\delta$ 是介质的损耗角正切，$\eta_0 = 120\pi\Omega$。

$$\varphi_{mn}(x,y) = \frac{\varepsilon_{0n}\varepsilon_{0m}}{LW}\cos\left(\frac{n\pi x}{L}\right)\cos\left(\frac{n\pi y}{W}\right) \tag{3.1.5}$$

ε_{0m} 和 ε_{0n} 是黎曼数，定义如下：

$$\varepsilon_{0m}, \quad \varepsilon_{0n} = \begin{cases} 0, & m,n=0 \\ 2, & m,n \neq 0 \end{cases} \tag{3.1.6}$$

在确定了场分布之后，可以根据惠更斯原理来求解腔体与空气分界面上的磁流源：

$$\bar{M}(x,y) = 2\hat{n} \times \hat{z}E_z \tag{3.1.7}$$

通过不同模的磁流分布图，进而求解出天线的辐射方向图、输入阻抗及辐射功率等特性参数。

3.1.3 光子天线多端口网络模型

在空腔模型的基础上继续研究发展，从而形成了多端口网络模型。该网络模型不仅要求解内部的场分布情况，还涉及周围空间上的边界条件问题。分析不同边缘之间的互耦效应需要通过贴片的边缘导纳及平面电路方法。在多端口网络模型分析中，由于内层区域与外层区域的场形式不同，需要进行独立建模：用多端口平面电路来等效内层区域的场，所有的端口方向都朝向外围空间；至于外层区域，场的类型比较复杂，通常用负载导纳来等效。

在该模型分析过程中，无论有没有参加辐射，任何的边缘均可以用负载导纳来体现。在确定边界条件的情况下，所有的负载导纳不是与单独的端口对接，而是要被平均分配给几个端口，通过这些端口与内层区域相连接。所以，只要边缘情况确定下来，内层区域的多端口平面网络与外层区域的负载网络的端口数目总相同。如图 3.1.1 为矩形贴片天线等效的多端口网络模型。

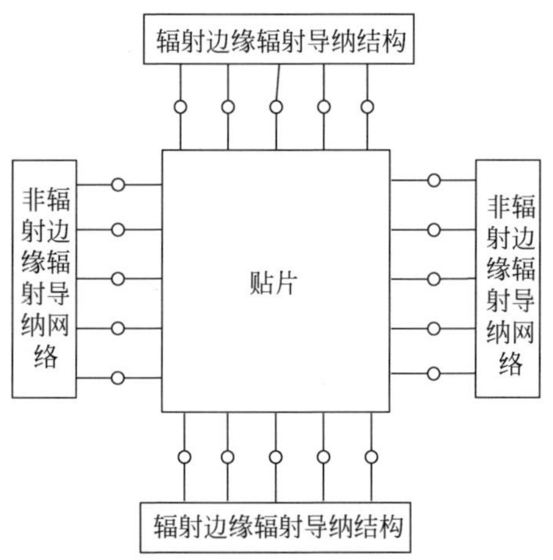

图 3.1.1 多端口网络模型

多端口网络模型在多种形状的微带天线的分析中都已得到广泛的应用，包括圆极化方形贴片、五角星贴片、矩形贴片天线等，其中应用最多的就是矩形贴片天线。多端口网络模型之所以得到广泛应用，其中最关键的原因就是在分析中包含了贴片的不连续性。近些年来，新兴的临近耦合式矩形贴片天线也在尝试使用该模型来进行建模分析。

3.1.4　光子天线数值分析法

相比于传输线理论和腔模理论来说，数值分析法的模型比较复杂，计算量较大。它并不像其他两种分析方法一样是针对具体的问题进行建模假设，而是特指全波分析中的数值分析方法。全波分析法的分析过程主要集中了大量的数学计算：第一步根据边界条件推出源分布的积分方程；第二步根据第一步的结果求出源分布情况；第三步根据第二步的结果利用积分算式求解总场。由于现实生活中的问题往往要比理论分析复杂很多，因此分析过程中的积分运算都要通过数值运算技术来解决。其中，我们经常用到的方法是矩量法，其余两种方法的运用也较为广泛。随着各种技术的逐渐进步，新兴的数值分析方法也在不断出现。

最近几年，计算 EDA 技术不断进步，大量的电磁仿真软件也随之出现。它们都是以上面提到的几种基本分析方法为核心，再通过所有软件共有的程序设计添加一些辅助功能，例如参数转换、数据和图表导出、界面优化等。

仿真过程大概如下：第一，对项目所给的指标要求进行综合分析，确定适合的模型结构；第二，设置天线的尺寸参数，在仿真平台上进行建模分析；第三，将仿真结果和预期的性能指标对比分析，修改天线的设置参数，对天线进行反复的优化仿真，直到仿真结果接近预期结果；第四，确定天线尺寸，输出仿真结果。

3.2　光子天线阵元设计

为了方便地组成阵列，在设计阵列单元的时候要以结构简单、馈电容易为基本原则。与此同时，也要保证天线的基本参数，在中心频率处尽可能地实现天线的阻抗匹配以及带宽、增益等重要参数的指标要求。一般情况下，天线设计的整体要求就是在规定的频率处实现所需要的工作性能。根据天线的设计目标选择合适的天线结构，最常用的两种形状是矩形贴片和圆形贴片。在本书设计中选择最常用的矩形微带天线，见图 3.2.1。

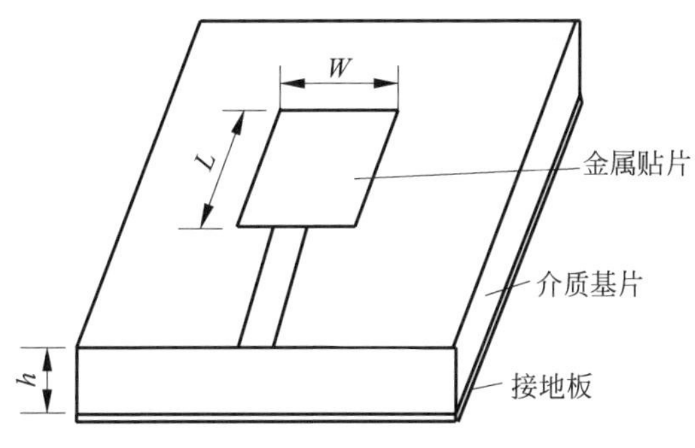

图 3.2.1　矩形微带天线结构

微带天线从结构上来说是在带有导体接地板的介质基片上贴加一种导体薄片，主要由三层结构组成，包括最底层的接地板、中间层的介质基片和最上层的金属贴片。微带天线的辐射元为最上层的金属贴片，它的辐射是由微带天线导体边沿和地板之间的边缘场产生。相比于其他形式的天线，微带天线拥有很多优点，例如剖面低、体积小、重量轻、易于加工等，在硅基微波光子天线的设计过程当中，最明显的一个优点是易于集成。

3.2.1 微带天线的工作原理

微带天线是在带有导体接地板的介质基片上贴加导体薄片而形成的天线。它利用微带线或者同轴线等馈电，在导体贴片与接地板之间激励起辐射电磁场，并通过贴片四周与接地板之间的缝隙向外辐射。因此，微带天线也可以看作一种缝隙天线。通常介质基片的厚度与波长相比是很小的，因而它实现了一维小型化。

微带天线的辐射是由微带天线导体边沿和地板之间的边缘场产生的。对微带线不连续性的辐射分析是以微带开路端和地板所构成的口径场为基础，基于导体中的电流进行的，这个分析式也可用来计算辐射对于微带谐振器品质因数的影响。按此分析，辐射对于总品质因数的影响可描述为谐振器尺寸、工作频率、相对介电常数及基片厚度的函数。理论和实验结果表明：在高频时，辐射损耗远大于导体和介质的损耗；在用厚的且介电常数较低的基片时，开路微带线的辐射更强。

用图 3.2.2 的简单情况来说明天线的辐射原理。这是一个矩形微带贴片，设辐射贴片长 L 近似为半波长，宽度为 W，介质基片的厚度为 h。我们可以将辐射元、介质基片和接地板视为一段长为 $\lambda/2$ 的低阻抗微带传输线，在传输线的两端断开形成开路。由于基片厚度 $h \ll \lambda$，故可假定电场沿微带结构的宽度与厚度方向没有变化。

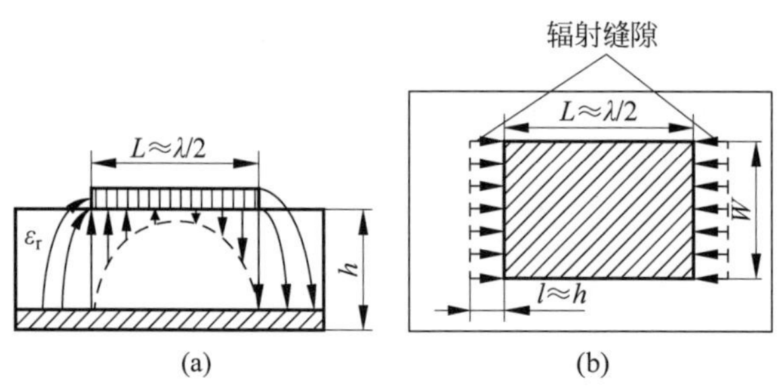

图 3.2.2 微带天线的辐射原理

(a) 微带天线沿长度 L 方向的电场结构；(b) 微带天线沿宽度 W 方向的电场结构

在激励主模情况下，传输线的电场结构可由图 3.2.2(a)表示，电场仅沿约为半波长($\lambda/2$)的贴片长度方向变化。辐射基本上是由贴片开路边沿的边缘场引起的。

显然，在两开路端的电场可以分解为相对于接地板的垂直分量和水平分量。因为辐射贴片单元长约为$\lambda/2$，所以，两垂直分量电场方向相反，由它们产生的远区场在正面方向上互相抵消。平行于地板的水平分量电场方向相同，因此，合场强增强，从而使垂直于结构表面的方向上辐射场最强。所以，两开路端的水平分量电场可以等效为无限大平面上相距$\lambda/2$、同相激励并向地板以上半空间辐射的两个缝隙，缝隙的宽度近似等于基片厚度h，长度为W，如图3.2.2(b)所示。如果介质基片中的场同时沿宽度和长度方向变化，那么微带天线应该用辐射元周围的四个缝隙的辐射来等效。

3.2.2 阵元结构与设计

在整个天线设计过程当中，介质基片的选择及其厚度h的设置对整个设计起着重要的作用。因为介质基片的介电常数ε_r和损耗正切角$\tan\delta$及其厚度h对微带天线的参数指标很关键。天线辐射贴片的尺寸由介质基片的相对介电常数、基片厚度和天线的工作频率共同决定。使用高介电常数的介质基片可以有效缩小天线的面积，但是介电常数也不能太高，否则会对缝隙的辐射产生负面作用，使天线的辐射效率和带宽性能都不如之前。为了提高天线的增益，可以利用增加介质基片厚度的方法。总而言之，改变介电常数和介质基片的厚度不会影响天线的输入阻抗，但是适当地提高介电常数和介质基片厚度却可以提高天线的辐射功率，改善天线的辐射性能。

在选择介质基片时需要考虑很多因素。首先是介质基片本身的特性，因为其中两个重要参数介电常数和损耗正切角对周围环境具有不可抗性，随着温度的升高和降低参数性能也会有相应的改变。另外，还要考虑到天线的应用场景和制作过程中需要的一些特性。在一些特殊的应用场景中，天线的稳定性会受周围环境的影响，例如吸水、受热、老化等都会使其性能改变。在天线加工过程中，需要天线材料具有抗压性、可变性、抗化学性等。这些都是在选择介质板时需要考虑到的因素。在本书的天线设计中，综合以上多种因素考虑，选用的是介电常数$\varepsilon_r=2.55$的AD255。

通过以上几种分析方法总结了一些天线设计相关的常用公式。如果介质基片的相对介电常数为ε_r，那么其等效介电常数ε_e为

$$\varepsilon_e=\frac{\varepsilon_r+1}{2}+\frac{\varepsilon_r-1}{2}\left(1+\frac{10h}{w}\right)^{-1/2} \tag{3.2.1}$$

其中，w是微带天线的宽度；h是选用介质基片的厚度。由此可知，等效介电常数与天线宽度、基片厚度相关，可以通过改变基片厚度来调整等效介电常数。

天线的带宽也是一个很重要的参数指标，在工作频率一定时，带宽B主要由

介质基片的厚度决定，具体关系如下：

$$B = 128f^2h \tag{3.2.2}$$

其中，带宽 B 的单位是 MHz，频率 f 的单位为 GHz，介质基片厚度 h 的单位为 ft (1 ft=2.54 mm)。参数的单位不同，表达式也不同。如果 h 的单位是毫米，那么公式(3.2.2)又表示为

$$B = 5.04f^2h \tag{3.2.3}$$

在确定了介质基片之后，可以先计算辐射天线的宽度 W。因为，天线单元的宽度 W 由介质基片的介电常数和工作频率共同决定。通过公式(3.2.1)可得，在 ε_r 及 h 确定的情况下，单元宽度 W 直接影响着等效介电常数 ε_e，而 ε_e 又影响着单元长度 L 的尺寸。微带天线的方向图、增益、带宽及效率等都直接或间接地受到单元宽度 W 的影响。此外，单元宽度的尺寸又直接决定着天线阵列的总体尺寸。

介质基片的介电常数为 ε_r，天线的工作频率为 f_r，则辐射单元的宽度 W 为

$$W = \frac{c}{2f_r}\left(\frac{\varepsilon_r + 1}{2}\right)^{-1/2} \tag{3.2.4}$$

其中，c 代表光速。按照式(3.2.4)得到的尺寸设计天线，天线的辐射效率可以达到最高。如果设计尺寸小于式(3.2.4)计算的值，辐射单元的辐射效率会降低；反之，如果设计尺寸大于式(3.2.4)得到的值，在提高辐射效率的同时也会引入高次模而导致场的畸变。

微带矩形贴片的长度 L 理论上应该是所传输信号波长的一半。而在实际应用中，因为受到边缘场的干涉，辐射单元的长度 L 应从理论设计值 $\lambda/2$ 的基础上减去贴片的延伸长度 Δl。在单元宽度 W 已知时，贴片的延伸长度 Δl 由以下公式得出

$$\Delta l = 0.412h\left(\frac{\varepsilon_e + 0.3}{\varepsilon_e - 0.258}\right)\left(\frac{w/h + 0.264}{w/h + 0.8}\right) \tag{3.2.5}$$

天线单元的长度 L 为

$$L = \frac{c}{2f\sqrt{\varepsilon_e}} - 2\Delta l \tag{3.2.6}$$

介质基片的宽度为 W_G，长度为 L_G，辐射场主要集中在缝隙边缘周围极小的空间中，即使基片向外延伸很多也不会干涉辐射场的分布情况。当天线的工作频率不是很高时，基于天线要尽可能地小型化和对加工制作成本的考虑，基板尺寸要尽量减小。经长期的实验证明基板尺寸沿辐射元向外延长 $\lambda_g/10$ 即可。对于微带线馈电，$W_G = W + 0.2\lambda_g$，L_G 就要根据馈线和阻抗变换器的设计分布情况而定。

微带天线的馈电方式有两种：侧馈和背馈。侧馈是使用微带线进行馈电，而背馈是使用同轴线进行馈电。在工作频率相同的情况下，前者在布线上要比后者所占用的面积大。由于在采用侧馈时，天线的谐振输入电阻通常会大于 120 Ω，而

我们通常使用的微带馈线的特性阻抗为 50 Ω，要使两者之间达到匹配，必须使用阻抗变换器进行阻抗变换。采用背馈的馈电方法时，可通过改变馈电位置与非辐射边之间的距离来达到阻抗匹配。当辐射贴片充当独立的天线进行工作时，往往使用背馈方法。而辐射单元要进行组成天线阵列工作时，又必须要通过侧馈方式。本书要设计四单元的天线阵列，所以馈电方式采用侧馈。侧馈方式具有易于加工、平面性好等优点。

如果使用同轴线馈电，经过研究工作于主模的矩形微带天线的场结构可以得知，谐振输入电阻从最大值沿着长度方向一直减小，直到中心点处减为零：

$$R_{in}=R_{in}^{0}\cos^{2}(\pi Y_{0}/L) \tag{3.2.7}$$

其中，R_{in}^{0} 为侧馈时的最大谐振输入电阻；Y_0 是背馈点离侧馈边的距离。因此不需要使用阻抗变换器，可以通过多次仿真方便地找到与 50 Ω 馈电线匹配的馈电点。

3.3 光子天线阵列的设计

单独的微带天线辐射方向不容易控制，增益也不高，很多时候都难以实现实际工程的需求。因此根据特定的排列方式将微带天线组合到一起形成天线阵列，用来提高天线的方向性和增益。将微带天线按一定规律排列组成天线阵列，电磁场在空间叠加，使得某一方向上辐射增强，在保证天线单元良好性能的前提下，通过调整阵列单元之间的距离、排列方式、激励幅度和相位来达到特定的辐射性能。

3.3.1 天线阵原理

首先，以最简单的二元天线阵为例说明天线阵的方向图乘积原理。见图 3.3.1，两个天线沿 y 轴直线排列，单元间距为 d，激励电流的振幅相等，阵元 2 超前阵元 1 的相位为 ξ。

设 $F(\theta,\varphi)$ 是阵元本身的辐射方向图，E_m 是电场的振幅，阵元 1 和阵元 2 的电场分别为 E_1、E_2，表达式如下：

$$E_1=E_mF(\theta,\varphi)\frac{e^{-j\beta R_1}}{R_1} \tag{3.3.1}$$

$$E_2=E_mF(\theta,\varphi)\frac{e^{-j\beta R_2}}{R_2} \tag{3.3.2}$$

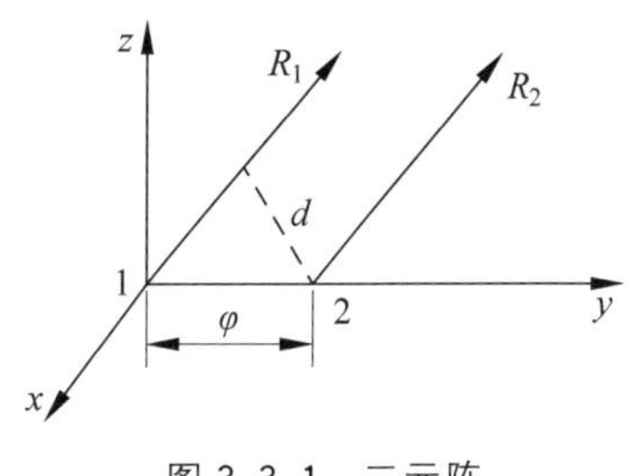

图 3.3.1 二元阵

则天线阵的场强为两个辐射单元场强的叠加，即

$$E = E_1 + E_2 = E_m F(\theta,\varphi)\left(\frac{e^{-j\beta R_1}}{R_1} + \frac{e^{-j\beta R_2}}{R_2}\right) \tag{3.3.3}$$

在远场区，$R_1 \gg d/2$，因此在幅值部分 $1/R_2$ 可以近似代替 $1/R_1$，但是在指数部分直接代替会引起很大的误差。由于在远场区 R_1 和 R_2 的两条射线可以近似看作平行线，因此可以做如下代替：

$$R_2 \approx R_1 - d\sin\theta\cos\varphi \tag{3.3.4}$$

由此可得

$$\begin{aligned} E &= E_m \frac{F(\theta,\varphi)}{R_1} e^{-j\beta R_1} \left[1 + e^{j\beta d\sin\theta\cos\varphi} e^{j\xi}\right] \\ &= E_m \frac{F(\theta,\varphi)}{R_1} e^{-j\beta R_1} \left(2\cos\frac{\psi}{2}\right) \end{aligned} \tag{3.3.5}$$

其中

$$\Psi = \beta d\sin\theta\cos\varphi + \xi \tag{3.3.6}$$

天线阵场强的幅值为

$$|E| = \frac{2E_m}{R_1} |F(\theta,\varphi)| \cdot \left|\cos\left(\frac{\psi}{2}\right)\right| \tag{3.3.7}$$

式(3.3.7)中，$|F(\theta,\varphi)|$是天线单元的辐射方向图幅值，称为元因子，它体现了阵元本身的方向性对阵列方向性的影响。$|\cos(\psi/2)|$表示天线阵列的方向性，称为阵因子，阵因子取决于天线阵的排列方式以及天线元上激励电流的相对幅度与相位。由此可知，由形式和排列方式都相同的天线元(称为相似元)组成的天线阵，其方向图函数等于元因子与阵因子的乘积，这个特性称为方向图乘积定理。

然后，分析均匀直线阵的辐射原理。将几个结构相同、排列取向相同的天线单元根据指定的分布情况组合在一起就构成了天线阵列。如果按照直线排列，每相邻两个天线单元的间距相同且每个阵元的振幅相同，馈电相位沿着排列方向均匀变化，这样的天线阵称为均匀直线阵。见图 3.3.2，将 N 个单元天线均匀分布在 x 轴上，由于阵元的结构和排列方式都相同，因此称之为相似元。

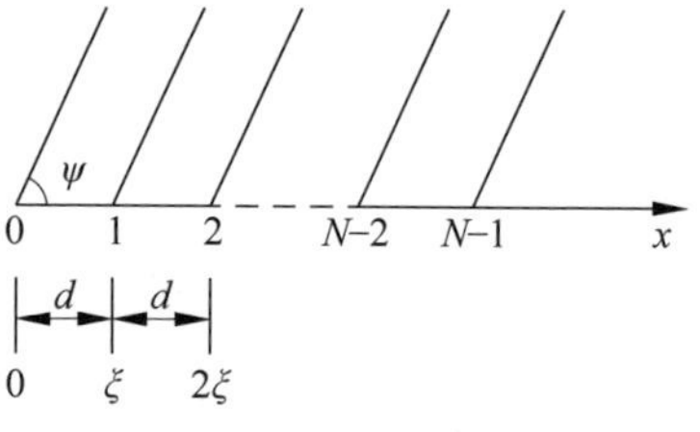

根据方向图乘积原理，天线阵的方向函数等于阵元因子乘以阵因子。因此，要想求天线阵的方向函数，首先要找出阵因子与因子 $\beta d = 2\pi d/\lambda$ 和相邻天线元之间相位差 ξ 的关系。下式给出阵因子在 H(xOy)面内的归一化形式：

图 3.3.2　均匀直线阵列

$$|A(\psi)| = \frac{1}{N}\left|1 + e^{j\xi} + e^{j2\xi} + \cdots + e^{j(N-1)\xi}\right| \tag{3.3.8}$$

式中，$\psi=\beta d\sin\theta\cos\phi+\xi$。

根据几何级数的求和公式，式(3.3.8)可转化为

$$|A(\psi)|=\frac{1}{N}\left|\frac{1-e^{jN\psi}}{1-e^{j\psi}}\right| \quad 或者 \quad |A(\psi)|=\frac{1}{N}\left|\frac{\sin(N\psi/2)}{\sin(\psi/2)}\right| \tag{3.3.9}$$

根据式(3.3.8)及式(3.3.9)可推出天线阵列的几个重要性质。

(1) 主瓣方向

当 $\psi=0$，或者 $\beta d\cos\phi+\xi=0$ 时，天线的辐射最强，由此推出：

$$\cos\phi=-\frac{\xi}{\beta d}$$

(2) 零辐射方向

当 $A(\psi)=0$，或者$\frac{N\psi}{2}=\pm k\pi(k=1,2,3,\cdots)$时，天线的辐射为零。

(3) 主瓣宽度

主瓣宽度是为了描述天线辐射能量的集中程度。在单元数比较多，即 N 比较大时，用头两个零点之间的主瓣角宽来近似为主瓣宽度。假设第一个零点的 ψ 值为 ψ_{01}：

$$\frac{N\psi_{01}}{2}=\pm\pi \quad 或者 \quad \psi_{01}=\pm 2\pi/N$$

(4) 旁瓣方位

旁瓣是继主瓣之后第二个最大值，我们希望旁瓣越小越好。当$A(\psi)=\frac{1}{N}\left|\frac{\sin(N\psi/2)}{\sin(\psi/2)}\right|$的分子取最大值时，即 $\sin(N\psi/2)=1$ 或者$\frac{N\psi}{2}=\pm(2m+1)\pi,(m=1,2,3,\cdots)$时第一旁瓣发生在$\frac{N\psi}{2}=\pm\frac{3}{2}\pi$。

(5) 第一旁瓣电平

将$\frac{N\psi}{2}=\pm\frac{3}{2}\pi$代入$|A(\psi)|=\frac{1}{N}\left|\frac{\sin(N\psi/2)}{\sin(\psi/2)}\right|$，可以发现，当 N 很大时，第一旁瓣的幅值为$\frac{1}{N}\left\|\frac{1}{\sin(3\pi/2N)}\right\|\approx\frac{2}{3\pi}=0.212$。

3.3.2 阵列结构与设计

天线阵列的馈电方法有串联和并联两种。两种馈电方式各有优缺点。对于串联馈电，优点是占用面积小，节省板材；缺点是由于每个单元的输入电流相位各不相同，所以在进行整体分析时相对烦琐。而对于并联馈电，馈电网络中输入电流到各个单元的路程相同，因此每个单元之间的馈电相位都相同。由于阻抗变换器的引入，使馈电线路占用的面积比串联馈电要大很多。而且馈电网络的电路结构是逐级递增的，只能构成 2 的幂次数个单元，对阵列的单元数目有一定限制。馈电网

络的设计对天线性能也有很大的影响。馈电网络的设计准则是阻抗匹配性能好、损耗低、频带宽和结构尽可能简单。

本书设计的是四单元的直线阵，由于阵元个数少，因此采用并联的馈电方式。馈电网络由多级T型等分功分器组成，利用λ/4阻抗匹配枝节的设计，使调试简单方便。天线阵列的结构图见图3.3.3。

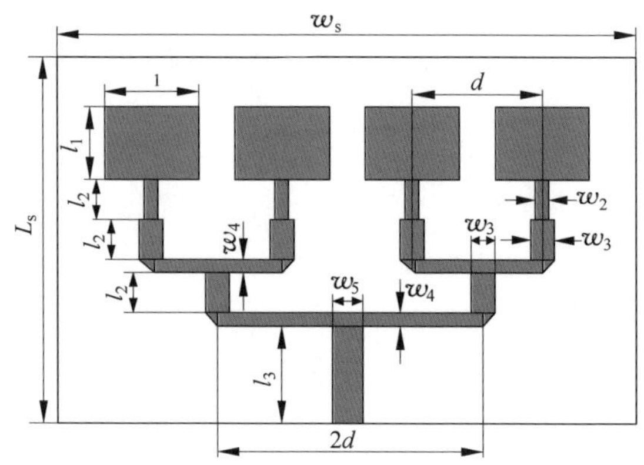

图3.3.3　微带天线阵列结构图

根据前文对介质基板选取准则的介绍，我们选择介电常数为2.55的AD255板材。通过以上微带天线的经验公式可以大致确定天线单元的长度和宽度，以公式计算的尺寸为基础进行微调优化，最终确定天线的尺寸见表3.3.1。该天线由四个辐射贴片、馈电网络和金属接地板组成，馈电网络采用T型结构。天线加工采用了沉金工艺在介质基片上覆铜。

表3.3.1　微带天线阵列的参数和尺寸　mm

变量	尺寸	变量	尺寸
w_s	32	w_5	2.2
L_s	19.6	l_1	3.9
w_1	5.5	l_2	2.15
w_2	0.83	l_3	2.05
w_3	1.45	h	0.76
w_4	0.8	d	7.5

3.4　仿真与实验

三维电磁仿真软件HFSS是一种常用的天线设计仿真软件，它还可用于高频IC设计、高速封装设计等。通过HFSS对以上阵列天线进行建模分析，将表3.3.1

的尺寸设置为变量 w_1、w_2、w_3、w_4、w_5、l_1、l_2 及 l_3 的初值，工作中心频率为 20 GHz，扫描频率范围为 18～22 GHz，频率步长为 0.1 GHz。

天线方向图，又叫辐射方向图，定义为在离天线一定距离的位置，辐射场的相对场强随方向变化的图形。图 3.4.1 为阵列天线仿真结果的三维方向图。由图可知，z 轴方向上集中了阵列天线的大部分辐射能量。由于每个阵列单元的最大辐射能量相同，而且都是沿 z 轴方向，而本书所设计的均匀直线阵列是并联的等幅同相馈电，所以，天线阵和天线单元的最大辐射方向相同，都在 z 轴方向上，而 y 轴方向上辐射最小。

图 3.4.2 为天线在 xOz 和 yOz 两个截面上的方向图。以球面坐标系来描述，紫线表示 $\varphi=0°$ 平面的二维方向图，红线表示 $\varphi=90°$ 平面的二维方向图。由于天线单元的排列取向是沿 y 轴方向，四个阵元在该方向上共同作用，致使在 yOz 平面上的方向性相对比较突出，主瓣也显而易见，同时也增添了不少波瓣。而在其他方向上，每个阵元到一点的距离不同会引入波程差，使辐射削弱，还有可能会出现辐射极小点。在 xOz 平面上，由于每个阵元的相位是相同的，所以阵列天线的方向性由阵元自身的方向性决定。矩形微带天线的辐射方向图是全向的，所以在 xOz 面上阵列天线的方向性没有太突出。

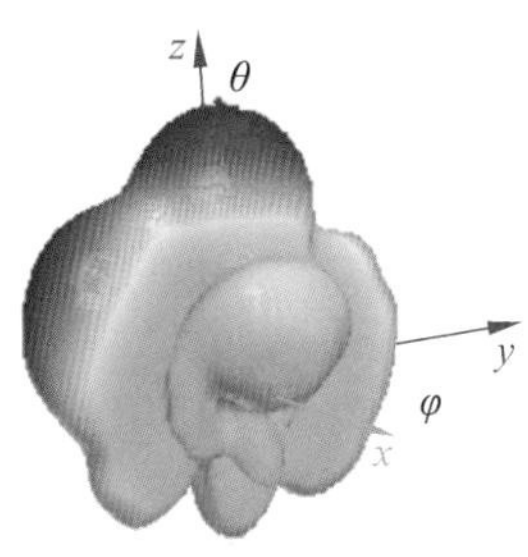

图 3.4.1　天线阵列的三维方向图

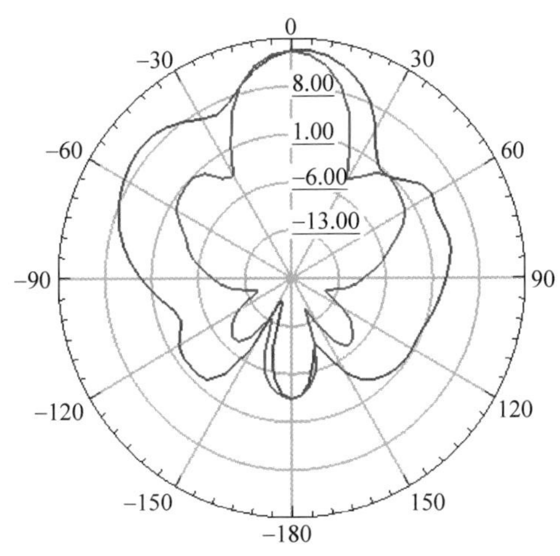

图 3.4.2　阵列天线的平面方向图

在所有的 S 参数中，我们经常用到的是 S_{11} 参数。S_{11} 又称为入射端反射系数，即入射端的反射波 b_1 与入射端的入射波 a_1 的比值，$S_{11}=b_1/a_1$。它表示反射回入射端口的能量。在天线的设计当中,要使天线发射出去的能量越多,就要使 S_{11} 越小。见图 3.4.3,阵列天线在中心频率 $f_0=20$ GHz 处达到谐振,S_{11} 参数为 -31 dB,天线阵的上截止频率 $f_2\approx20.4$ GHz,下截止频率 $f_1\approx19.6$ GHz,绝对带宽为 $f_2-f_1=0.8$ GHz,相对带宽为 $\frac{f_2-f_1}{f_0}=4\%$。天线与馈线在工作频率范围内达到了深度匹配,能量反射损耗较小,19.6~20.4 GHz 的带宽满足设计带宽需求。

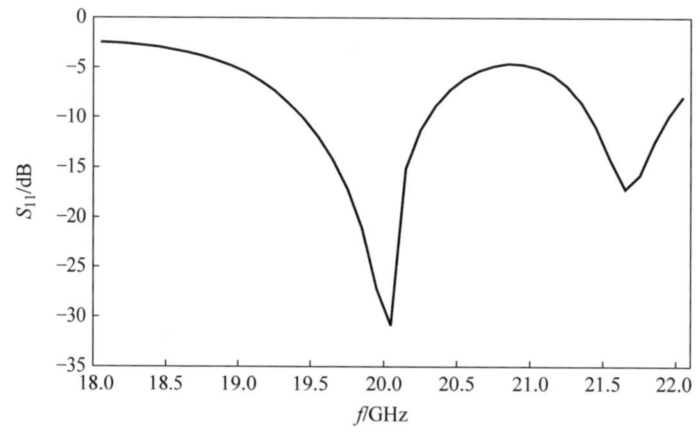

图 3.4.3　天线阵列的 S_{11} 参数图

天线阵列的输入阻抗见图 3.4.4。阻抗匹配一般分为两部分,共轭匹配和无反射匹配。共轭匹配是指信号源和传输线之间的匹配,目的是信号源有最大功率输出给传输线。我们更关心的是无反射匹配,指的是传输线输入的能量都被负载所吸收,从而提高能量的利用效率。输入阻抗 Z_{in} 是在工作状态下,从输入端向负载看去所得到的阻抗,输入阻抗体现的是负载吸收能量的能力。为了实现阻抗匹配,获得最大能量利用效率,我们希望输入阻抗和输入传输线的特性阻抗相等或者尽可能接近。从图 3.4.4 中可以得出,在中心频率为 20 GHz 时,阻抗的实部约为 51,表示了部分的能量发热损耗,虚部约为 2,表示有小部分的能量的反射损耗,整体输入阻抗 $Z_{in}=51+j2$,虽然没有达到 50 Ω 的完全匹配,但是匹配结果已经比较好,这也对应了前面的 S_{11} 参数的表现。同样,由于匹配网络尺寸与中心频率的关联性很强,在频率发生变化后,输入阻抗特性发生了明显变化。从图中可以明显看出,随频率变化,阻抗特性出现了明显的波动。

增益系数用来描述天线集中辐射功率的能力。若天线的效率为 η,方向性系数为 D,则天线的增益系数 G 定义为 η 与 D 的乘积,即 $G=\eta D$。这种方法定义的增益称“绝对增益”,将可以充当特定参考指标的天线增益称为“相对增益”。增益

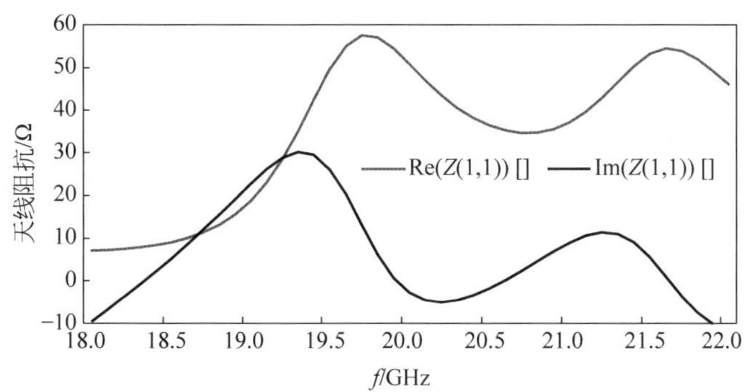

图 3.4.4　阵列天线的输入阻抗图

系数体现了天线辐射或接收电波的多少。在天线的设计当中，我们希望天线的增益越大越好，因为增益越大表示能量越集中。见图 3.4.5，黑线表示天线的 E 面增益系数图，红线表示天线的 H 面增益系数图。由图可知，天线的最大辐射方向大约在 $\theta=5°$方向上，而理论上应该在 z 轴正方向上，由于天线的馈电网络也会参与辐射，造成了最大辐射方向出现了一定的偏差。由于天线单元沿着 y 轴排列，因此 E 面在 z 轴附近的方向性更好。

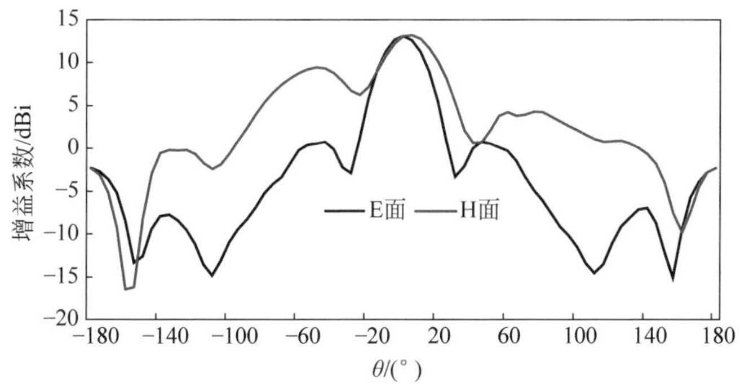

图 3.4.5　阵列天线的增益图

将所设计天线进行加工，加工实物图见图 3.4.6。

进行了阵列天线回波损耗性能测试，测试结果与仿真结果对比图见图 3.4.7，实线表示仿真结果，虚线表示实测结果。由图可知，测试结果是在中心频率 20 GHz 处 $S_{11}\approx-20$ dB，已经达到良好匹配。10 dB 带宽约为 0.7 GHz，比仿真带宽略窄。测试结果不如仿真结果性能良好，但是已经达到天线工作需求。

在电磁暗室中进行天线测试。天线增益的测试方法主要有比较法、两相同天线法、三天线法、波束宽度法、方向图积分法、射电源法等。测试方法的选择还要考虑到天线的工作频率，对工作在 1 GHz 频段以上的天线，常用自由空间测试场地，

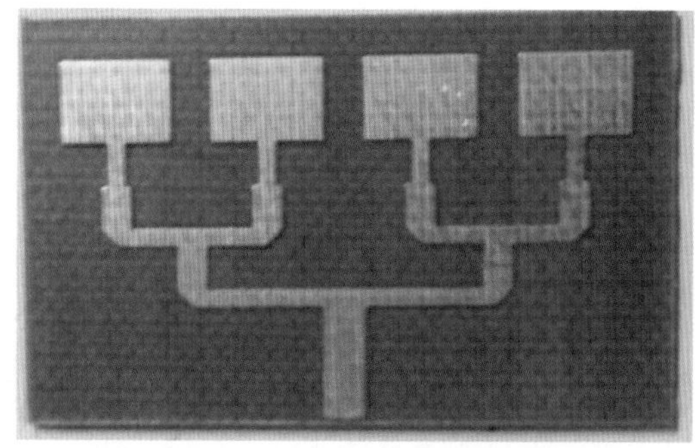

图 3.4.6 阵列天线实物图

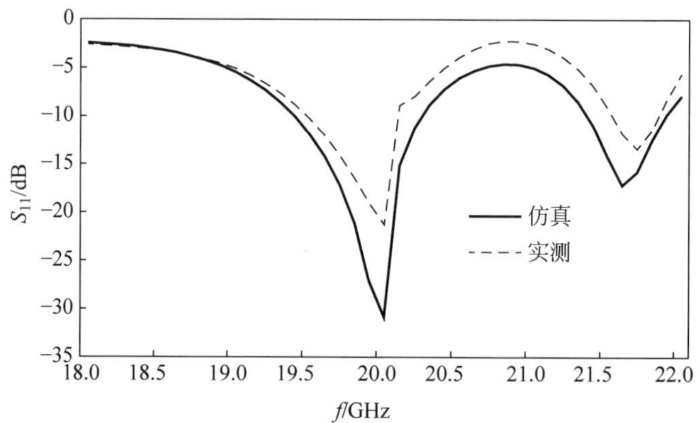

图 3.4.7 阵列天线仿真与实测回波损耗

把喇叭天线作为标准增益天线,用比较法测量天线增益。对工作在 0.1~1 GHz 频段上的天线,由于很难或者无法模拟自由空间测试条件,故此时常用地面反射测试场确定天线的增益。本书采用的比较法测量,将型号为 XB-GH51-20S 的角锥喇叭天线作为标准天线。测试框图见图 3.4.8,天线增益测试和方向图测试的框图基本一致,只是在待测天线旁边多放置了一个增益基准天线。

测试步骤如下:

(1) 按图 3.4.8 连接测试系统,仪器设备加电预热;

(2) 正确设置信号源、矢量网络分析仪的各参数,如频率、功率、带宽、扫描时间等;信号源发射一连续单载波信号,调整源天线极化与待测天线极化匹配,并使源天线瞄准待测天线;

(3) 驱动待测天线与源天线对准,此时频谱仪接收的信号功率电平最大,记录频谱仪测试的信号功率电平为 P_x;

(4) 标准天线安装在一可匀速运动的升降装置上,尽量靠近待测天线,以减少

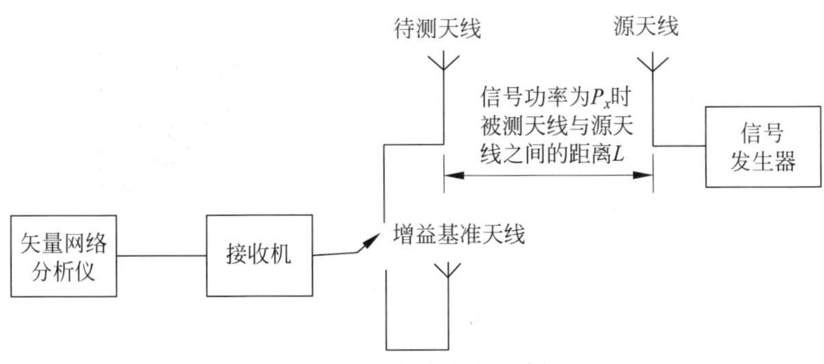

图 3.4.8　天线增益的测试框图

由测试距离引起的测试误差；

(5) 将标准天线升到待测天线口面中心的位置，并将射频电缆从待测天线转接到标准天线上，调整标准天线与源天线对准，且极化匹配；

(6) 驱动标准天线与源天线对准，此时频谱仪接收的信号功率电平最大，记录频谱仪测试的信号功率电平为 P_s；

(7) 计算待测天线增益：

$$G = G_s + (P_x - P_s) \tag{3.4.1}$$

式(3.4.1)中，G 为待测天线的增益，单位为 dBi；G_s 为标准天线的增益，单位为 dBi；P_x 为待测天线接收的信号功率电平，单位为 dBm；P_s 为标准天线接收的信号功率电平，单位为 dBm。

测试场景见图 3.4.9。

根据测试数据使用 EXCEL 软件绘制的待测天线和标准喇叭天线 E 面方向图见图 3.4.10 及图 3.4.11。其中，θ 为场矢量与 z 轴正向的夹角，由图 3.4.10 可知，在 $\theta=0°$方向上待测天线的功率 $P_x=16.9$ dBm。由图 3.4.11 可知，在 $\theta=0°$ 方向上标准喇叭天线的功率 $P_s=28$ dBm。已知型号为 XB-GH51-20S 的角锥喇叭天线的增益为 20.2 dBi。

可根据下式计算待测天线增益：

$$G = G_s + P_x - P_s = 20.2\ \text{dBi} + (16.9 - 28)\ \text{dBm} = 9.1\ \text{dBi}$$

图 3.4.10 中的 E 面方向图与前面所论述的图 3.4.5 中的 E 面仿真图大致吻合。由于天线在加工过程中制作精度、借口偏差以及测试环境等因素的干涉，测试结果和仿真结果存在一定的偏差。天线的基片厚度只有 0.8 mm，在加工过程中介质厚度的变化对天线性能的影响不可忽略。馈线与信号的连接处采用的 SMA 转接头为低频转接头，连接方式为焊锡连接，焊锡增加了介质板的厚度，对测试结果有一定影响。暗室环境只是模拟的电磁环境，测试结果一般也会存在 0～3 dBi 的误差。综合以上分析，虽然实际测试与仿真结果有一定差距，但是在允许范围之内。天线的整体性能良好。

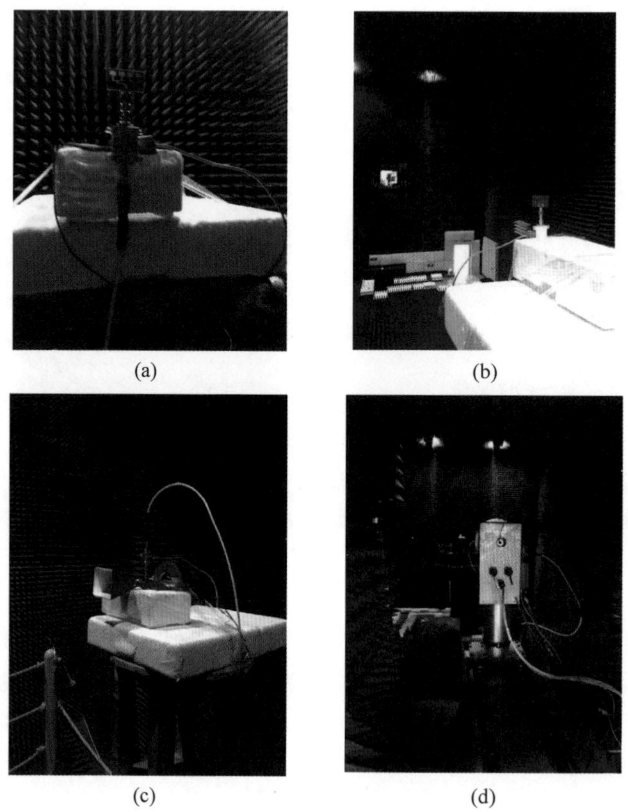

(a) (b) (c) (d)

图 3.4.9　暗室测试场景

(a) 阵列天线测试正面图；(b) 阵列天线测试背面图；
(c) 角锥喇叭天线测试正面图；(d) 角锥喇叭天线测试背面图

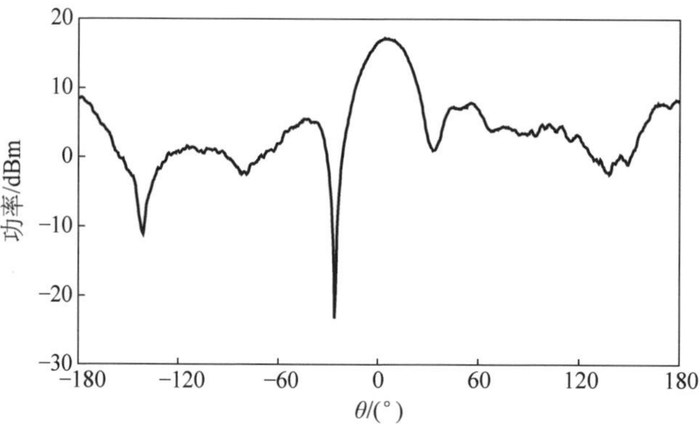

图 3.4.10　待测天线 E 面方向图

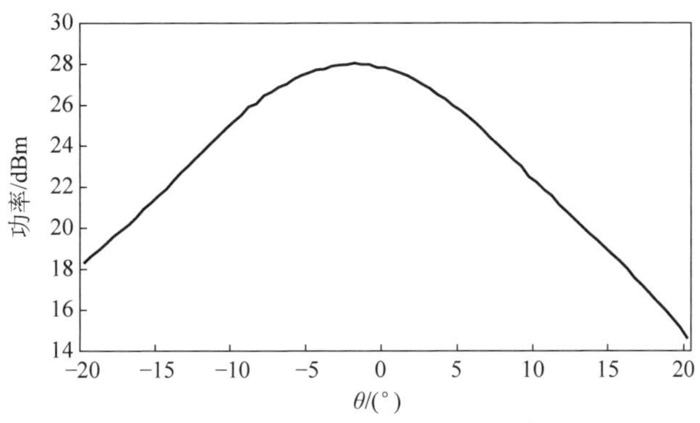

图 3.4.11　角锥喇叭天线 E 面方向图

3.5　本章小结

本章首先介绍了微带贴片天线的结构和分析方法。微带天线是在带有导体接地板的介质基片上贴加一种导体薄片构成，主要由三层结构组成，包括最底层的接地板、中间层的介质基片和最上层的金属贴片。微带天线的分析方法主要有传输线法、腔膜理论、多端口网络模型及数值分析法四种。传输线法分析简单，计算量小，但是只针对矩形微带天线和微带振子两种天线模型，而且不适用于多层结构天线。腔膜理论是用无限个互相正交的模来表示腔体内的电磁场，此方法分析精确，被广泛用在实际工程中。接着，以 20 GHz 工作频率为例，基于微带天线结构设计了一款微带矩形贴片阵列天线，详细说明了天线尺寸的设计过程，主要有两方面：一是天线阵阵元的设计，包括辐射元形式的选取，辐射元尺寸的确定，馈电形式选择；二是阵列的设计，包括阵列形式的选择，阵列尺寸的确定，匹配网络的设计。基于 19～21 GHz 的工作范围和微带天线的设计目标，经过反复调节优化设计变量，最终确定好天线的尺寸。在天线单元设计好之后，根据天线的输入阻抗设计阻抗变换器，确定天线单元的间距和馈电网络。使用三维电磁仿真软件 HFSS 对所设计的天线进行建模仿真，根据仿真结果输出图，分别详细地分析了天线的方向图、S 参数、增益、阻抗匹配等参数特性。最后，基于天线阵列的尺寸加工出天线实物，在电磁暗室对天线的辐射特性进行了测试比较，测试结果表明，天线的实际性能与理论性能基本上保持了一致，验证了设计的可行性，同时具有较好的辐射特性和较高的增益。

第4章

光子天线的系统测试与验证

4.1 光子天线系统概述

由于电磁场在自由空间中的传输损耗与距离的平方和频率的平方成正比，频率越高损耗越大，低频的电磁波损耗小，传输距离长，所以低频的电磁波频谱资源基本已被占用，我们能够用于无线移动通信的电磁波频率将越来越高。2G/3G/4G/5G/6G移动通信的频率已由2 GHz提升到了300 GHz，光子天线就是为解决高频电磁波的传输问题而提出的。在高频电磁波的光子天线技术中，一个高频电磁波光子天线系统可以看成一个模拟光纤链路传输的问题，如图4.1.1所示，信号经过调制器被调制到光波上传输，然后经过探测器探测送到天线发射。光调制和光探测是最为核心的两个功能块，光调制器完成高频电磁波到光波的转换，光探测完成光波到高频电磁波的转换。

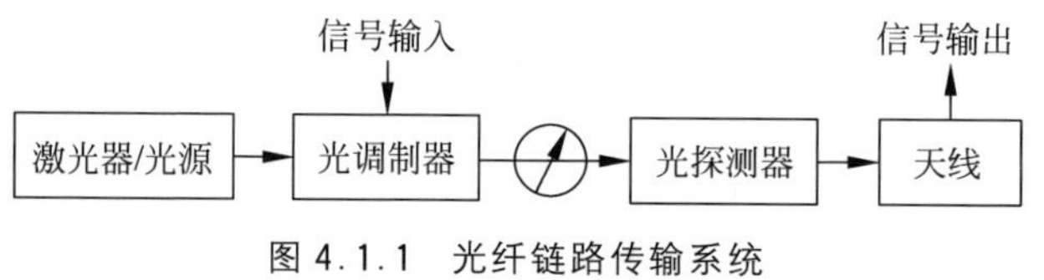

图4.1.1 光纤链路传输系统

传统的电子学由于受到“电子瓶颈”的限制，进行宽带信号的通信比较困难。相比于单纯的电技术，光电子技术具有很多优点，例如损耗小、重量轻、抗干扰能力强等。所以光子天线可以解决传统天线固有的技术难题，改善和提高通信质量。高频信号的生成、传送及处理不再只是以电子为载体实现，同时引入了光信号作为载波。因此，与传统天线相比，光子天线集中了微波技术和光子技术的优点，具备生存能力强、稳定性好、损耗低、噪声低、带宽大、不易泄露及抗电磁干扰能力强等优势。光子天线系统与传统的微波天线系统对比如图 4.1.2 所示。

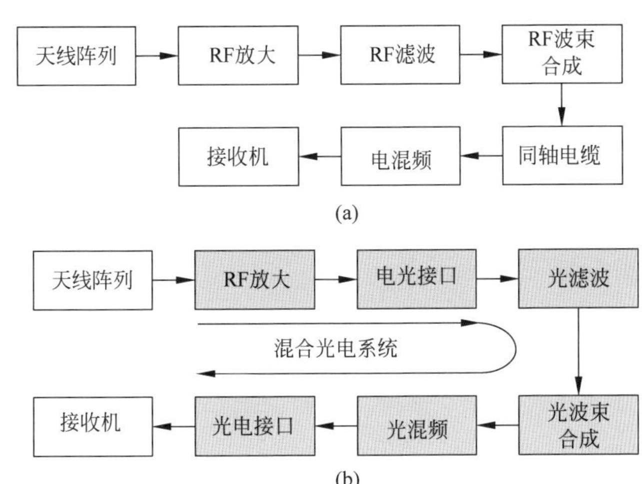

图 4.1.2　传统天线与微波光子天线对比

(a) 传统天线系统；(b) 微波光子天线系统

图 4.1.2(a)所示是传统微波天线的接收单元，传输的信号由天线接收下来之后，依次经过 RF 放大、RF 滤波、RF 波束合成、变频后输送到接收机。整个过程中，信号都是由同轴电缆进行传输，而这种传输方式的损耗较大，约为 1 dB/m。如果是长距离传输，则要添加多个放大器对信号的衰减进行补偿。与此同时，放大器的引入又会带来很多非线性噪声，增大了传输损耗。如图 4.1.2(b)所示，使用光纤代替同轴电缆，光纤的传输损耗为 0.0002 dB/m，可以大大降低链路的传输损耗。可见，使用光子器件代替电子器件，可以克服很多由于“电子瓶颈”产生的难题。

4.2　光子天线的系统设计

目前，开辟更高频率的频谱资源是无线通信领域的一个研究热点。在下一代无线接入系统中，无论是移动的还是固定的接入方式，使用波段都要在微波、毫米波甚至太赫兹波范围上。本书主要以 20 GHz 信号为例，详细分析光子天线的系统设计过程。

4.2.1　高频信号的产生

信源的产生方式是本书所设计光子天线系统的关键技术之一。目前主要采用电子和光子两种方法产生高频电磁波，采用电子微波手段即通过倍频技术将低频射频信号上变频形成高频信号，其通信速率仍由倍频前的低频频率决定，无法直接体现高频电磁波通信的超高带宽优势，同时性能受电子器件带宽限制。利用新型的光子技术办法产生高频信号却相对容易实现，可以有效克服电子器件带宽瓶颈，大幅度简化系统结构，具有灵敏度高、功耗低、大带宽、低损耗、对电磁干扰免疫以及有效促进光纤网络与无线网络融合的优势。

我们常用的信源光学产生方式通常有三种，分别为直接调制法、外调制器法及光外差法。外调制器法的工作原理是用激光器产生的光信号去调制携带传输信息的信号。经调制后输出双边带调制的光波信号。在终端网络，通过边带与中心频率拍频产生所需频率的信号。外调制器法是应用时间最久并且结构模型最简单的一种光子学产生方法。这种方法会使光信号在传输过程中频谱成分增加，从而导致光纤的色散问题更加严重。采用外部调制器的时候往往选用电吸收调制器(electro absorption modulator，EAM)，EAM 器件的使用引入的插入损耗问题也会对系统性能产生不可忽视的影响，因此，本书使用级联的马赫曾德尔(MZM)。

光外差技术即光子混频技术，具有成本低、结构简单和可调谐性好等优势。它的主要工作原理是在光纤中传输两路频率不同的信号，两路信号的频率差为设计所需的信号频率。将被传送的微波信号调制到任意一个光信号上，当两路信号进入光电检测器后，在光电检测器中拍频产生它们的差频，即设计所需要的高频信号。远程光外差法是近些年来微波光子学中的一个发展趋势。虽然由于多个激光源之间频率会发生漂移，造成高频信号的频率不纯。但该技术方法简单，并不需要光滤波器提取目标子载波，另外无需对基带信号进行预编码处理，而且载波频率可以任意调节，尤其对于多载波信号产生方案更具优势。

在本书中分别对光外差法和外调制器法产生高频信号的方法进行了仿真分析。

4.2.2 基于光外差法产生高频信号的系统模型仿真

采用光通信系统设计平台 OptiSystem 对光外差法生成 20 GHz 信源的结构模型进行仿真分析，模型框架见图 4.2.1。仿真系统大体由三部分构成，其中包括光外差信源产生模块、光传输链路模块及光子天线发射模块。

如图 4.2.1 所示，激光器 1 和激光器 2 分别生成光外差法所需的两路光波，激光器 1 生成频率为 193.12 THz、功率为 1 mW 的光波，激光器 2 生成频率为 193.1 THz、功率为 1 mW 的光波。两个光波的差频就是本书设计所需的 20 GHz 信号，两个激光器都设置 10 MHz 的线宽。首先，由伪随机码发生器产生 2.5 Gbit/s 的码字，经过非归零码脉冲发生器后并转变为非归零码。然后，激光器 1 产生的频率为 193.12 THz 的光波与非归零码同时进入调制器。最后，经过调制后的光信

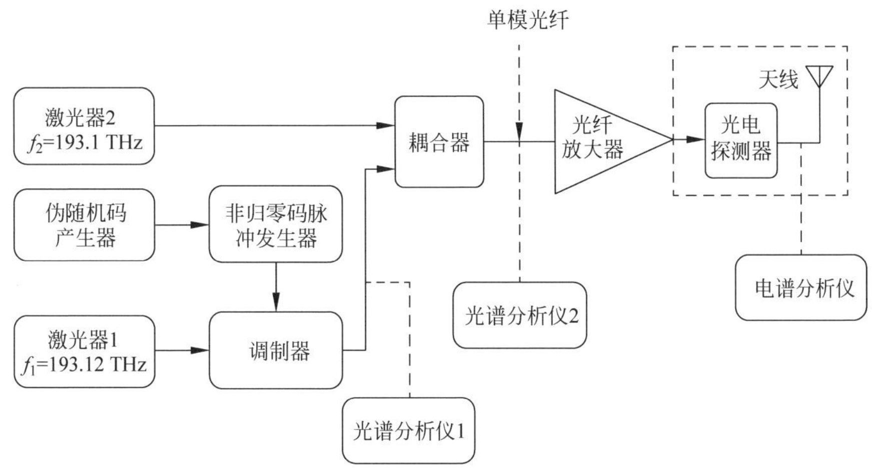

图 4.2.1　基于光外差法的系统模型结构图

号和激光器 2 生成的频率为 193.1 THz 的光波一起传输到耦合器，经过耦合后的两路信号经过光纤传送出去。

在光纤传输链路的设计过程中，本书选择损耗系数为 0.2 dB/km，色散系数为 16 ps/(nm・km)的 G.652 单模光纤。光纤的长度设置为 30 km。由于传输性能受到光纤损耗的影响，在系统中设置了一个放大增益为 6 dB 的掺铒光纤放大器作为在线放大。对于光纤固有的色散问题，通过色散补偿光纤对光纤实施色散补偿。

系统设计过程中，使用响应度是 1 A/W 的光电探测器来探测出光纤接收端的电信号，信号经过所设计的天线阵列传送到移动终端。为了对该系统设计的性能进行评估，在调制器后连接了光谱分析仪 1，在耦合器后连接了光谱分析仪 2，在光电探测器后面连接了电谱分析仪。

光谱分析仪 1 输出的光谱图见图 4.2.2，显示的是基带信号经过激光器 1 发出的光信号调制之后的光波信号输出，从图中可以看出它是一路频率为 193.12 THz 的光信号。光谱分析仪 2 输出的光谱图见图 4.2.3，它是调制信号与激光器 2 发出的光信号经过耦合器耦合之后的光波信号输出，图中所示有 193.12 THz 的光信号和 193.1 THz 的光信号，除了图 4.2.2 所示的信号外，多了一路从激光器 2 发出的信号。两个信号频率的差值正是本书设计所需的 20 GHz 的微波信号。

经耦合器耦合后的两路信号通过单模光纤传送到光电探测器。根据光外差的原理，光电探测器会输出两路信号的差频信号，即我们所需要的 20 GHz 微波信号。连接在光电探测器后面的电谱分析仪显示的电信号见图 4.2.4，由图可知，经过光电探测器后就产生了 20 GHz 的微波信号，但是仍有许多的边带噪声，在后续工作中可以加入带通滤波器滤除噪声。

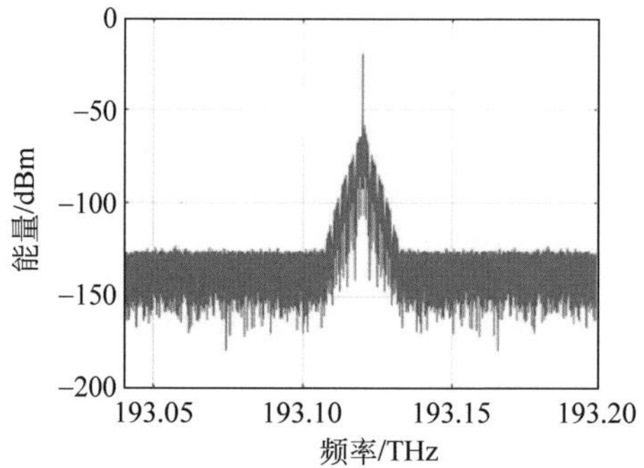

图 4.2.2 基带信号调制到载波后的频谱图

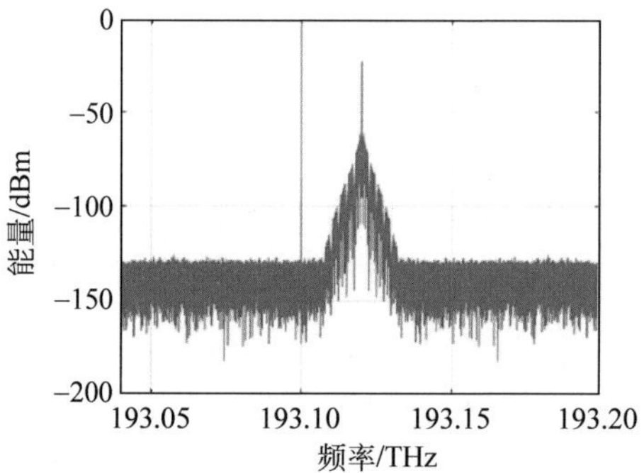

图 4.2.3 两信号耦合后的频谱图

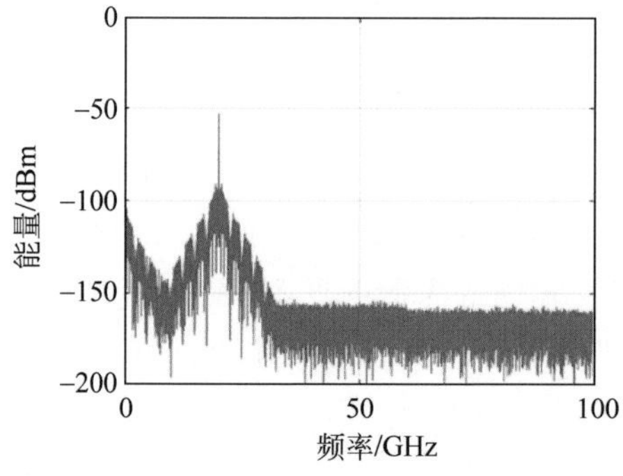

图 4.2.4 拍频之后的频谱图

4.2.3　基于外调制器法产生高频信号的系统模型仿真

采用光通信系统设计平台 OptiSystem 对外调制器法生成 20 GHz 信源的结构模型进行仿真分析，模型框架见图 4.2.5。由激光器产生的光信号经过级联的 MZM，第一个 MZM 实现强度调制，第二个 MZM 实现相位调制，输出光谱为光中心载波和一系列光边带。本书以 20 GHz 信号的产生为例，因此经过两个滤波器滤出 10 GHz 和 −10 GHz 处的频谱，然后经过耦合器耦合和 PD 拍频产生所需的 20 GHz 信号。

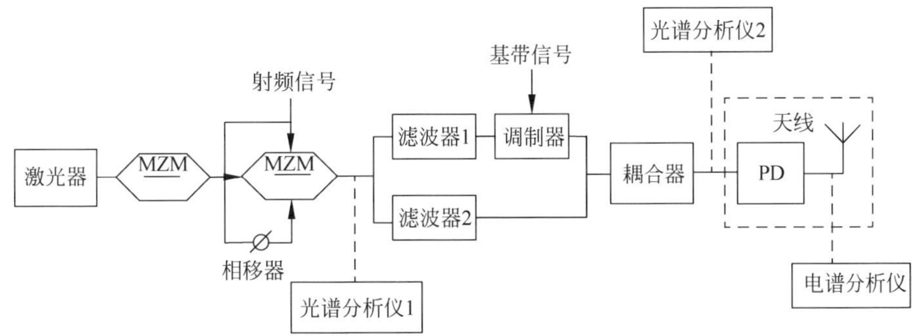

图 4.2.5　基于外调制器法的系统模型结构图

在光纤传输链路的设计过程中，仍然选择损耗系数为 0.2 dB/km，色散系数为 16 ps/(nm・km)的 G.652 单模光纤。光纤的长度设置为 30 km。由于传输性能受到光纤损耗的影响，在系统中设置了一个放大增益为 6 dB 的掺铒光纤放大器作为在线放大。使用响应度是 1A/W 的光电检测器来探测出光纤接收端的信号，信号经过所设计的天线阵列传送到移动终端。为了对该系统设计的性能进行评估，在第二个 MZM 后连接了光谱分析仪 1，在耦合器后连接了光谱分析仪 2，在光电探测器后面连接了电谱分析仪。

光谱分析仪 1 输出的光谱见图 4.2.6，显示的是激光器产生的光信号经过级联的 MZM 调制后的输出信号。从图中可以看出输出光谱为光中心载波和一系列光边带。光谱分析仪 2 输出的光谱图见图 4.2.7，它是携带有基带信号的一束 10 GHz 边带信号和另一束 −10 GHz 的边带信号的耦合，图中所示有 10 GHz 光信号和 −10 GHz 的光信号。电谱分析仪输出的频谱图见图 4.2.8，经过 PD 拍频后，产生了 20 GHz 的信号。

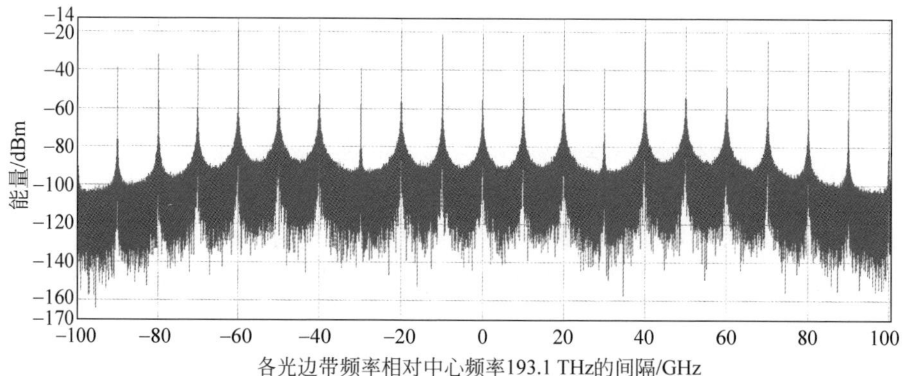

图 4.2.6 第二个 MZM 的输出信号

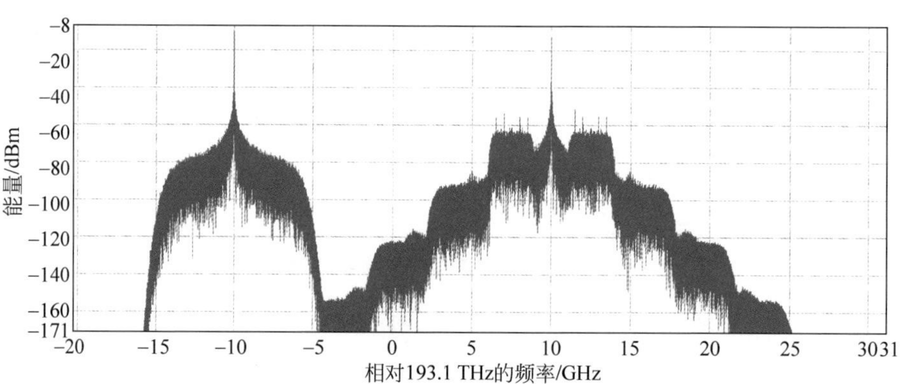

图 4.2.7 滤波之后的边带信号

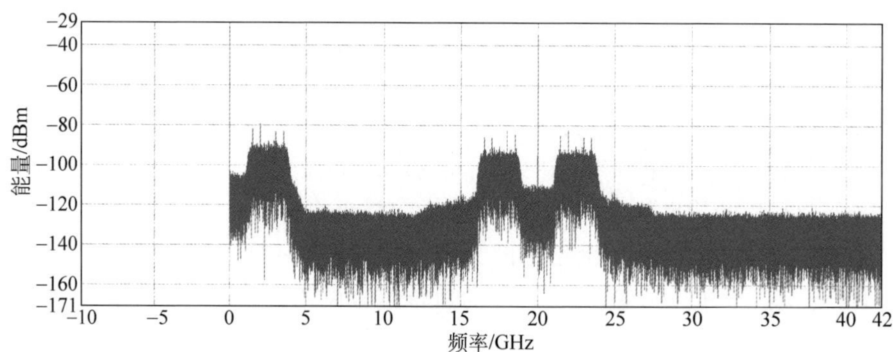

图 4.2.8 拍频之后的信号

4.3　系统测试与验证

将以上所设计的光子阵列天线进行系统实验，在接收端用频谱仪来测量其增益特性。部分测试设备及测试场景见图 4.3.1。

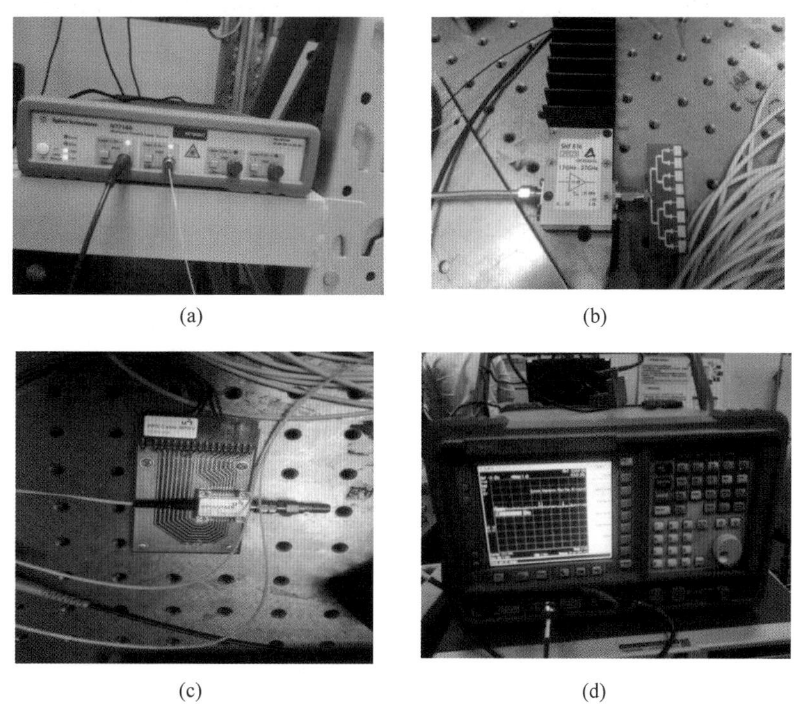

图 4.3.1　测试场景

(a) 四通道激光器产生两个光波；(b) 放大器进行信号放大；
(c) 探测器进行光电转换；(d) 频谱分析仪分析输出信号

测试步骤如下：

(1) 先用近似理想的点源辐射天线，加入一定的功率；然后在距离天线一定的位置上，用频谱仪测试接收功率。测得的接收功率为 P_1。

(2) 换用被测天线，加入相同的功率，在同样的位置上重复上述测试，测得接收功率为 P_2。

(3) 计算增益：若接收功率的单位为 W，则增益 $G=10\lg(P_2/P_1)$；若接收功率的单位为 dBm，则增益 $G=P_2-P_1$。

使用激光器及光电探测器拍频产生 20 GHz 的信号，经光纤传输后由所设计的天线发射。在系统搭建连接好之后，在电谱仪上观察并记录信号的功率值。步骤 1 中使用点源辐射天线时记录的功率值见图 4.3.2；步骤 2 使用待测天线时记录的信号功率见图 4.3.3。

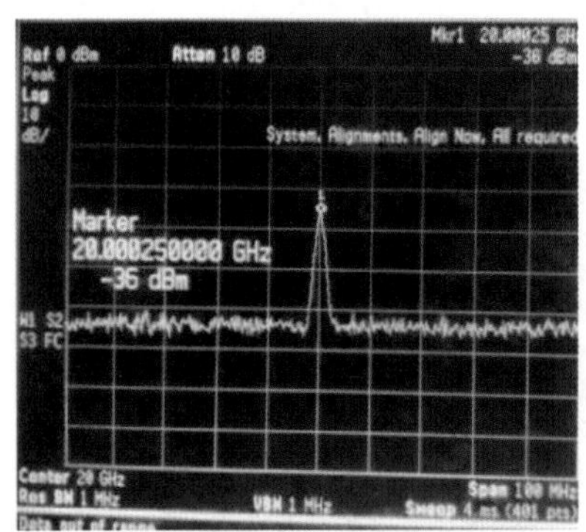

图 4.3.2　点源辐射天线的测试功率

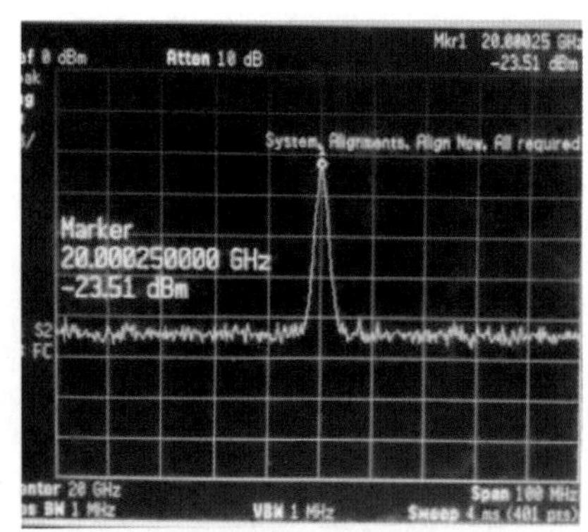

图 4.3.3　待测天线的测试功率

根据实验结果计算待测天线的增益

$$G = P_2 - P_1 = -23.51\ \text{dBm} - (-36\ \text{dBm}) = 12.49\ \text{dBi}$$

使用以上方法测量天线增益具有一定的误差。由于是在室内的自由空间中进行测试，并没有像电磁暗室一样模拟高频的电磁环境，自由空间传播损耗、大气衰减、极化损失、天线指向损耗等都会影响天线的测试性能。但是误差在允许范围之内，该测量结果仍具有参考意义。

4.4　本章小结

本章介绍了一种基于所设计阵列天线的光子天线系统。首先对微波光子天线系统进行了简单的概述，光子天线系统可以看成一个模拟光纤链路传输的问题。对传统的天线与光子天线进行了对比分析说明，对于传统天线，信号在整个传输过程中都是由同轴电缆完成，这种传输方式的损耗较大。光子天线可以将光波直接转换为微波、毫米波、甚至太赫兹波，引入了光信号作为载波，高频信号的生成、传送及处理不再只是以电子为载体实现。然后，主要从 20 GHz 信源的产生、光传输链路设计、光子天线的信号发射三方面详细地阐述了系统的设计步骤。对光生微波信号的三种生成方法(直接调制法、外调制器法、光外差法)进行了详细的工作原理介绍及优缺点分析。采用光通信系统设计平台 OptiSystem 分别对基于光外差法和外调制器法产生高频信号的光子天线系统进行仿真。系统主要由光外差信源产生模块、光传输链路及射频信号接收部分组成，对整体的仿真结构模型进行了介绍说明。经仿真实验证明，产生的射频信号性能良好。对光子阵列天线系统进行实验测试，测试天线增益可以达到 12.49 dBi，测试结果与仿真结果大概一致，验证了设计的合理性。

第 5 章

数字相干光通信系统的理论研究

光子天线的一个重要发展方向就是利用数字相干光通信系统实现远距离传输，因此本书详细介绍光子天线的数字相干光通信系统的理论与技术。数字相干光通信系统包括光发射机、光纤传输链路以及光接收机。光发射机主要包括激光器和光调制器，电信号驱动光调制器对激光器输出的光信号进行调制，其中电信号携带待传输的信息。光接收机的主要功能是对接收到的光信号进行相干探测、模数转换、数字信号处理以及译码。数字相干光接收机包括 4 个子系统：(1)光前端：将光场线性地映射为一系列电信号，主要通过 90°混频器、偏振分束器、平衡探测器等；(2)模数转换器：将电信号按一定的采样率进行采样，并进行量化，得到时间离散、幅值离散的数字信号；(3)数字解调器：即数字信号处理部分；(4)外接收机：纠错以及译码。本章主要讨论前 3 个子系统，其中 5.1 节和 5.2 节分别介绍了第 1 个子系统和第 3 个子系统。

5.1 相干光探测的基本原理

在相干光通信系统中，假设接收到的光信号 $E_s(t)$ 表示为

$$E_s(t)=A_s(t)\exp(\mathrm{j}\omega_s t) \tag{5.1.1}$$

式(5.1.1)中 $A_s(t)$ 是接收到的复信号的幅度，ω_s 是信号光的角频率，则接收到的光信号的功率为 $P_s=|A_s|^2/2$。本振光 $E_{LO}(t)$ 表示为

$$E_{LO}(t)=A_{LO}(t)\exp(\mathrm{j}\omega_{LO} t) \tag{5.1.2}$$

式(5.1.2)中 $A_{LO}(t)$ 是本振光信号的幅度，ω_{LO} 是本振光信号的角频率。本振光的功率为 $P_{LO}=|A_{LO}|^2/2$。

相干光探测可以探测光信号的振幅、频率和相位等。相干光探测主要是基于

90°混频器,使用相位分集或者相位分集和偏振分集的方式,实现同相分量和正交分量的同时接收。90°混频器示意图见图 5.1.1,它由一个 90°光相移器和 4 个 3 dB 耦合器构成。

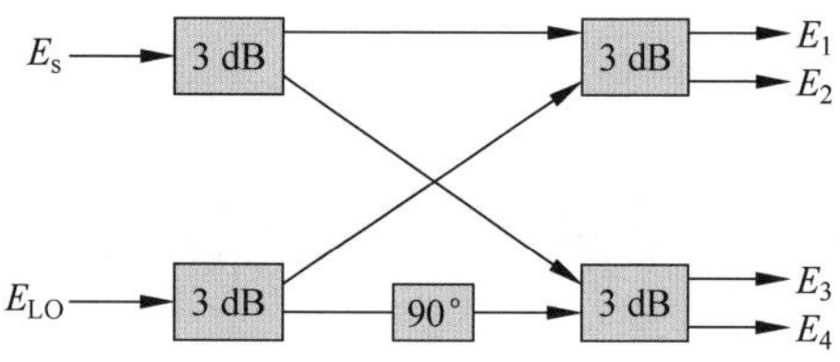

图 5.1.1　90°混频器示意图

右侧的 2 个 3 dB 耦合器的输出为

$$\begin{bmatrix} E_1 \\ E_2 \\ E_3 \\ E_4 \end{bmatrix} = \frac{1}{2} \times \begin{bmatrix} 1 & 1 \\ 1 & -1 \\ 1 & j \\ 1 & -j \end{bmatrix} \times \begin{bmatrix} E_s \\ E_{LO} \end{bmatrix} \tag{5.1.3}$$

即 E_1、E_2、E_3、E_4 分别为

$$E_1 = \frac{1}{2}(E_s + E_{LO}) \tag{5.1.4}$$

$$E_2 = \frac{1}{2}(E_s - E_{LO}) \tag{5.1.5}$$

$$E_3 = \frac{1}{2}(E_s + \mathrm{j}E_{LO}) \tag{5.1.6}$$

$$E_4 = \frac{1}{2}(E_s - \mathrm{j}E_{LO}) \tag{5.1.7}$$

在相干光探测系统中,一般使用 2 组平衡探测器对混频器的 4 路输出信号进行探测,基于相位分集的相干接收机示意图见图 5.1.2。

$$\begin{aligned} I_1(t) &= R \cdot [\mathrm{Re}\{E_1\}]^{ms} \\ &= R \cdot \left[\frac{A_s(t)\cos(\omega_s t) + A_{LO}(t)\cos(\omega_{LO} t)}{2}\right]^{ms} \\ &= R \cdot \overline{\left[\frac{A_s(t)\cos(\omega_s t) + A_{LO}(t)\cos(\omega_{LO} t)}{2}\right]^{2}} \\ &= \frac{R}{4}\{P_s + P_{LO} + 2\sqrt{P_s P_{LO}}\cos[\omega_{IF} t + \theta_s(t) - \theta_{LO}(t)]\} \end{aligned} \tag{5.1.8}$$

式(5.1.8)中,R 表示光电探测器的响应度,$[\cdot]^{ms}$ 表示对光信号进行平方探测,$\mathrm{Re}\{\cdot\}$表示取信号的实部,$\omega_{IF} = \omega_s - \omega_{LO}$,$\theta_s(t)$和 $\theta_{LO}(t)$分别表示接收信号的本

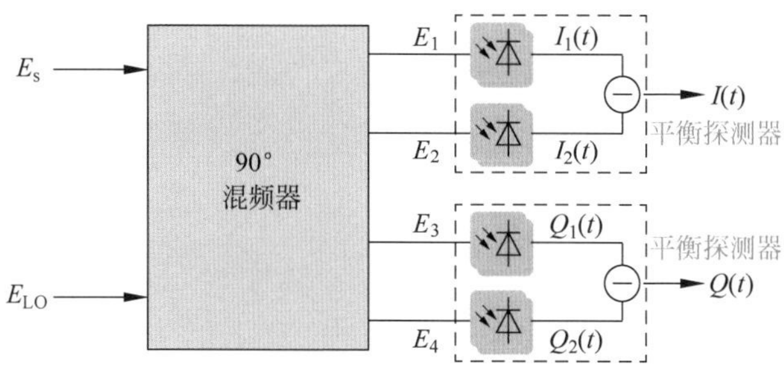

图 5.1.2　基于相位分集的相干接收机示意图

振信号的相位。同理得

$$I_2(t)=\frac{R}{4}\{P_s+P_{LO}-2\sqrt{P_sP_{LO}}\cos[\omega_{IF}t+\theta_s(t)-\theta_{LO}(t)]\} \tag{5.1.9}$$

$$Q_1(t)=\frac{R}{4}\{P_s+P_{LO}+2\sqrt{P_sP_{LO}}\sin[\omega_{IF}t+\theta_s(t)-\theta_{LO}(t)]\} \tag{5.1.10}$$

$$Q_2(t)=\frac{R}{4}\{P_s+P_{LO}-2\sqrt{P_sP_{LO}}\sin[\omega_{IF}t+\theta_s(t)-\theta_{LO}(t)]\} \tag{5.1.11}$$

则平衡探测器输出的电流 $I(t)$和 $Q(t)$分别为

$$I(t)=I_1(t)-I_2(t)=R\sqrt{P_sP_{LO}}\cos[\omega_{IF}t+\theta_s(t)-\theta_{LO}(t)] \tag{5.1.12}$$

$$Q(t)=Q_1(t)-Q_2(t)=R\sqrt{P_sP_{LO}}\sin[\omega_{IF}t+\theta_s(t)-\theta_{LO}(t)] \tag{5.1.13}$$

式(5.1.12)和式(5.1.13)中，$\theta_s(t)-\theta_{LO}(t)$是相干探测后的载波相位噪声。$\omega_{IF}$为接收到的光信号与本振光信号 LO 的频率差，根据 ω_{IF} 的值可以将相干探测分为零差相干探测和外差相干探测两大类。当 $\omega_{IF}\geqslant BW$ 时为外差相干探测，BW 表示传输的基带信号的带宽，此时平衡探测器的输出信号为中频信号；当 $\omega_{IF}=0$ 时为零差相干探测，此时平衡探测器的输出信号为基带信号。

当发送端采用偏振复用时，接收端需要采用基于相位分集和偏振分集的相干接收机，基于相位分集和偏振分集的相干接收机示意图见图 5.1.3。

图 5.1.3 中的两个偏振分束器(polarization beam splitter, PBS)和两个 90°混频器组成的器件叫作偏振分集 90°混频器。信号光 $E_s(t)$和本振光 $E_{LO}(t)$被两个 PBS 分成偏振态相互正交的信号 $E_{sX}(t)$、$E_{sY}(t)$、$E_{LOX}(t)$、$E_{LOY}(t)$。X 路和 Y 路分量分别被送入两个 90°混频器，之后各用 2 个平衡探测器进行光电转换，得到 X 偏振态的同相分量 I_x 和正交分量 Q_x，以及 Y 偏振态的同相分量 I_y 和正交分量 Q_y。其中两组相互正交的信号 $E_{sX}(t)$、$E_{sY}(t)$、$E_{LOX}(t)$、$E_{LOY}(t)$和 $E_s(t)$、$E_{LO}(t)$的关系为

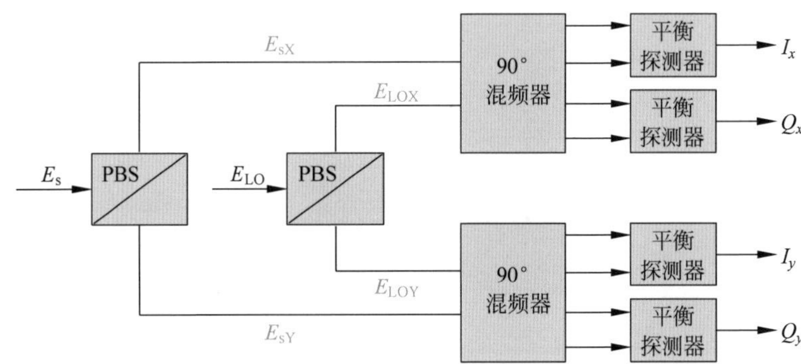

图 5.1.3 基于相位分集和偏振分集的相干接收机示意图

$$\begin{pmatrix} E_{sX} \\ E_{sY} \end{pmatrix} = \begin{pmatrix} \sqrt{\alpha}\, e^{j\beta} \\ \sqrt{1-\alpha} \end{pmatrix} E_s(t) \tag{5.1.14}$$

$$\begin{pmatrix} E_{LOX} \\ E_{LOY} \end{pmatrix} = \begin{pmatrix} 1/\sqrt{2} \\ 1/\sqrt{2} \end{pmatrix} E_{LO}(t) \tag{5.1.15}$$

由于单模光纤中存在双折射现象，导致偏振复用信号经过光纤传输后的 X 偏振方向和 Y 偏振方向的信号并不会完全相同，二者之间的功率不同，相位也不同。式(5.1.14)中 α 表示 X 偏振态和 Y 偏振态的功率比，β 表示 X 偏振态和 Y 偏振态的相位差。本振光信号为 45°线偏振光，因而经过 PBS 后得到的 X 方向和 Y 方向的两路信号的功率和相位都相同。类似前文的分析，图 5.1.3 中的 4 个平衡探测器的输出分别为

$$I_x = R\sqrt{\frac{\alpha P_s P_{LO}}{2}} \cos\left[\theta_s(t) - \theta_{LO}(t) + \beta\right] \tag{5.1.16}$$

$$Q_x = R\sqrt{\frac{\alpha P_s P_{LO}}{2}} \sin\left[\theta_s(t) - \theta_{LO}(t) + \beta\right] \tag{5.1.17}$$

$$I_y = R\sqrt{\frac{(1-\alpha) P_s P_{LO}}{2}} \cos\left[\theta_s(t) - \theta_{LO}(t)\right] \tag{5.1.18}$$

$$Q_y = R\sqrt{\frac{(1-\alpha) P_s P_{LO}}{2}} \sin\left[\theta_s(t) - \theta_{LO}(t)\right] \tag{5.1.19}$$

5.2 数字相干光通信系统的信号处理算法

数字相干光通信系统的信号处理算法是相干光通信系统的关键技术，它可以补偿光信号在光纤中的传输损伤。与传统的光域补偿相比，电域补偿更加成熟，

成本也更低。以偏振复用系统为例，相干光探测后的 4 路输出电流经过 ADC 后得到 4 路时间离散、幅值离散的数字信号，通过低通滤波器滤除带外噪声后送入数字信号处理模块进行处理。数字信号处理的流程见图 5.2.1，包括重抽样、IQ 正交化、色散补偿（即色度色散补偿）、时钟恢复、偏振解复用、频偏补偿、相位恢复。

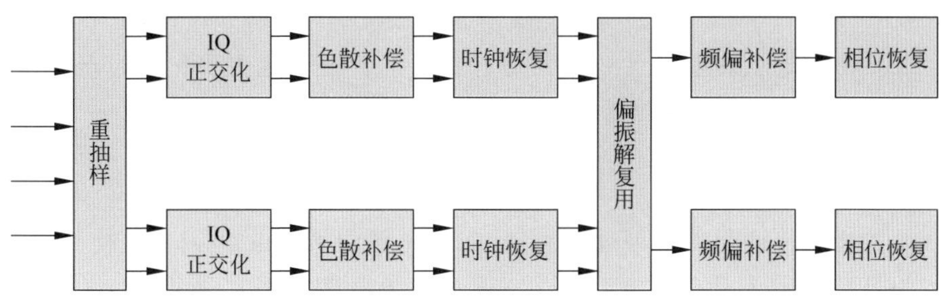

图 5.2.1　数字信号处理流程图

5.2.1　重抽样模块

接收到的光信号经过光前端的相干探测和后续的高速模数转换器（analog-to-digital converter，ADC）后的信号速率 R 和信号的波特率 R_B 并不一定是整数倍的关系，为了后续的数字信号处理更加方便，且能满足奈奎斯特采样定理的要求，一般通过内插算法将信号重抽样为波特率的 2 倍，即重抽样后的速率为 $2R_B$。

5.2.2　基于 GSOP 的 IQ 正交化模块

在理想情况下，相干探测后每个偏振方向上的同相分量和正交分量是相互正交的。实际上，3 dB 耦合器分光比不对称、调制器的偏置电压的漂移、调制器分光比不对称、90°混频器不理想、平衡探测器不理想以及重抽样中采用内插算法都会导致正交不平衡，即破坏了 I、Q 两路的正交性。为了提高系统的性能，需要对 I、Q 不平衡进行纠正。

一般采用 Gram-Schmidt 正交化过程（Gram-Schmidt orthogonalization procedure, GSOP）来补偿 I、Q 不平衡。假设 $I(t)$ 与 $Q(t)$ 分别表示重抽样后 x 方向的两路非正交分量。式(5.2.1)～式(5.2.3)为 GSOP 算法的具体处理过程，为

$$I_{\text{out}}(t)=\frac{I(t)}{\sqrt{P_I}} \tag{5.2.1}$$

$$Q'(t)=Q(t)-\rho\frac{I(t)}{P_I} \tag{5.2.2}$$

$$Q_{\text{out}}(t)=\frac{Q'(t)}{\sqrt{P_Q}} \tag{5.2.3}$$

其中，$I_{\text{out}}(t)$和 $Q_{\text{out}}(t)$为 IQ 正交化后的两路信号，$\rho=E\{I(t)\cdot Q(t)\}$是两路非正交信号的相关系数，$P_I=E\{I^2(t)\}$，$P_Q=E\{Q'^2(t)\}$，E 表示求均值。

5.2.3 时域色散补偿模块

当忽略非线性效应，认为色散对脉冲在光纤传输中起主要作用时，信号包络 $U(z,t)$在单模光纤中传输时满足如下公式：

$$\frac{\partial U(z,t)}{\partial z}=\mathrm{j}\frac{D\lambda^2}{4\pi c}\frac{\partial^2 U(z,t)}{\partial t^2} \tag{5.2.4}$$

其中，z 为光纤传输距离，t 为时间参量，D 为光纤的色散系数，λ 为光信号中心波长，c 为真空中的光速。对式(5.2.4)进行傅里叶变换可以获得频域传输函数 $G(z,\omega)$为

$$G(z,\omega)=\exp\left(-\mathrm{j}\frac{D\lambda^2}{4\pi c}z\omega^2\right) \tag{5.2.5}$$

式中，ω 表示光信号的角频率。求得光信号的频域传输函数后，可以在频域或者时域对光纤色散进行补偿。

频域补偿比较直观，只需要将时域信号通过快速傅里叶变换(fast Fourier transform, FFT)转换到频域，并通过传输函数为 $1/G(z,\omega)$的频域色散补偿滤波器对色散进行补偿，再通过快速傅里叶逆变换(inverse fast Fourier transform, IFFT)变换到时域即可。

对式(5.2.5)进行傅里叶逆变换获得光纤色散的时域冲击响应 $g(z,t)$为

$$g(z,t)=\sqrt{\frac{c}{\mathrm{j}D\lambda^2 z}}\exp\left(\mathrm{j}\frac{\pi c}{D\lambda^2 z}t^2\right) \tag{5.2.6}$$

式中，将 D 的值取反，即为时域色散补偿滤波器的冲击响应 $h(z,t)$，为

$$h(z,t)=\sqrt{\frac{\mathrm{j}c}{D\lambda^2 z}}\exp(-\mathrm{j}\phi(t)),\quad \phi(t)=\frac{\pi c}{D\lambda^2 z}t^2 \tag{5.2.7}$$

该冲击响应是无限非因果的，为了避免频率混叠，需要将脉冲响应截短为有限长度。假设对接收到的符号每 T 秒采样一次，当采样频率超过奈奎斯特频率 $\omega_n=\pi/T$ 时会发生频率混叠，脉冲响应的角频率由式(5.2.8)给出

$$\omega=\frac{\partial\phi(t)}{\partial t}=\frac{2\pi c}{D\lambda^2 z}t \tag{5.2.8}$$

为了不发生频率混叠，角频率 ω 的绝对值不能超过奈奎斯特采样频率，由此可以得到截短长度需要满足

$$-\frac{|D|\lambda^2}{2cT} \leqslant t \leqslant \frac{|D|\lambda^2}{2cT} \tag{5.2.9}$$

可以用带延迟抽头的有限冲击响应(finite impulse response，FIR)滤波器实现时域色散补偿滤波器。考虑抽头系数为奇数 N 的情况，抽头权重由如下公式给出：

$$a_k = \sqrt{\frac{\mathrm{j}cT^2}{D\lambda^2 z}}\exp\left(-\mathrm{j}\frac{\pi cT^2}{D\lambda^2 z}\right),\quad -\left\lfloor\frac{N}{2}\right\rfloor \leqslant k \leqslant \left\lfloor\frac{N}{2}\right\rfloor,\quad N = 2\times\left\lfloor\frac{|D|\lambda^2 z}{2cT^2}\right\rfloor + 1 \tag{5.2.10}$$

其中$\lfloor\cdot\rfloor$表示向下取整。

5.2.4　基于数字滤波平方定时估计算法的时钟恢复模块

在相干光通信系统中，数字相干光接收机的光前端输出信号为模拟信号，需要使用 ADC 对其进行采样和量化，以便于后续的数字信号处理。ADC 的采样时钟和发射机的时钟是独立运行的，并且时钟振荡器本身也可能存在不理想特性，这会使得发射机和接收机之间的时钟信号存在频率偏移和相位抖动。此外，信号在相干光通信系统中传输时还会受到诸如色度色散、偏振模色散、频率和相位偏移的影响，这会使得 ADC 的输出存在一个累计的频率和相位定时误差，造成后续的数字信号处理的各模块都无法正常工作。因此，需要采用数字信号处理技术对 ADC 输出进行调整，从而消除收发端时钟间的频率偏移和相位抖动。基于数字滤波平方定时估计算法可以实现时钟同步，其基本原理是基于定时误差为慢变信号这一性质，将接收到的数据进行分块处理，利用采样点的模平方和序列的频谱中包含时钟信息的特性，从中提取每块采样序列的定时误差。

数字滤波平方定时估计算法的流程图见图 5.2.2。

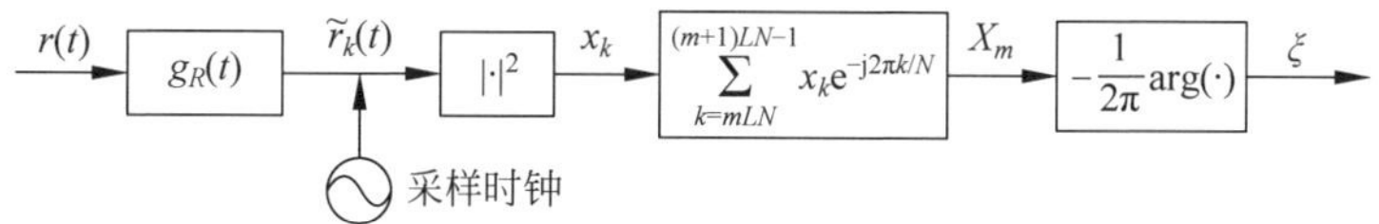

图 5.2.2　数字滤波平方定时估计算法流程图

接收到的信号表示为

$$r(t) = \sum_{n=-\infty}^{\infty} a_n g_T(t - nT - \xi(t)T) + n(t) \tag{5.2.11}$$

式中，a_n 为发射符号的复数表示；$g_T(t)$表示传输脉冲的波形；T 表示符号周期，$\xi(t)$表示慢变定时误差信号，它在时间分块内基本不变；$n(t)$表示信道噪声。接收到的含有定时误差的信号 $r(t)$首先通过匹配滤波器 $g_R(t)$进行匹配滤波。之后

ADC 以 N 倍符号速率进行采样得到采样序列，文献[100]指出 N 至少取 4 才能完好地表示实际的连续信号，这使得采样速率非常高，导致 ADC 的性能要求较高并且成本也很昂贵，不适用于高速的光通信系统。计算采样序列的模值的平方为

$$x_k = \left| \sum_{n=-\infty}^{\infty} a_n g\left(\frac{kT}{N} - nT - \xi T\right) + n\left(\frac{kT}{N}\right) \right|^2 \tag{5.2.12}$$

其中 $g(t)=g_T(t) * g_R(t)$，该序列在 $f=1/T$ 处的频率分量正好包含发射端采样时钟的信息。发射端采样时钟信息可以通过计算序列 x_k 在 $f=1/T$ 处的傅里叶系数得到，该傅里叶系数 X_m 可表示为

$$X_m = \sum_{k=mLN}^{(m+1)LN-1} x_k \mathrm{e}^{-\mathrm{j}2\pi k/N} \tag{5.2.13}$$

其中，N 表示对每个符号的采样次数，L 表示该分块的时间长度$/T$。

对式(5.2.13)中傅里叶系数 X_m 归一化的结果 $\hat{\xi}$ 是定时误差 ξ 的无偏估计，即有

$$\hat{\xi} = -\frac{1}{2\pi}\arg(X_m) \tag{5.2.14}$$

5.2.5 基于自适应均衡的偏振解复用模块

为了提高光通信系统的信号传输速率，可以在 x 偏振方向和 y 偏振方向分别传输不同的信息。理想情况下，x 方向和 y 方向的信息传输是正交的，互不影响，但是由于光纤的圆对称性并不是完全理想的，两个偏振方向会出现时延差(differential group delay，DGD)，影响脉冲展宽，从而导致符号间干扰。并且随着传输速率和传输距离的增加，DGD 会越来越大，偏振模色散(PMD)也成为了限制高速率光通信系统性能的主要因素之一。偏振模色散效应的传输信道可以通过琼斯矩阵进行描述，可以参考无线通信中 2×2 多入多出技术(MIMO)的自适应信道均衡方法来完成偏振解复用。

在相干光通信系统中一般采用 4 个蝶形自适应滤波器实现偏振模色散补偿，蝶形自适应滤波器结构图见图 5.2.3。

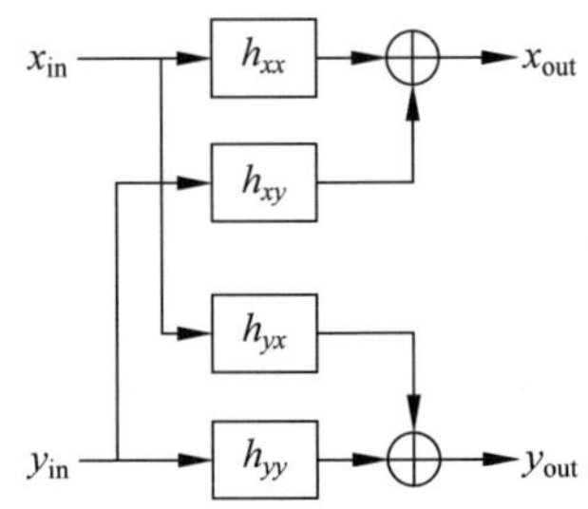

图 5.2.3　蝶形自适应滤波器结构图

滤波器的输入为 x_{in} 和 y_{in}，假设 4 个滤波器的抽头数都是 N，则滤波器的输出 x_{out} 和 y_{out} 为

$$x_{out}(k)=h_{xx}^{T}\cdot x_{in}+h_{xy}^{T}\cdot y_{in}=\sum_{n=0}^{N-1}h_{xx}(n)x_{in}(k-n)+h_{xy}(n)y_{in}(k-n) \tag{5.2.15}$$

$$y_{out}(k)=h_{yx}^{T}\cdot x_{in}+h_{yy}^{T}\cdot y_{in}=\sum_{n=0}^{N-1}h_{yx}(n)x_{in}(k-n)+h_{yy}(n)y_{in}(k-n) \tag{5.2.16}$$

其中 h_{xx}，h_{xy}，h_{yx}，h_{yy} 都是抽头数为 N 的自适应滤波器。MIMO 系统中自适应均衡算法有很多，具体使用哪种自适应均衡算法需要根据发送端采用的调制格式确定。对于 PDM-QPSK、PDM-DQPSK 等常模信号，可以用恒模算法（CMA 算法）。对于 PDM-8QAM、PDM-16QAM、PDM-64QAM 等调制格式，由于其幅度不是恒定的，传统的 CMA 算法并不适用，可以采用半径指向算法（radius-directed algorithm，RDA）和级联多模算法（cascaded multi-modulus algorithm，CMMA）。

对于常模信号，以 QPSK 调制为例，调制信号的幅度都是相同的，可以用 CMA 算法完成偏振解复用。QPSK 信号的星座图见图 5.2.4。

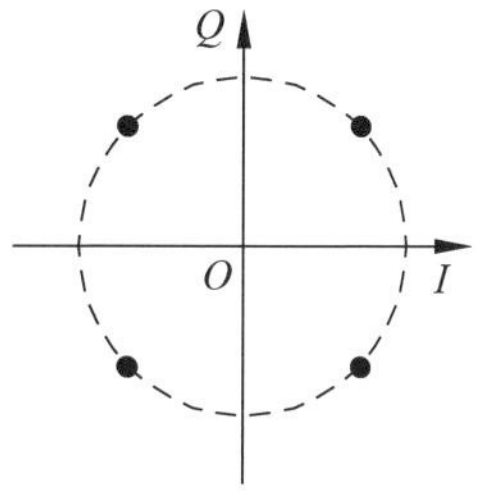

图 5.2.4　QPSK 信号星座图

假设接收信号已经进行了归一化，则四个星座点均位于半径为 1 的圆上。CMA 算法的误差函数为

$$\varepsilon_x=1-|x_{out}|^2 \tag{5.2.17}$$

$$\varepsilon_y=1-|y_{out}|^2 \tag{5.2.18}$$

可以用随机梯度算法更新 4 个滤波器的系数为

$$h_{xx}\rightarrow h_{xx}+\mu\varepsilon_x x_{out}x_{in}^{*} \tag{5.2.19}$$

$$h_{xy}\rightarrow h_{xy}+\mu\varepsilon_x x_{out}y_{in}^{*} \tag{5.2.20}$$

$$h_{yx}\rightarrow h_{yx}+\mu\varepsilon_y y_{out}x_{in}^{*} \tag{5.2.21}$$

$$h_{yy}\rightarrow h_{yy}+\mu\varepsilon_y y_{out}y_{in}^{*} \tag{5.2.22}$$

其中，上角“*”表示取共轭，μ 是滤波器抽头系数的更新步长。μ 越小，结果越精确，但是收敛会越慢；μ 越大，收敛越快，但是性能会相应地降低。当误差函数取得最小值时，CMA 算法收敛。

对于非常模信号，如 8 QAM 和 16 QAM 调制格式，CMA 算法并不适用，此时可以使用 CMMA 算法实现偏振解复用 8 QAM 信号的星座图（见图 5.2.5），8 个星座点分别位于半径为 R_1 和 R_2 的圆上。

16 QAM 信号的星座图见图 5.2.6，16 个星座点分别位于半径为 R_1、R_2 和

R_3 的圆上。

对于 8 QAM 信号,CMMA 算法的误差函数为

$$\varepsilon_x = \text{abs}(|x_{\text{out}}| - A_1) - A_2 \tag{5.2.23}$$

$$\varepsilon_y = \text{abs}(|y_{\text{out}}| - A_1) - A_2 \tag{5.2.24}$$

$$A_1 = \frac{R_1 + R_2}{2}, \quad A_2 = \frac{R_1 - R_2}{2} \tag{5.2.25}$$

其中 x_{out} 和 y_{out} 分别为自适应滤波器的输出。

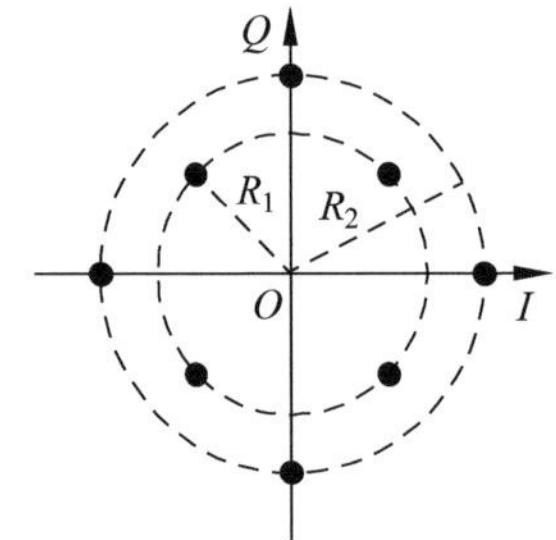

图 5.2.5　8 QAM 信号星座图

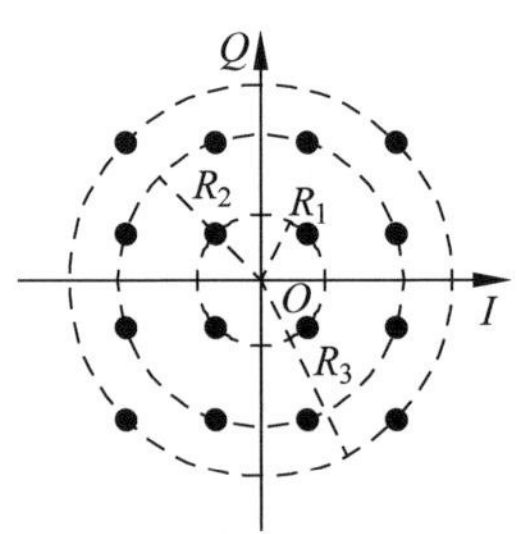

图 5.2.6　16 QAM 信号星座图

对于 16 QAM 信号,CMMA 算法的误差函数为[102]

$$\varepsilon_x = \text{abs}(||x_{\text{out}}| - A_1| - A_2) - A_3 \tag{5.2.26}$$

$$\varepsilon_y = \text{abs}(||y_{\text{out}}| - A_1| - A_2) - A_3 \tag{5.2.27}$$

$$A_1 = \frac{R_1 + R_2}{2}, \quad A_2 = \frac{R_3 - R_1}{2}, \quad A_3 = \frac{R_3 - R_2}{2} \tag{5.2.28}$$

4 个滤波器的系数也可以用如下的随机梯度算法进行更新:

$$h_{xx} \to h_{xx} + \mu\varepsilon_x e_x x_{\text{in}}^* \tag{5.2.29}$$

$$h_{xy} \to h_{xy} + \mu\varepsilon_x e_x y_{\text{in}}^* \tag{5.2.30}$$

$$h_{yx} \to h_{yx} + \mu\varepsilon_y e_y x_{\text{in}}^* \tag{5.2.31}$$

$$h_{yy} \to h_{yy} + \mu\varepsilon_y e_y y_{\text{in}}^* \tag{5.2.32}$$

对于 8 QAM 调制格式信号,e_x 和 e_y 分别由下式给出:

$$e_x = \text{sign}(x_{\text{out}} - A_1) \cdot \text{sign}(x_{\text{out}}), \quad e_y = \text{sign}(y_{\text{out}} - A_1) \cdot \text{sign}(y_{\text{out}}) \tag{5.2.33}$$

对于 16 QAM 调制格式信号,e_x 和 e_y 分别由下式给出:

$$e_x = \text{sign}(C_x) \cdot \text{sign}(B_x) \cdot \text{sign}(x_{\text{out}}) \tag{5.2.34}$$

$$B_x = \text{abs}(x_{\text{out}} - A_1), \quad C_x = \text{abs}(B_x - A_2) \tag{5.2.35}$$

$$e_y = \text{sign}(C_y) \cdot \text{sign}(B_y) \cdot \text{sign}(y_{\text{out}}) \tag{5.2.36}$$

$$B_y = \mathrm{abs}(y_{\mathrm{out}} - A_1),\quad C_y = \mathrm{abs}(B_y - A_2) \tag{5.2.37}$$

在上述公式中，sign 是符号函数，可以表示为 $x/|x|$。对于非常模调制格式，可以首先使用 CMA 算法进行预收敛，之后再采用 CMMA 算法，这样可以增加偏振解复用过程收敛的鲁棒性。

5.2.6　基于共轭 *M* 次方和 FFT 的频偏估计模块

在相干光通信系统中，发射端激光器和本振激光器独立运行，它们的中心频率会存在一定的频率偏差 Δf。对于第 k 个码元，频率偏移会给接收信号引入 $2\pi k\Delta f T_s$ 的相位偏移，T_s 为码元数据符号的周期，导致接收到的码元数据的星座图的相位发生旋转，这会严重地影响后续的载波相位恢复以及判决过程。所以，在判决前需要估计并补偿载波频偏。频偏估计算法与发送端信号采用的调制格式相关，本章介绍两种基本的频偏估计算法，包括基于共轭 M 次方的频偏估计算法、基于快速傅里叶变换的频偏估计算法。

基于共轭 M 次方的频偏估计算法适用于多进制相移键控（m-ary phase shift keying，MPSK）调制格式，以 QPSK 调制格式为例，其流程图见图 5.2.7。

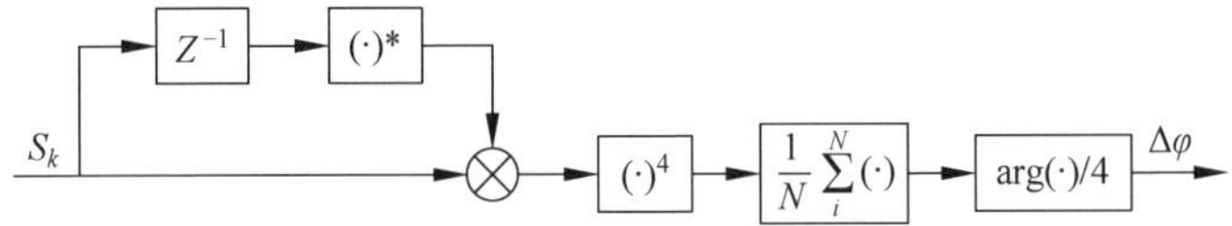

图 5.2.7　基于共轭 *M* 次方的 QPSK 频偏估计算法流程图

在只考虑激光器频率偏移和激光器相位噪声的影响的情况下，对于 QPSK 调制信号，接收到的第 k 个数据符号可表示为

$$S_k = \exp\{\mathrm{j}(a_k + 2\pi k\Delta f T_s + \theta_k)\} \tag{5.2.38}$$

其中，a_k 为原始信号的相位信息，QPSK 的相位取自集合 $\{\pi/4, 3\pi/4, -\pi/4, -3\pi/4\}$，$\Delta f$ 为发射端激光器和本振激光器的频率偏移，T_s 为码元数据符号的周期，θ_k 为激光器相位噪声。输入信号 S_k 首先和它前一个接收信号的复共轭 S_{k-1}^* 相乘，得到的输出 d_k 为

$$d_k = S_k \times S_{k-1}^* = \exp\{\mathrm{j}[(a_k - a_{k-1}) + 2\pi\Delta f T_s + (\theta_k - \theta_{k-1})]\} \tag{5.2.39}$$

激光器的相位噪声在前后数据符号之间变化很小，可以忽略，即认为 $\theta_k - \theta_{k-1} \approx 0$。同时考虑到 $a_k - a_{k-1}$ 取自集合 $\{0, \pm\pi/2, \pm\pi, \pm 3\pi/2\}$，因此有 $\exp\{\mathrm{j}\times 4(a_k - a_{k-1})\} = 1$，对其进行 4 次方运算后就可以移除相位调制信息：

$$d_k^4 = \exp\{\mathrm{j}8\pi\Delta f T_s\} \tag{5.2.40}$$

可以将相邻的 N 个 d_k^4 符号求平均值以消除加性噪声的影响，然后通过计算

$\arg(\cdot)/4$ 得到相位差 $\Delta\varphi=2\pi T_s\Delta f$ 的估计值，便可计算出频率偏移 Δf 的估计值，最后可以用估计出的频偏对原始码元数据的相位选择进行补偿。$\arg(\cdot)$的范围是 $(-\pi,\pi]$，因而基于共轭 M 次方的频偏估计算法的频偏估计范围为$(-1/8T_s,1/8T_s]$。

对于 16 QAM 等调制格式，上述的基于共轭 M 次方的频偏估计算法不再适用，因为 M 次方不能移除 16 QAM 调制格式的调制相位信息。可以采用基于 FFT 的频偏估计算法完成频偏估计和补偿，在只考虑激光器频率偏移和激光器相位噪声的影响的情况下，对于 16 QAM 调制信号，接收到的第 k 个数据符号可表示为

$$S_k=A_k\exp\{\mathrm{j}(a_k+2\pi k\Delta fT_s+\theta_k)\} \tag{5.2.41}$$

其中，A_k 和 a_k 分别表示 16 QAM 信号的幅度信息和调制相位信息；A_k 的取值为 $\sqrt{2}$，$\sqrt{10}$，$\sqrt{18}$；Δf 为发射端激光器和本振激光器的频率偏移；T_s 为码元数据符号的周期；θ_k 为激光器相位噪声。对式(5.2.41)的左右两边进行 4 次方运算，得

$$S_k^4=B_k^4\exp\{\mathrm{j}(8\pi k\Delta fT_s+4\theta_k)\} \tag{5.2.42}$$

其中，$B_k^4=A_k^4\cdot\exp(\mathrm{j}\times 4a_k)$。$S_k^4$ 的频率偏移可以通过最大化 S_k^4 的周期图得到，即

$$\Delta f=\frac{1}{4}\arg\{\max_f[|Z(f)|]\} \tag{5.2.43}$$

$$Z(f)=\frac{1}{N}\sum_{k=0}^{N-1}S_k^4\mathrm{e}^{-\mathrm{j}2\pi fkT_s} \tag{5.2.44}$$

式(5.2.44)可以看作 S_k^4 的 FFT，即可以对 S_k^4 进行 FFT 操作并取幅度的最大值，幅度的最大值对应的频率除以 4 就是估计得到的载波频率偏移 Δf。

5.2.7 基于 *M* 次方的相位噪声估计模块

在相干光通信系统中，一方面，由于发射端激光器和接收端本振激光器都不是单一频率的，而是具有一定的线宽的，这会在发射端激光器和接收端激光器的输出光信号中引入相位噪声。另一方面，频偏估计的结果与实际的频偏不可能完全一致，在频偏补偿后会有残余频偏，残余频偏也会累积到相位噪声中。激光器的相位噪声 θ_k 可以看作一个维纳过程，可用如下公式表示：

$$\theta_k=\sum_{i=0}^{k}v_i \tag{5.2.45}$$

其中，v_i 是均值为 0、方差为 $2\pi\Delta LT_s$ 的独立同分布高斯随机变量，ΔL 表示发射端激光器和接收端本振激光器的总线宽。MPSK 信号可以用 M 次方算法进行载波相位估计，以 QPSK 调制格式为例，载波相位噪声的估计过程见图 5.2.8。

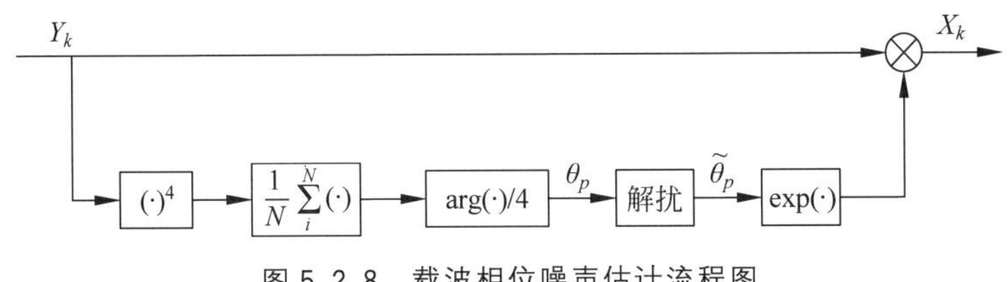

图 5.2.8　载波相位噪声估计流程图

在估计并补偿载波频率偏移以后，如果忽略加性高斯噪声，信号可表示为

$$Y_k = \exp\{j(a_k + \theta_k)\} \tag{5.2.46}$$

对式(5.2.46)的左右两边进行 4 次方运算，得

$$Y_k^4 = \exp\{j \times 4(a_k + \theta_k)\} = -\exp(j4\theta_k) \tag{5.2.47}$$

码元数据符号的载波相位噪声变化相对比较缓慢，可以将 N 个码元数据符号看作一个块，载波相位估计可以以块为单位，对于 N 个码元组成的一个块进行相位估计得到一个载波相位噪声，作为该块中每个码元数据符号的相位噪声。即可对前后多个 Y_k^4 取平均值以消除加性高斯噪声的影响，该平均值的相位除以 4 即为相位噪声的估计值 θ_p。

在估计出 θ_p 后还需进行相位解扰以降低相位周跳的影响，最后将解扰后的相位 $\tilde{\theta}_p$ 作为最终估计所得的相位噪声，并据此对相位噪声进行补偿。对于 M 次方运算，解扰后的相位 $\tilde{\theta}_p$ 与解扰前的相位 θ_p 满足如下关系：

$$\tilde{\theta}_p(k+1) = \theta_p(k+1) + f(\theta_p(k+1) - \tilde{\theta}_p(k)) \tag{5.2.48}$$

$$f(x) = \begin{cases} \dfrac{\pi}{2}, & x < -\dfrac{\pi}{4} \\ -\dfrac{\pi}{2}, & x > \dfrac{\pi}{4} \\ 0, & \text{其他} \end{cases} \tag{5.2.49}$$

5.3　本章小结

本章首先介绍了数字相干光探测(即光前端)的基本原理，包括 90°混频器、相位分集的相干接收机以及基于相位分集和偏振分集的相干接收机的原理，然后介绍了数字相干光通信系统信号处理算法(即数字解调器)各个子模块的原理，包括重抽样子模块、IQ 正交化子模块、色度色散子模块、时钟恢复子模块、偏振解复用子模块、频偏估计子模块和相位噪声估计模块。

第6章

16 QAM矢量毫米波信号产生技术的研究

光子天线的另一个重要发展方向是高阶和高频调制实现高频谱效率的传输。本书以16 QAM矢量毫米波信号产生为例，着重介绍光子天线的高频谱效率传输。毫米波可以提供巨大的带宽，可用于未来的无线通信和空间通信中，且能够提供大容量服务，然而毫米波信号由于频率很高，在自由空间传输时损耗很大，严重地影响了其传输距离。针对毫米波传输距离受限的问题，基于射频拉远的光载无线通信技术应运而生，即将毫米波射频信号调制到光载波上并利用光纤传输毫米波信号。基于射频拉远的射频光传输(RoF)技术结合了光纤通信和毫米波的优点，将高速率的毫米波信号在光纤中传输，解决了毫米波信号传输距离较短的问题，同时由于上变频过程在中心站完成，基站不需要价格昂贵的本振信号源，只需要进行简单的光电转换以及射频信号收发，从而能够将数据以廉价的方式传送给用户。QPSK调制格式的毫米波信号的频谱效率较低，仅为2 bit/(s·Hz)，而16 QAM调制格式的频谱效率为4 bit/(s·Hz)，采用16 QAM调制格式的频谱效率是QPSK调制格式的2倍。基于MZM产生的毫米波信号的光信噪比相对较低，稳定性也相对较差。

在本章中，首先分析了毫米波产生的一些基本方法，随后介绍了一种基于相位调制器并结合倍频和预编码技术的40 GHz 16 QAM矢量毫米波信号产生方法。产生的速率为2 Gbaud的40 GHz 16 QAM矢量信号在单模光纤(single mode fiber, SMF)中传输22 km后误码率低于硬判决前向纠错(hard-decision forward-error-correction, HD-FEC)门槛3.8×10^{-3}，如果在发射端加入FEC，那么接收端的BER可以达到10^{-12}量级。

6.1　毫米波产生技术分析

高质量的光载毫米波信号的产生是光载无线通信中的关键问题。光载毫米波的产生方法主要包括直接调制法、外调制器法和光外差法等。

光外差法的基本原理是频率为 f_1 和频率为 f_2 的两束光信号经过光耦合器耦合，使用 PD 探测后会生成频率为 $|f_1-f_2|$ 的射频分量。

直接调制法的原理图如图 6.1.1 所示，将基带信号调制到本振射频上，再用调制后的射频信号驱动直接调制激光器，直接调制激光器的输出即为光载毫米波信号。直接调制法产生光载毫米波信号的成本较低，也较容易实现，但是直接调制激光器的啁啾效应将导致光频谱的拓宽，会加剧色散引起的信号失真，从而限制长距离的传输，也不适合目前的高速光通信系统。直接调制激光器的弛豫振荡频率会随着输入电流的增加而提高，当调制频率接近或者达到弛豫振荡频率时，弛豫振荡现象非常明显，直接调制激光器的强度调制的非线性效应很明显，导致输出光信号严重畸变，因而直接调制法的本振频率不能太高，一般小于 10 GHz，即直接调制法只适用于低速低频系统。对于目前的高速光通信系统，需要采用外调制或者光外差调制技术产生符号要求的毫米波信号。

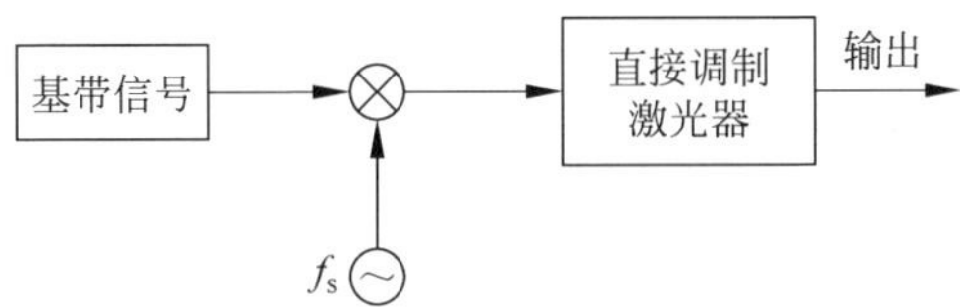

图 6.1.1　直接调制法的原理图

当射频频率超过 10 GHz 或者当信息速率很高时，一般会采用外调制器产生毫米波信号，即外调制法。目前常用的外调制器是基于材料的电光效应，即利用外加电压的变化会导致电光材料折射率的改变，进而导致输出光信号的振幅、频率和相位的改变。外调制器主要包括相位调制器和铌酸锂（$LiNbO_3$）MZM。相位调制器可以实现相位调制，而 MZM 既可以实现相位调制，也可以实现强度调制。如图 6.1.2 所示为外调制法的原理图，与直接调制法直接使用调制了基带信号的射频信号驱动直接调制激光器不同，外调制器并不是直接对激光器光源进行调制，而是对激光器输出的光信号进行调制，这样调制带宽不再取决于激光器光源，而是取决于外调制器的带宽。本章主要介绍相位调制器和 MZM。

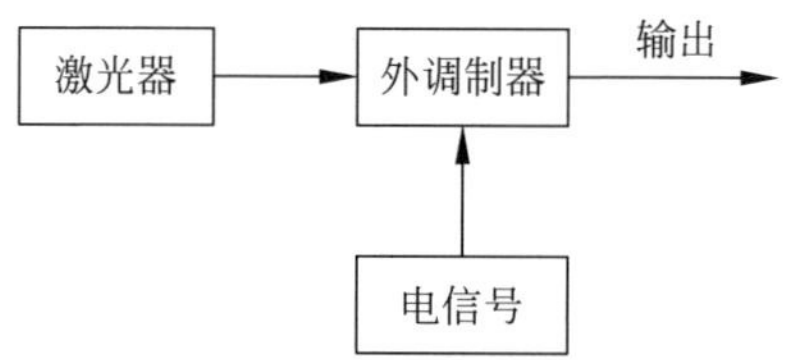

图 6.1.2 外调制法的原理图

6.1.1 基于相位调制器的毫米波产生技术

如图 6.1.3 所示为相位调制器的示意图，相位调制器的原理是基于外加电场的变化会导致 $LiNbO_3$ 晶体的折射率的变化，从而使得光信号的相位发生变化。

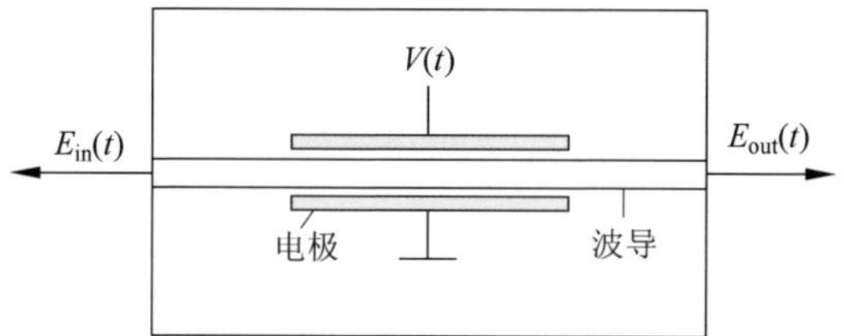

图 6.1.3 相位调制器示意图

设相位调制器的输入光场为

$$E_{in}(t)=E_0\exp\left[j(\omega_0 t+\phi_0)\right] \tag{6.1.1}$$

其中，E_0、ω_0、ϕ_0 分别为输入光场的振幅、角频率和初始相位。相位调制器的驱动电压为

$$V(t)=V_{RF}\cos(\omega_{RF}t+\varphi_0)+V_{DC} \tag{6.1.2}$$

其中，V_{RF}、ω_{RF}、φ_0 分别为驱动信号的振幅、角频率和初始相位，V_{DC} 为直流偏置电压。$V(t)$驱动相位调制器引起的附加相位变化可以表示为

$$\varphi_{PM}=\frac{V(t)}{V_\pi}\pi \tag{6.1.3}$$

其中，V_π 为相位调制器的半波电压，即使相位调制器的附加相位变化 π 所需的电压，则相位调制后的输出光场可表示为

$$\begin{aligned}E_{out}(t)&=E_{in}(t)\exp(j\varphi_{PM})\\&=E_0\exp\left[j(\omega_0 t+\phi_0)\right]\exp\left\{j\pi\left[\frac{V_{RF}\cos(\omega_{RF}t+\varphi_0)+V_{DC}}{V_\pi}\right]\right\}\end{aligned} \tag{6.1.4}$$

如果 $\phi_0=0$，$\varphi_0=0$，$V_{DC}=0$，则输出光场可表示为

$$E_{out}(t)=E_{in}(t)\exp(j\varphi_{PM})=E_0\exp(j\omega_0 t)\exp\left[j\left(\frac{\pi V_{RF}}{V_\pi}\right)\cos(\omega_{RF}t)\right] \tag{6.1.5}$$

根据雅可比·安格展开公式

$$\exp(\mathrm{j}x\cos\theta)=\exp\left[\mathrm{j}x\sin\left(\theta+\frac{\pi}{2}\right)\right]=\sum_{n=-\infty}^{+\infty}J_n(x)\exp\left[\mathrm{j}n\left(\theta+\frac{\pi}{2}\right)\right] \tag{6.1.6}$$

其中，J_n 表示第一类 n 阶贝塞尔函数，可将输出光场表示为

$$E_{\mathrm{out}}(t)=E_{\mathrm{in}}(t)\exp(\mathrm{j}\varphi_{\mathrm{PM}})=E_0\sum_{n=-\infty}^{+\infty}J_n\left(\frac{\pi V_{\mathrm{RF}}}{V_\pi}\right)\exp\left\{\mathrm{j}\left[(\omega_0+n\omega_{\mathrm{RF}})t+n\frac{\pi}{2}\right]\right\} \tag{6.1.7}$$

6.1.2　基于MZM的毫米波产生技术

如图6.1.4所示为MZM的示意图，可以将它看成将两个相位调制器并行地组合在一起。输入光信号分成两路，每路被一个相位调制器调制，然后将调制后的两路光信号耦合到一起作为MZM的输出。

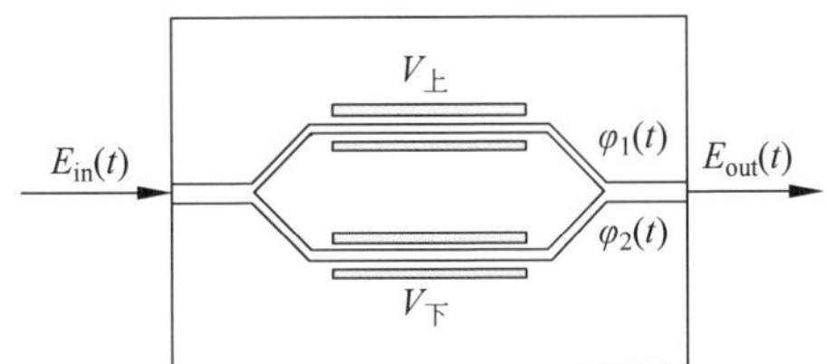

图6.1.4　MZM调制器示意图

其中，$V_上$ 和 $V_下$ 分别为

$$V_上=v_1(t)+V_{\mathrm{DC1}}=V_1\cos(\omega_{\mathrm{RF}}t)+V_{\mathrm{DC1}} \tag{6.1.8}$$

$$V_下=v_2(t)+V_{\mathrm{DC2}}=V_2\cos(\omega_{\mathrm{RF}}t+\theta)+V_{\mathrm{DC2}} \tag{6.1.9}$$

v_1 和 V_{DC1} 分别为上臂的驱动电压和直流偏置电压，v_2 和 V_{DC2} 分别为下臂的驱动电压和直流偏置电压，V_1 和 V_2 分别为上下臂驱动电压的幅度，θ 为上下两个臂的驱动电压的相位差。

假设MZM的输入光场为

$$E_{\mathrm{in}}(t)=E_0\exp(\mathrm{j}\omega_0 t) \tag{6.1.10}$$

其中，E_0、ω_0 分别为输入光场的振幅、角频率。MZM的幅度衰减为一个常数，不影响分析，这里将其忽略。MZM的输出光场可表示为

$$E_{\mathrm{out}}(t)=E_{\mathrm{in}}(t)\left\{\gamma\exp\left[\mathrm{j}\frac{\pi}{V_{\pi1}}(v_1(t)+V_{\mathrm{DC1}})\right]+(1-\gamma)\exp\left[\mathrm{j}\frac{\pi}{V_{\pi2}}(v_2(t)+V_{\mathrm{DC2}})\right]\right\} \tag{6.1.11}$$

其中，α、$V_{\pi1}$ 和 $V_{\pi2}$ 分别为调制器的幅度衰减以及上下两个臂的半波电压，γ 为调

制器的分光比

$$\gamma=\left(1-\frac{1}{\sqrt{\varepsilon_{\mathrm{r}}}}\right)\Big/2,\quad \varepsilon_{\mathrm{r}}=10^{\mathrm{ExtRatio}/10} \tag{6.1.12}$$

其中，ExtRatio 为消光比，为了简化分析，令 $V_{\mathrm{DC1}}=0$，$Z_1=\dfrac{\pi V_1}{V_\pi}$，$Z_2=\dfrac{\pi V_2}{V_\pi}$。考虑调制器的上下两个臂的半波电压相等(即 $V_\pi=V_{\pi1}=V_{\pi2}$)，且调制器的消光比为理想的无穷大(即 $\gamma=0.5$)的情况，此时 MZM 的输出可表示为

$$E_{\mathrm{out}}(t)=\frac{1}{2}E_{\mathrm{in}}(t)\left\{\exp\left[\mathrm{j}Z_1\cos(\omega_{\mathrm{RF}}t)\right]+\exp\left[\mathrm{j}Z_2\cos(\omega_{\mathrm{RF}}t+\theta)+\mathrm{j}\frac{\pi}{V_\pi}V_{\mathrm{DC2}}\right]\right\} \tag{6.1.13}$$

一般通过外调制法产生毫米波信号的框图如图 6.1.5 所示。第一个 MZM 是单臂调制器，其作用是实现强度调制，基带信号通过该调制器强度调制到入射光信号上。第一个 MZM 的输出为

$$E_{\mathrm{out1}}(t)=A(t)\exp(\mathrm{j}\omega_0 t) \tag{6.1.14}$$

其中 $A(t)$为基带信号。

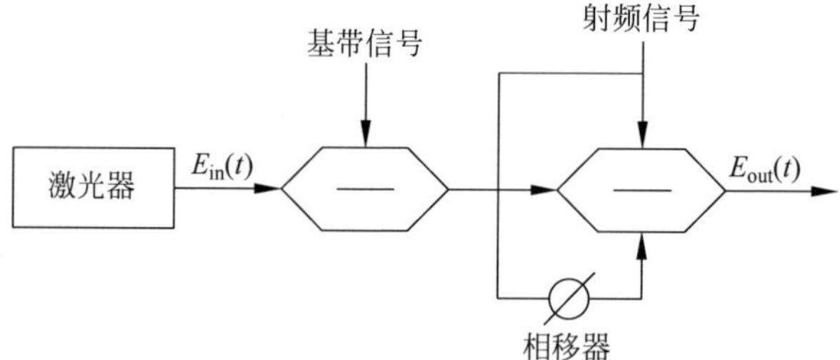

图 6.1.5　通过外调制器产生毫米波信号的框图

根据雅可比·安格展开公式

$$\exp(\mathrm{j}z\cos\theta)=\sum_{n=-\infty}^{+\infty}\mathrm{j}^n J_n(x)\exp(\mathrm{j}n\theta) \tag{6.1.15}$$

$$\exp(\mathrm{j}x\sin\theta)=\sum_{n=-\infty}^{+\infty}J_n(x)\exp(\mathrm{j}n\theta) \tag{6.1.16}$$

可将第二个 MZM 的输出表示为

$$E_{\mathrm{out}}(t)=\frac{A(t)\exp(\mathrm{j}\omega_0 t)}{2}\left\{\exp\left[\mathrm{j}Z_1\cos(\omega_{\mathrm{RF}}t)\right]+\exp\left(\mathrm{j}\frac{\pi V_{\mathrm{DC2}}}{V_\pi}\right)\exp\left[\mathrm{j}Z_2\cos(\omega_{\mathrm{RF}}t+\theta)\right]\right\}$$

$$
=\frac{A(t)}{2}\sum_{k=-\infty}^{+\infty}\mathrm{j}^{k}\left[J_{k}(Z_{1})+\exp\left(\mathrm{j}\frac{\pi V_{\mathrm{DC2}}}{V_{\pi}}\right)\sum_{q=-\infty}^{+\infty}(-\mathrm{j})^{-q}J_{k-q}(Z_{2}\cos\theta)J_{q}(Z_{2}\sin\theta)\right]\cdot
$$

$$
\exp[\mathrm{j}(\omega_{0}+k\omega_{\mathrm{RF}})t]
$$

$$
=A(t)\sum_{k=-\infty}^{+\infty}a_{k}\exp[\mathrm{j}(\omega_{0}+k\omega_{\mathrm{RF}})t+\varphi_{k}] \tag{6.1.17}
$$

其中 a_k 和 φ_k 分别为

$$
a_{k}=\frac{1}{2}\left|J_{k}(Z_{1})+\exp\left(\mathrm{j}\frac{\pi V_{\mathrm{DC2}}}{V_{\pi}}\right)\sum_{q=-\infty}^{+\infty}(-\mathrm{j})^{-q}J_{k-q}(Z_{2}\cos\theta)J_{q}(Z_{2}\sin\theta)\right| \tag{6.1.18}
$$

$$
\varphi_{k}=\arg\left\{\mathrm{j}^{k}\left[J_{k}(Z_{1})+\exp\left(\mathrm{j}\frac{\pi V_{\mathrm{DC2}}}{V_{\pi}}\right)\sum_{q=-\infty}^{+\infty}(-\mathrm{j})^{-q}J_{k-q}(Z_{2}\cos\theta)J_{q}(Z_{2}\sin\theta)\right]\right\} \tag{6.1.19}
$$

通过对第二个 MZM 的偏置电压、射频信号本振的相位以及相移器的相移值的控制实现 DSB、SSB 和 OCS 调制。

为了实现 DSB 调制，可以用幅度和频率都相同，但相位相差为 π 的两路射频信号驱动 MZM，即将图 6.1.5 中的第二个 MZM 的相移器的相移设为 π。上下臂的驱动电压分别为

$$
V_{上}=V\cos(\omega_{\mathrm{RF}}t),\quad V_{下}=-V\cos(\omega_{\mathrm{RF}}t)+V_{\mathrm{DC2}}
$$

将上下臂的驱动电压值代入公式(6.1.17)，有

$$
E_{\mathrm{out}}(t)=\frac{A(t)\exp(\mathrm{j}\omega_{0}t)}{2}\left\{\exp[\mathrm{j}Z_{1}\cos(\omega_{\mathrm{RF}}t)]+\exp\left(\mathrm{j}\frac{\pi V_{\mathrm{DC2}}}{V_{\pi}}\right)\exp[-\mathrm{j}Z_{1}\cos(\omega_{\mathrm{RF}}t)]\right\}
$$

$$
=\frac{A(t)}{2}\sum_{k=-\infty}^{\infty}\left[\mathrm{j}^{k}+(-\mathrm{j})^{k}\exp\left(\mathrm{j}\frac{\pi V_{\mathrm{DC2}}}{V_{\pi}}\right)\right]J_{k}(Z_{1})\exp[\mathrm{j}(\omega_{0}+k\omega_{\mathrm{RF}})t]
$$

其中，$Z_1=\dfrac{\pi V}{V_\pi}$，令 $B(k)=\dfrac{A(t)}{2}\left[\mathrm{j}^{k}+(-\mathrm{j})^{k}\exp\left(\mathrm{j}\dfrac{\pi V_{\mathrm{DC2}}}{V_{\pi}}\right)\right]J_{k}(Z_{1})$，则 $B(k)$ 为 k 阶边带的幅度，当 $B(k)\neq 0$ 时对应的阶边带存在。当阶数大于等于 2 时，贝塞尔函数的值会随着阶数的增加迅速减小，在 DSB、SSB 和 OCS 中主要考虑 0 阶、1 阶和 −1 阶。

$$
B(0)=\frac{A(t)}{2}\left[1+\exp\left(\mathrm{j}\frac{\pi V_{\mathrm{DC2}}}{V_{\pi}}\right)\right]J_{0}(Z_{1}) \tag{6.1.20}
$$

$$
B(1)=\frac{\mathrm{j}A(t)}{2}\left[1-\exp\left(\mathrm{j}\frac{\pi V_{\mathrm{DC2}}}{V_{\pi}}\right)\right]J_{1}(Z_{1}) \tag{6.1.21}
$$

$$
B(-1)=\frac{\mathrm{j}A(t)}{2}\left[-1+\exp\left(\mathrm{j}\frac{\pi V_{\mathrm{DC2}}}{V_{\pi}}\right)\right]J_{-1}(Z_{1})=B(1) \tag{6.1.22}
$$

由式(6.1.20)～式(6.1.22)可知，为了使 $B(0)$，$B(1)$，$B(-1)$ 都不为 0，需要满足：

$$J_0\left(\frac{\pi V}{V_\pi}\right) \neq 0,\quad J_1\left(\frac{\pi V}{V_\pi}\right) \neq 0,\text{且 } V_{\mathrm{DC2}} \neq kV_\pi, k \text{ 为整数} \tag{6.1.23}$$

即射频驱动电压需要选择合适的幅度，下臂的直流偏置电压不能为半波电压的整数倍。

为了实现 SSB 调制，可以用幅度和频率都相同，但相位相差为 $\pi/2$ 的两路射频信号驱动 MZM，且下臂的直流偏置电压设置为 $V_\pi/2$。上下臂的驱动电压分别为 $V_{上}=V\cos(\omega_{\mathrm{RF}}t)$，$V_{下}=-V\sin(\omega_{\mathrm{RF}}t)+\frac{V_\pi}{2}$。

将上下臂的驱动电压值代入公式(6.1.17)，有

$$\begin{aligned} E_{\mathrm{out}}(t) &= \frac{A(t)\exp(\mathrm{j}\omega_0 t)}{2}\{\exp[\mathrm{j}Z_1\cos(\omega_{\mathrm{RF}}t)]+\mathrm{j}\exp[-\mathrm{j}Z_1\sin(\omega_{\mathrm{RF}}t)]\} \\ &= \frac{A(t)}{2}\sum_{k=-\infty}^{\infty}[\mathrm{j}^k+(-1)^k\mathrm{j}]J_k(Z_1)\exp[\mathrm{j}(\omega_0+k\omega_{\mathrm{RF}})t] \end{aligned} \tag{6.1.24}$$

则 0 阶、1 阶和 −1 阶边带的幅度分别为

$$B(0)=\frac{A(t)}{2}(1+\mathrm{j})J_0(Z_1),\quad B(1)=0, B(-1)=-\mathrm{j}A(t)J_{-1}(Z_1) \tag{6.1.25}$$

根据式(6.1.25)可知 1 阶边带被抑制了。如果 $V_{下}=V\sin(\omega_{\mathrm{RF}}t)+\frac{V_\pi}{2}$，则 −1 阶边带会被抑制。

为了实现 OCS 调制，可以用幅度和频率都相同，但相位相差为 π 的两路射频信号驱动 MZM，且下臂的直流偏置电压设置为 V_π。上下臂的驱动电压分别为 $V_{上}=V\cos(\omega_{\mathrm{RF}}t)$，$V_{下}=-V\cos(\omega_{\mathrm{RF}}t)+V_\pi$。

将上下臂的驱动电压值代入公式(6.1.17)，有

$$\begin{aligned} E_{\mathrm{out}}(t) &= \frac{A(t)\exp(\mathrm{j}\omega_0 t)}{2}\{\exp[\mathrm{j}Z_1\cos(\omega_{\mathrm{RF}}t)]-\exp[-\mathrm{j}Z_1\cos(\omega_{\mathrm{RF}}t)]\} \\ &= \frac{A(t)}{2}\sum_{k=-\infty}^{\infty}[1-(-1)^k]\mathrm{j}^k J_k(Z_1)\exp[\mathrm{j}(\omega_0+k\omega_{\mathrm{RF}})t] \end{aligned} \tag{6.1.26}$$

则 0 阶、1 阶和 −1 阶边带的幅度分别为

$$B(0)=0,\quad B(1)=B(-1)=2\mathrm{j}J_1\left(\frac{\pi V}{V_\pi}\right) \tag{6.1.27}$$

从式(6.1.26)和式(6.1.27)可以看出光信号的中心载波被抑制掉了，并且相应的偶数阶边带也被抑制掉了。

假设射频信号的频率 ω_{RF} 为 10 GHz，半波电压设置为 4 V，根据上面的分析，对于 DSB、SSB、OCS 调制，驱动电压可分别设置为

$$\text{DSB：}V_{上}=\cos(\omega_{\mathrm{RF}}t),\quad V_{下}=-\cos(\omega_{\mathrm{RF}}t)+2$$

$$\text{SSB}: V_{上} = \cos(\omega_{RF}t), \quad V_{下} = -\sin(\omega_{RF}t) + 2$$

$$\text{OCS}: V_{上} = \cos(\omega_{RF}t), \quad V_{下} = -\cos(\omega_{RF}t) + 4$$

图 6.1.6 为使用 OptiSystem 仿真软件得到的 DSB 调制的信号的光谱图，从图 6.1.6 可以看出中心载波和 1 阶边带、－1 阶边带的频率间隔均为 10 GHz，该图与式(6.1.20)～式(6.1.22)一致。

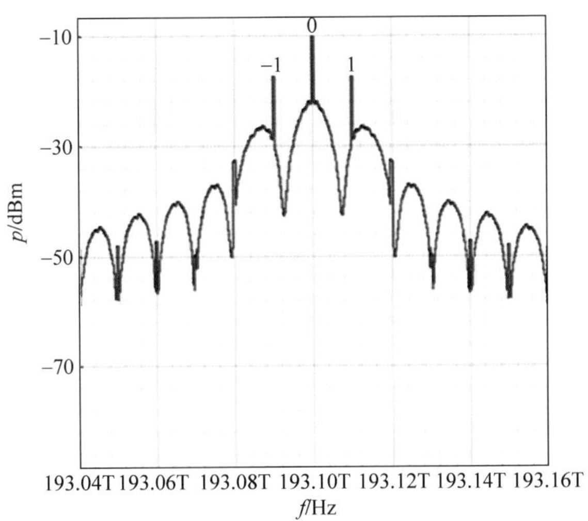

图 6.1.6　DSB 调制信号的光谱图

图 6.1.7 为使用 OptiSystem 仿真软件得到的 SSB 调制的信号的光谱图，从图 6.1.7 可以看出中心载波和－1 阶边带的频率间隔为 10 GHz，1 阶边带被抑制了，该图与式(6.1.25)一致。

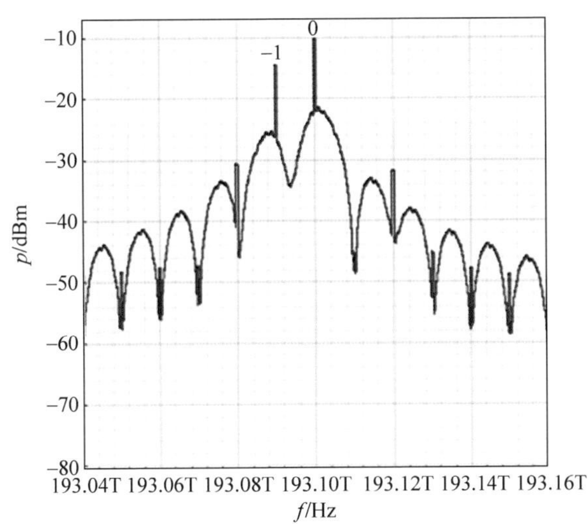

图 6.1.7　SSB 调制信号的光谱图

图 6.1.8 为使用 OptiSystem 仿真软件得到的 OCS 调制的信号的光谱图，从图 6.1.8 可以看到中心载波被抑制了，1 阶边带和 −1 阶边带的频率间隔为 20 GHz，该图与式(6.1.27)一致。

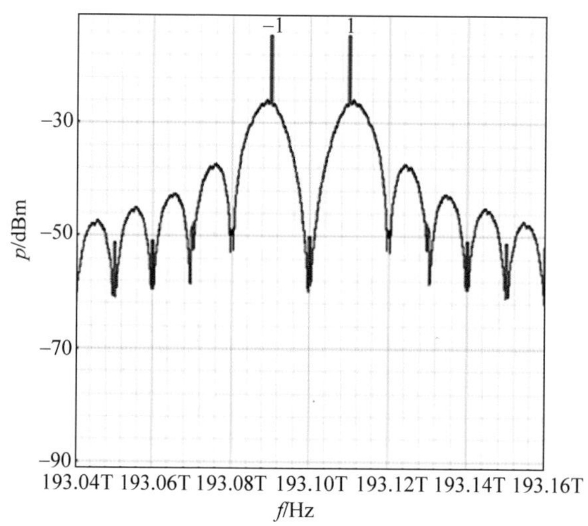

图 6.1.8　OCS 调制信号的光谱图

6.2 基于相位调制器的 16 QAM 矢量毫米波信号产生的原理

如图 6.2.1(a)所示为 16 QAM 矢量毫米波信号产生的原理的示意图，其技术方案是使用一个相位调制器结合波长选择开关(wavelength selective switch, WSS)实现光子倍频。图 6.2.1 (b)为基于 MATLAB 的预编码的频率为 f_s 的射频信号产生过程，伪随机序列发生器产生二进制比特并进行 16 QAM 调制，随后进行幅度预编码和相位预编码以确保在接收机光电探测后的数据符号和相位为标准的 16 QAM 信号的幅度和相位，之后进行低通滤波，并且在低通滤波后同时由余弦和正弦函数上变频到射频信号。这样该射频信号携带了待传输的 16 QAM 数据。

激光器发出的中心频率为 f_c 的连续波(continuous wave, CW)光信号被频率为 f_s 的射频载波调制，该射频载波携带矢量调制的 16 QAM 数据并且驱动相位调制器。假设频率为 f_c 的连续波输出信号和频率为 f_s 的矢量调制的射频信号可以分别表示为

$$E_{CW}(t)=A_1\exp(j2\pi f_c t) \tag{6.2.1}$$

$$E_{RF}(t)=A_2(t)\cos[2\pi f_s t+\varphi(t)] \tag{6.2.2}$$

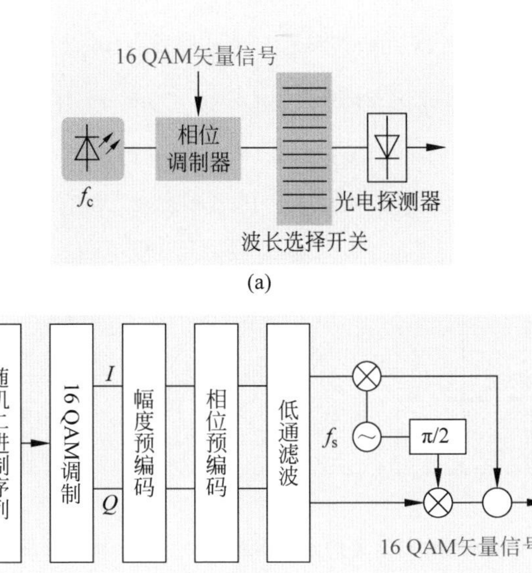

图 6.2.1　16 QAM 矢量毫米波信号产生及预编码

(a) 光子 16 QAM 矢量毫米波信号产生的原理；(b) 矢量调制的预编码 16 QAM 射频信号产生过程

其中，A_1 表示输出的频率为 f_c 的连续波信号的幅度，它是一个常数。A_2 和 φ 分别表示频率为 f_s 的矢量调制的射频信号的幅度和相位。因此，相位调制的输出光信号可以表示为

$$
\begin{aligned}
E_{\mathrm{PM}}(t) &= A_1 \exp\left(\mathrm{j}2\pi f_c t + \mathrm{j}\pi \frac{V_{\mathrm{drive}} A_2 \cos[2\pi f_s t + \varphi(t)]}{V_\pi}\right) \\
&= A_1 \sum_{n=-\infty}^{\infty} \mathrm{j}^n J_n(\kappa) \exp[\mathrm{j}2\pi(f_c + n f_s)t + \mathrm{j}n\varphi(t)]
\end{aligned} \tag{6.2.3}
$$

其中，J_n 是第一类 n 阶贝塞尔函数，V_π 和 V_{drive} 分别表示相位调制器的半波电压和驱动电压，并且 $\kappa(t)=\pi V_{\mathrm{drive}} A_2(t)/V_\pi$。

由式(6.2.3)可知相位调制器的输出光谱可以表示为光中心载波和一系列光边带，如图 6.2.2 所示为输出光谱的示意图。

倍频是通过随后的波长选择开关实现的，它选择 2 个具有相同阶数 n 的边带，如图 6.2.3 所示为波长选择开关输出光谱的示意图，选择的 2 个边带的频率间隔为 $2nf_s(n=1, 2,\cdots)$。波长选择开关的输出可以表示为

$$
\begin{aligned}
E_{\mathrm{WSS}}(t) &= A_1\{\mathrm{j}^n J_n(\kappa)\exp[\mathrm{j}2\pi(f_c + n f_s)t + \mathrm{j}n\varphi(t)] + \\
&\quad \mathrm{j}^{-n} J_{-n}(\kappa)\exp[\mathrm{j}2\pi(f_c - n f_s)t - \mathrm{j}n\varphi(t)]\} \\
&= A_1\{\mathrm{j}^n J_n(\kappa)\exp[\mathrm{j}2\pi(f_c + n f_s)t + \mathrm{j}n\varphi(t)] +
\end{aligned}
$$

$$\begin{aligned}&(-1)^n \mathrm{j}^{-n} J_n(\kappa)\exp[\mathrm{j}2\pi(f_c - nf_s)t - \mathrm{j}n\varphi(t)]\}\\
&= A_1\{\mathrm{j}^n J_n(\kappa)\exp[\mathrm{j}2\pi(f_c + nf_s)t + \mathrm{j}n\varphi(t)] +\\
&\quad \mathrm{j}^n J_n(\kappa)\exp[\mathrm{j}2\pi(f_c - nf_s)t - \mathrm{j}n\varphi(t)]\}\\
&= A_1 \mathrm{j}^n J_n(\kappa)\{\exp[\mathrm{j}2\pi(f_c + nf_s)t + \mathrm{j}n\varphi(t)] +\\
&\quad \exp[\mathrm{j}2\pi(f_c - nf_s)t - \mathrm{j}n\varphi(t)]\}\end{aligned}$$

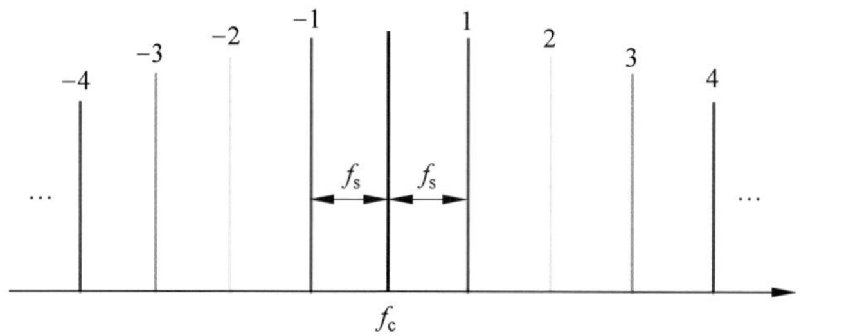

图 6.2.2 相位调制器的输出信号的频谱示意图

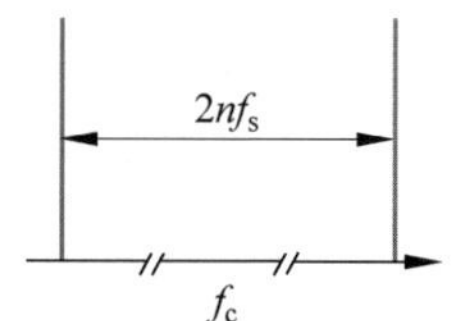

图 6.2.3 波长选择开关的输出信号的频谱示意图

之后波长选择开关输出的光子矢量信号被 PD 转换为电矢量毫米波信号。PD 转换遵循平方律规则,PD 输出的电信号在隔直流后可以表示为

$$i_{\mathrm{PD}}(t) = \frac{1}{2} R J_n^2(\kappa)\cos[2\pi \cdot 2nf_s t + 2n\varphi(t)] \tag{6.2.4}$$

其中,R 表示 PD 的灵敏度。可以从式(6.2.4)中看出光电探测后的电信号的频率和相位分别为射频驱动信号频率和相位的 $2n$ 倍。光电探测后的电信号的幅度与第 n 阶贝塞尔函数的平方成正比,该贝塞尔函数携带传输数据的幅度信息。为了确保光电探测后的数据是规则的 16 QAM 信号,矢量调制的射频驱动信号的幅度和相位应该满足:

$$A_{16\ \mathrm{QAM}} = J_n^2(\pi V_{\mathrm{drive}} A_2(t)/V_\pi);\quad \varphi_{\mathrm{data}} = 2n\varphi,\quad n = 1,2,\cdots \tag{6.2.5}$$

其中,$A_{16\ \mathrm{QAM}}$ 和 φ_{data} 分别表示传输数据的幅度和相位;n 指选择的光载波边带的阶数。因此,射频驱动信号的幅度和相位需要在发送端进行预编码。对于 16 QAM 数据传输,预编码后的幅度 A_2 和相位 φ 通过解方程(6.2.5)得到,解得的 A_2 和 φ 即为分配给射频驱动信号的幅度和相位。

根据上述的理论分析,为了基于本章提出的方案实现光子频率倍频,预编码的驱动射频信号的幅度 $A_2(t)$ 和相位 φ 必须满足:

$$A_{16\ \mathrm{QAM}} = J_1^2(\pi V_{\mathrm{drive}} A_2(t)/V_\pi);\quad \varphi_{\mathrm{data}} = 2\varphi \tag{6.2.6}$$

因此,必须恰当地设置 A_2 和 φ 的值以确保 $A_{16\ \mathrm{QAM}}$ 和 φ_{data} 的值等于标准的 16 QAM 符号的幅度和相位。

6.3　基于相位调制器的 16 QAM 矢量毫米波信号产生的仿真分析

6.3.1　幅度预编码和相位预编码分析和仿真

本章对基于相位调制的 16 QAM 矢量毫米波信号产生的幅度预编码过程和相位预编码过程进行了分析及仿真，以标准的 16 QAM 为例，星座点的横、纵坐标均为−3，−1，1，3。16 个星座点的模值为$\sqrt{2}$、$\sqrt{10}$、$\sqrt{18}$之一，而相位值有 12 种可能，即式(6.2.6)中的 $A_2(t)$有 3 个不同的值，对应 16 QAM 符号的 3 个不同的幅度。φ 也有 12 个不同的值，对应 16 QAM 符号的 12 个不同的相位值。为了使 φ_{data} 的值为标准的 16 QAM 星座点的相位值，只需要将 φ 的值预编码为原来的一半即可。而为了使 3 个 $A_2(t)$值对应的 3 个 $A_{16\ \text{QAM}}$ 值为标准的 16 QAM 星座点的幅度值，需要进行幅度预编码。考虑到在信号的传输过程中信号的幅度会发生衰减，也会被放大器放大，在接收端还会做归一化处理，因而只需要保证 3 个 $A_2(t)$值对应的 3 个 $A_{16\ \text{QAM}}$ 值的比值为$\sqrt{2}:\sqrt{10}:\sqrt{18}$即可，$A_{16\ \text{QAM}}$ 的表达式是关于 $\pi V_{\text{drive}}A_2(t)/V_\pi$ 的第一类一阶贝塞尔函数的平方项。如图 6.3.1 所示为幅度和相位预编码的图。如图 6.3.1(a)所示为第一类一阶贝塞尔函数的，从图中可以发现它是一个奇函数，且是非单调的，为了确保解的唯一性，将幅度预编码的范围限于它在第一象限的第一个单调递增区间，设置预编码后的 3 个幅度值 $A_{16\ \text{QAM}}$ 分别为$\sqrt{2}/20$、$\sqrt{10}/20$、$\sqrt{18}/20$，然后在单调递增区间内解出对应的 $A_2(t)$ 的值即为幅度预编码后的幅度值。

在仿真过程中为了方便，将 V_{drive}/V_π 的值设为 1。如图 6.3.1(b)所示为预编码前的标准 16 QAM 信号星座图，图 6.3.1(c)和(d)分别为经过幅度预编码后的 16 QAM 信号星座图和进一步经过相位预编码后的 16 QAM 信号星座图，对于 16 QAM 的情况，MATLAB 仿真中的幅度预编码和相位预编码过程可以相互交换。

6.3.2　仿真系统搭建

本章还使用 OptiSystem 软件搭建仿真平台对基于相位调制器的 16 QAM 矢量毫米波信号产生进行了仿真分析。如图 6.3.2 所示为使用 OptiSystem 软件搭建的仿真平台的系统框图，BER Test Set 器件的功能是产生二进制比特序列，并将该二进制比特序列与电域处理后的二进制比特序列进行对比，从而计算系统的 BER 等参数，产生的二进制比特送入 16 QAM 矢量信号产生子系统产生 16 QAM 调制的矢量信号并驱动相位调制器对连续激光器发出的光信号进行调制，调制后

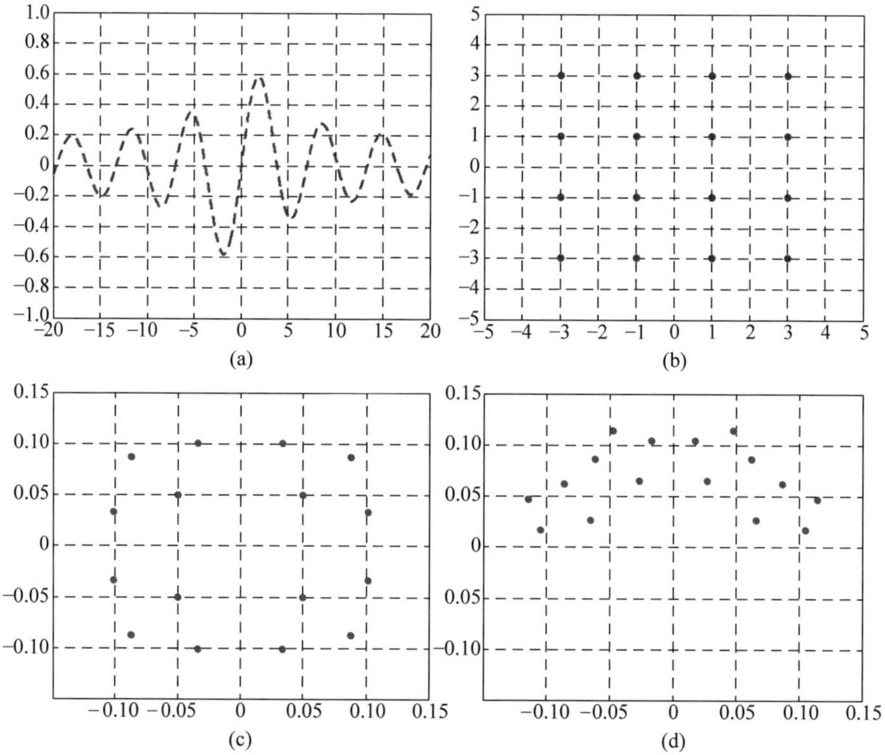

图 6.3.1 幅度和相位预编码图

(a) 第一类一阶贝塞尔函数；(b) 预编码前的 16 QAM 星座图；
(c) 幅度预编码后的星座图；(d) 进一步经过非平衡相位预编码后的星座图

的光信号通过 WDM Demux 和 WDM Mux 器件(模拟 WSS 的功能)选出两个一阶边带,并使用光放大器(OA1)调整入纤光功率,在经过的选出的两个一阶边带在送入光纤前需要使用光放大器放大,在光纤传输后使用光放大器(OA2)对光信号进行放大并送入电域处理子系统进行处理。

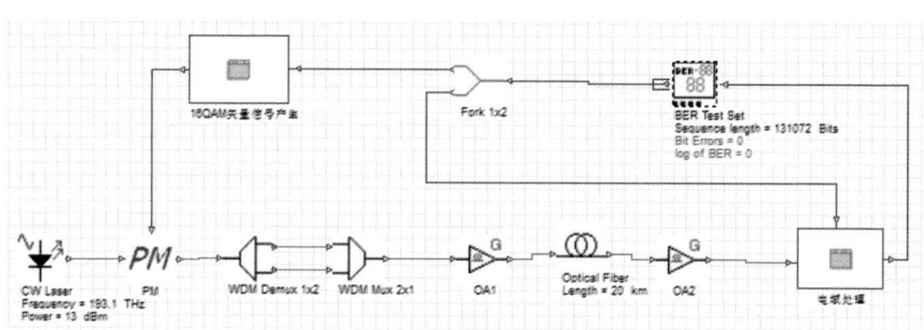

图 6.3.2 基于相位调制器的 16 QAM 矢量毫米波信号产生的仿真系统框图

如图 6.3.3 所示为 16 QAM 矢量毫米波信号产生子系统的仿真框图，QAM Sequence Generator 将每四个二进制比特映射为一个 16 QAM 符号，它的两路输出分别为 16 QAM 符号的实部和虚部，幅值为 −3，−1，1，3，之后每一路通过 M-ary Pulse Generator 将其映射为电信号，两路电信号送入 MATLAB 器件完成幅度预编码和相位预编码过程，之后使用贝塞尔低通滤波器进行滤波并上变频到 20 GHz，然后使用电放大器放大信号并进行带通滤波。

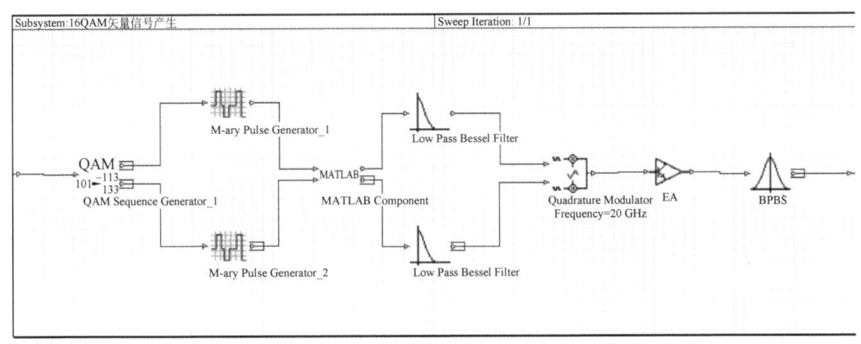

图 6.3.3　16 QAM 矢量毫米波信号产生子系统的仿真框图

如图 6.3.4 所示为电域处理子系统的仿真框图，光信号在通过光电探测器(photoelectric detector，PD)实现光电转换后送入电放大器(EA)并通过带通滤波器(BPBF)滤除 PD 的拍频干扰，然后使用 40 GHz 的本振将射频信号下变频到基带信号，然后进行 DSP 处理，DSP 处理包括归一化、低通滤波、重抽样、QI 补偿、色散补偿、非线性补偿、定时恢复、自适应均衡、载波频偏补偿和载波相位补偿，在 DSP 处理后通过 Decision 器件进行信号判决，将电信号判决为 −3，−1，1，3，然后使用 QAM Sequence Decoder 将两路多进制序列解码为二进制比特序列。

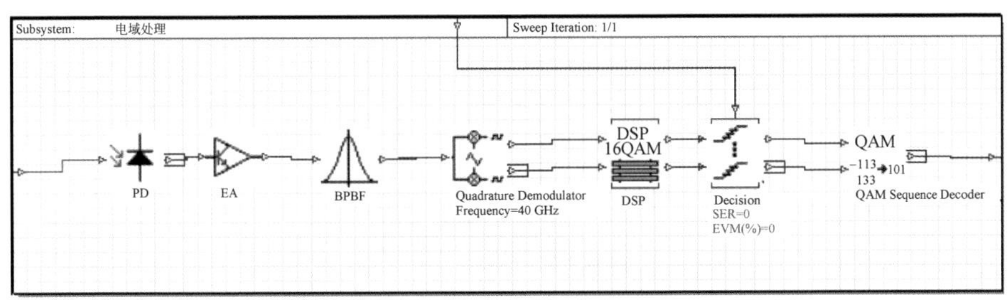

图 6.3.4　电域处理子系统的仿真框图

表 6.3.1 为仿真中的参数设定，其中 8 Gbit/s 的比特率对应的符号率为 2 Gbaud，而 16 Gbit/s 的比特率对应的符号率为 4 Gbaud，比特序列长度为 131072，

每个符号抽样数为 8，保护比特为 100 个，激光器的中心频率为 193.1 THz，输出光功率为 13 dBm，激光器线宽为 0.1 MHz，色散系数为 16.75 ps/(nm·km)。

表 6.3.1 仿真参数设定

参数	数值
比特率	8/16 Gbit/s
符号率	2/4 Gbaud
序列长度	131072
每个符号抽样数	8
保护比特	100
激光器频率	193.1 THz
功率	13 dBm
线宽	0.1 MHz
色散系数	16.75 ps/(nm·km)

6.3.3 仿真结果

图 6.3.5～图 6.3.7 为 2 Gbaud 的 16 QAM 信号在光纤中 BTB(Back to Back)传输时的仿真图形。其中图 6.3.5(a)为相位调制后的光谱图，从图中可以看出中心载波为 193.1 THz，两个一阶边带与中心载波的频率间隔都为 20 GHz，这与式(6.2.3)的一致，图 6.3.5(b)为选出的两个一阶边带的光谱图，从图中可以看到中心载波基本上被滤除了。

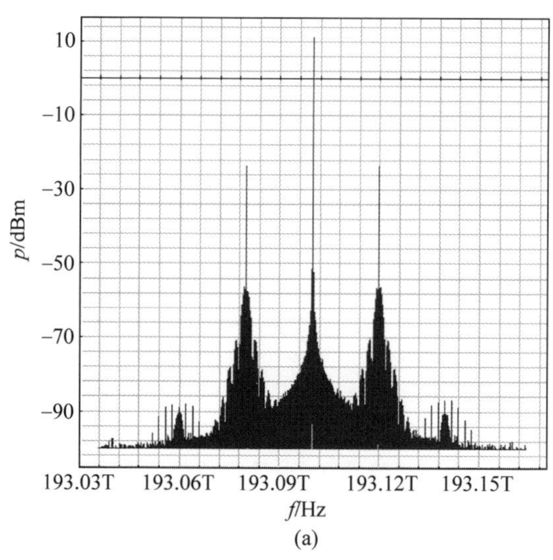

图 6.3.5 2 Gbaud 信号光谱图

(a) 相位调制后；(b) 选出的两个一阶边带

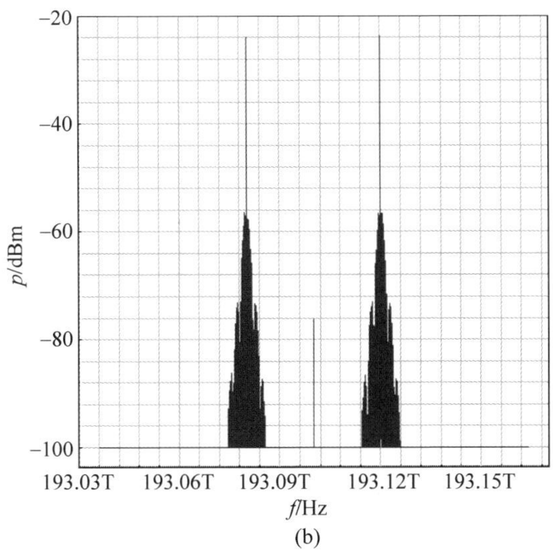

(b)

图 6.3.5 (续)

图 6.3.6(a)为 PM 驱动信号的频谱图,从图中可以看出射频信号的中心频率为 20 GHz,图 6.3.6(b)为光电转换后的频谱图,从图中可以看出在低频段有一些噪声,这是由于送入 PD 的光信号的两个一阶边带都是有一定宽度的,PD 拍频的过程中会产生一些拍频噪声。图 6.3.6(c)为使用电放大器对光电探测后的信号进行放大并使用中心频率为 40 GHz 的带通滤波器滤波后的信号的频谱图,从图中可以看出拍频噪声基本上被滤除了。图 6.3.6(d)为下变频后的基带信号的 I 路信号的频谱图。

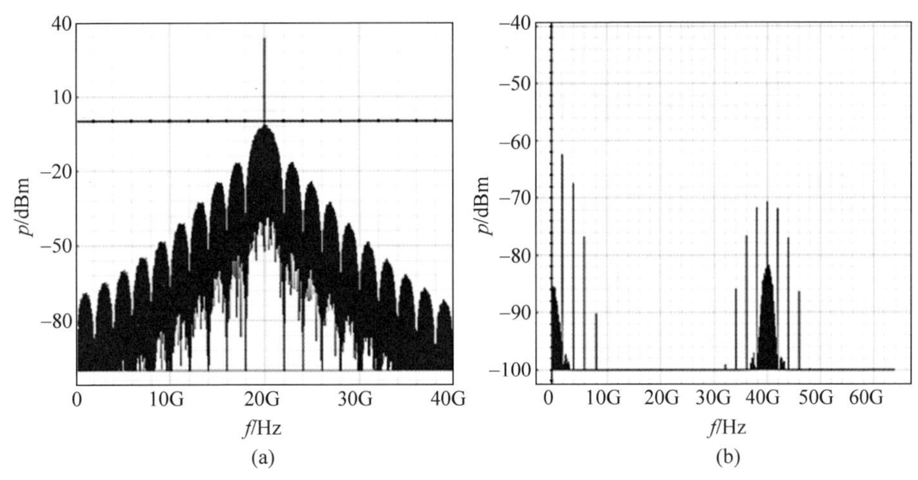

图 6.3.6 2 Gbaud 信号频谱图

(a) PM 驱动信号; (b) 光电转换后; (c) 放大并经过带通滤波后; (d) 下变频后的 I 路信号

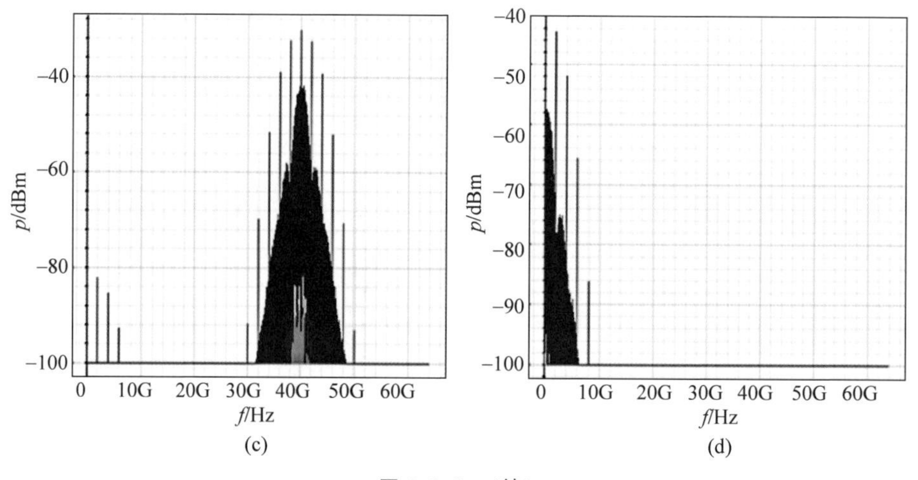

图 6.3.6 （续）

图 6.3.7(a)和(b)分别为 DSP 处理前和处理后的星座图，从图 6.3.7(b)可以看出星座图非常清晰，BER 也远低于 HD-FEC 门槛 3.8×10^{-3}。

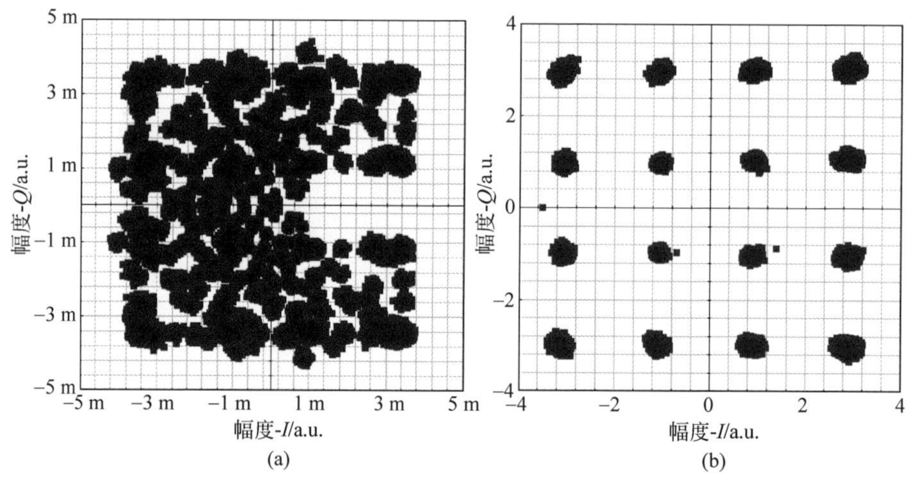

图 6.3.7 2 Gbaud 信号星座图

(a) DSP 处理前；(b) DSP 处理后

图 6.3.8～图 6.3.10 为 4 Gbaud 的 16 QAM 信号在光纤中 BTB(Back to Back)传输时的仿真图形。其中图 6.3.8 为光谱图，图 6.3.8(a)为相位调制后的光谱图，中心载波与两个边带的间隔均为 20 GHz，这与式(6.2.3)的一致，图 6.3.9 为频谱图，图 6.3.10 为星座图，分别与图 6.3.5～图 6.3.7 对应。BER 也远低于 HD-FEC 门槛 3.8×10^{-3}。

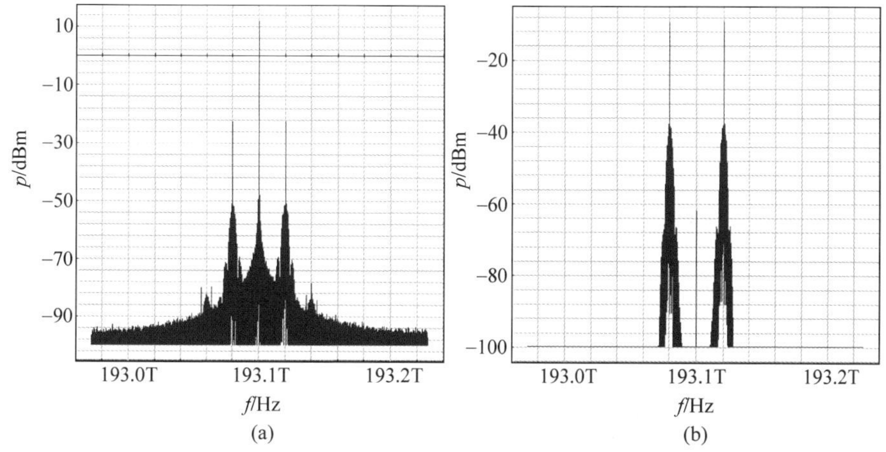

图 6.3.8　4 Gbaud 信号光谱图

（a）相位调制后；（b）选出的两个一阶边带

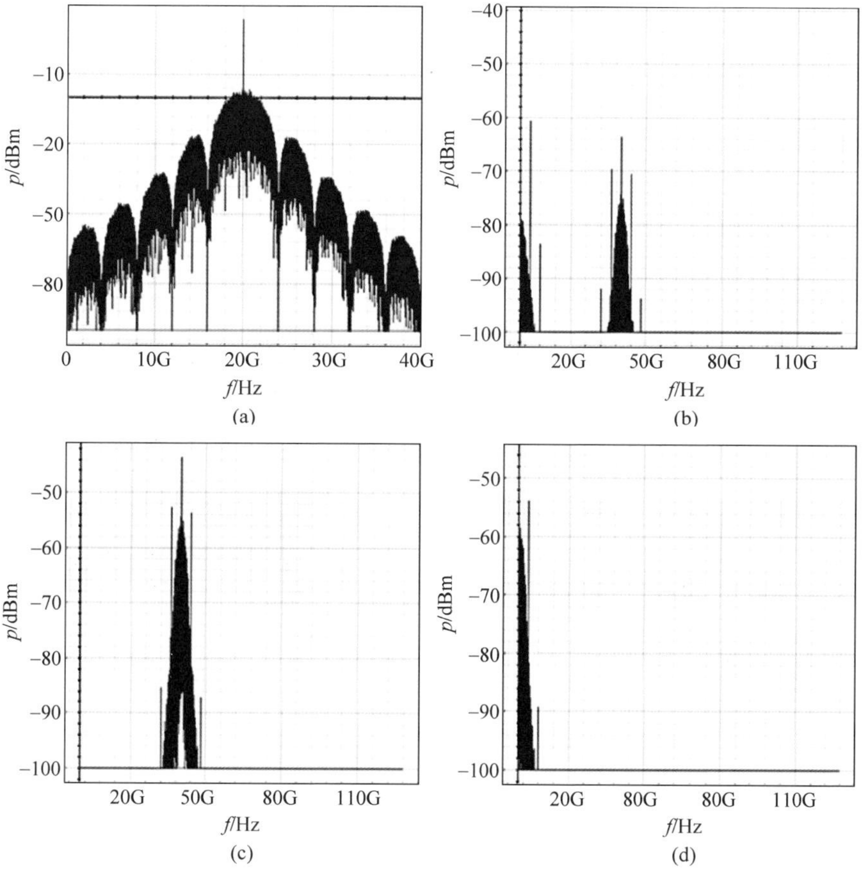

图 6.3.9　4 Gbaud 信号频谱图

（a）PM 驱动信号；（b）光电转换后；（c）放大并经过带通滤波后；（d）下变频后的 I 路信号

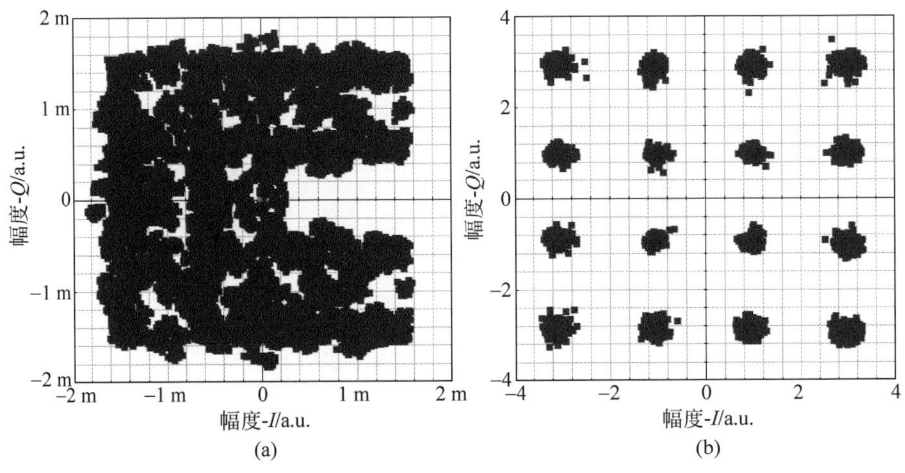

图 6.3.10　4 Gbaud 信号星座图

(a) DSP 处理前；(b) DSP 处理后

图 6.3.11(a)和(b)分别为 2 Gbaud 的 16 QAM 信号在光纤中 20 km 和 42 km 处在接收端经过 DSP 处理后的星座图。对应的 BER 分别为 0、0.0076。传输 42 km 后 BER 高于 HD-FEC 门槛 3.8×10^{-3}。

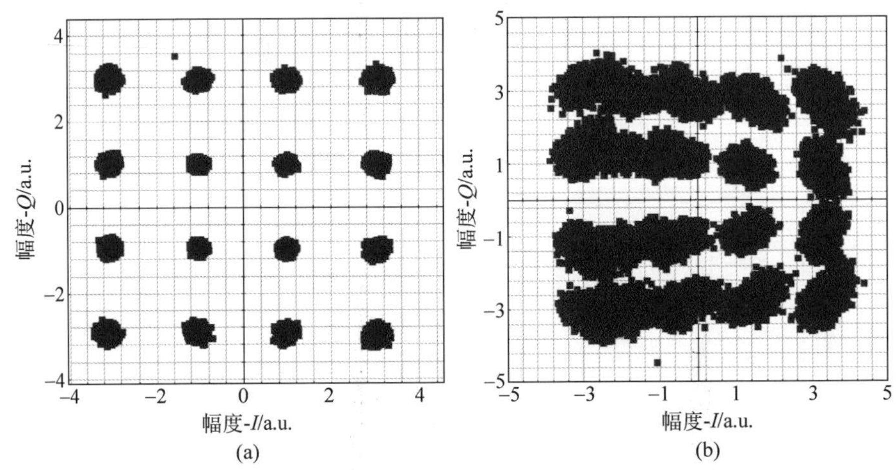

图 6.3.11　2 Gbaud 信号的星座图

(a) 20 km；(b) 42 km

图 6.3.12(a)和(b)分别为 4 Gbaud 的 16 QAM 信号在光纤中 10 km 和 21 km 处在接收端经过 DSP 处理后的星座图。对应的 BER 分别为 0.00419、0.051。传输 10 km 后 BER 就高于 HD-FEC 门槛 3.8×10^{-3}。

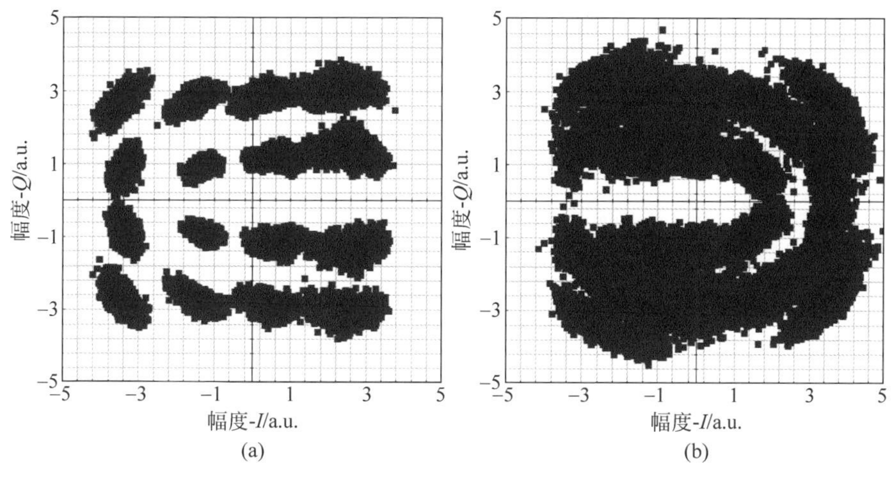

图 6.3.12　4 Gbaud 信号的星座图

(a) 10 km；(b) 21 km

6.4　基于相位调制器的 16 QAM 矢量毫米波信号产生的实验设置

图 6.4.1 所示为基于相位调制器与倍频技术的光子 16 QAM 调制的矢量信号产生的实验设置。外腔激光器(external cavity laser，ECL)发出的连续波光信号首先被一个相位调制器调制，该相位调制器由速率为 2/4 Gbaud 的 20 GHz 16 QAM 调制的预编码矢量信号驱动。在本章的实验中，2/4 Gbaud 16 QAM 矢量信号的产生、预编码以及上变频到 20 GHz 都是通过 MATLAB 程序实现的，然后上传到分辨率为 8 bit、抽样速率为 80 GSa/s、带宽为 16 GHz 的 DAC 中。对于幅度预编码将 V_{drive} 和 V_{π} 的比值设为 1。伪随机序列的长度为 2^{11}。ECL 的线宽大约是 100 kHz，平均输出功率为 13 dBm。

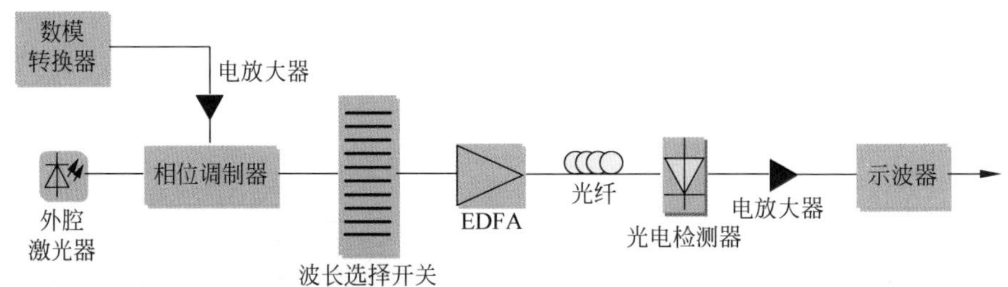

图 6.4.1 基于相位调制器与倍频技术的光子 16 QAM 调制的矢量信号产生的实验设置

图 6.4.2 (a)为 ECL 输出的光信号的光谱图，其中心波长为 1548.48 nm。MATLAB 产生 20 GHz 预编码的电 16 QAM 调制的矢量信号的过程如上文所述，然后上传到 DAC 中。对于 16 QAM 的情况，MATLAB 仿真中的幅度预编码和相位预编码过程可以相互交换。DAC 输出的预编码的矢量信号被电放大器(electrical amplifier, EA)放大，电放大器的输出为 3.6 V，操作频率为 17～27 GHz。放大的电 16 QAM 调制的矢量信号驱动相位调制器产生光矢量信号。相位调制器的半波电压 V_π 为 4V，插入损耗为 4 dB。图 6.4.2 (b)为相位调制器输出的光信号的光谱图。相邻的子载波的间隔为 20 GHz，这与式(6.3.2)的结论一致。通过一个栅格为 10 GHz 的 1×4 WSS 选择 2 个一阶边带作为光毫米波载波，该 WSS 是全波长可编程的，可以根据给定的中心载波频率调整 WSS 的设置从而选择需要的边带，选择的两个一阶边带的频率间隔为 40 GHz，这样在使用 PD 进行光电探测后可以产生 40 GHz 光毫米波信号。选择的这 2 个一阶光子载波边带有相同的幅度。WSS 工作在 C 波段，并且会引入 7 dB 的插入损耗。产生的光射频信号在经过 EDFA 放大后被送入长度为 7.2 km 的单模光纤，该光纤的插入损耗为 2 dB，在 1550 nm 附近的色散系数为 17 ps/(km · nm)。图 6.4.2 (c)～(e)分别为 WSS 输出的光信号的光谱图，EDFA 输出的光信号的光谱图，光信号在光纤中传输 7.2 km 后的光谱图。

在接收机端，光毫米波矢量信号通过 3 dB 带宽为 50 GHz 的 PD 完成光电转换。产生的 40 GHz 的电 16 QAM 毫米波矢量信号通过增益为 30 dB、操作频率为 36～44 GHz 的射频放大器进行放大，然后送入分辨率为 8 bit，抽样速率为 120 GSa/s，电带宽为 45 GHz 的数字示波器。数字示波器可以存储电信号，然后通过离线 DSP 处理从 40 GHz 射频信号中恢复传输的数据。离线 DSP 处理包括：下变频、CMMA 均衡、频偏估计和补偿、载波相位估计和补偿、差分译码以及 BER 计算。

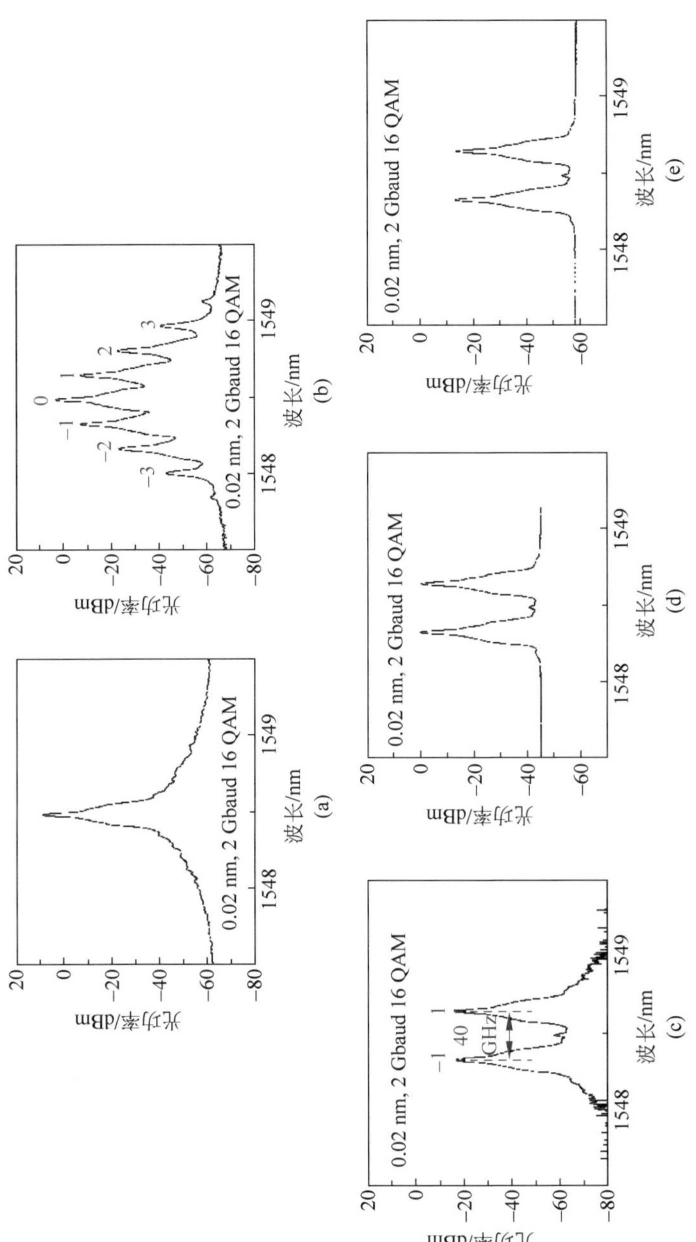

图 6.4.2　光谱图(0.02 nm 分辨率)

(a) 外腔激光器后；(b) 相位调制器后；(c) 波长选择开关后；(d) EDFA 后；(e) 光纤传输后

6.5 实验结果和讨论

图 6.5.1 所示为 2 Gbaud 16 QAM 毫米波矢量信号的 BER 和 PD 的输入光功率的关系曲线。BER 的计算是通过比较从接收信号中恢复出的数据和发送的原始数据得到的。可以发现 7.2 km 的单模光纤传输不会引入输入光功率代价,并且 BER 可以达到 3.8×10^{-3} 的 HD-FEC 门槛。图 6.5.1 中右上角的插图为 2 Gbaud的 16 QAM 调制的矢量信号在经过 7.2 km 单模光纤传输以及光电检测后得到的 40 GHz 射频信号的频谱图,图 6.5.1 中左下角的插图为相应的经过离线 DSP 后的信号星座图。

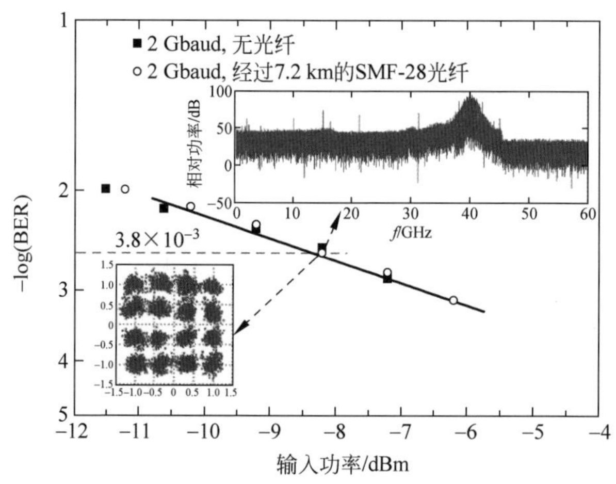

图 6.5.1 对应于 2 Gbaud 的 BER 与 PD 的输入光功率的关系

图 6.5.2 所示为 4 Gbaud 16 QAM 毫米波矢量信号的 BER 和 PD 的输入光功率的关系曲线。通过对比 0 km 传输和 7.2 km 传输的 BER 和 PD 的输入光功率的关系曲线,可以发现 7.2 km 单模光纤传输同样不会引入输入光功率代价。但是,当波特率为 4 Gbaud 时 BER 只能达到 4×10^{-3}。在 4 Gbaud 时 BER 的退化主要是由于 DAC 的带宽不够。DAC 的带宽只有 16 GHz,当它工作在 20 GHz 时带宽不够。另外,射频放大器以及示波器的 ADC 的带宽也有限。图 6.5.2 中的下面插图为 4 Gbaud 的 16 QAM 调制的矢量信号在经过 7.2 km 单模光纤传输以及光电检测后得到的 40 GHz 射频信号的频谱图。图 6.5.2 中右上角的插图为相应的经过离线 DSP 后的信号星座图。

图 6.5.3 所示为 2 Gbaud 16 QAM 毫米波矢量信号的 BER 和传输光纤长度的关系曲线,其中 PD 的输入功率为 −7.2 dBm。从图中可知,在光纤中传输

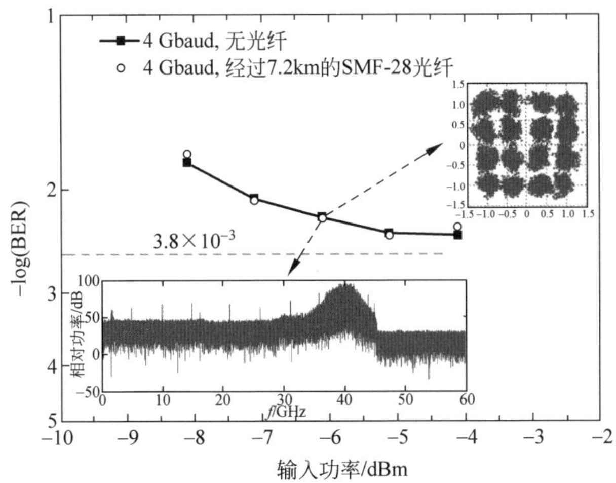

图 6.5.2　对应于 4 Gbaud 的 BER 与 PD 的输入光功率的关系

22 km 后 BER 可以到达 3.8×10^{-3} 的 HD-FEC 门槛，传输更远的距离后 BER 不能达到该门槛值。图 6.5.3 中的插图为 2 Gbaud 的 16 QAM 调制的矢量信号在经过 32 km 单模光纤传输以及光电检测后得到的 40 GHz 射频信号的频谱图。

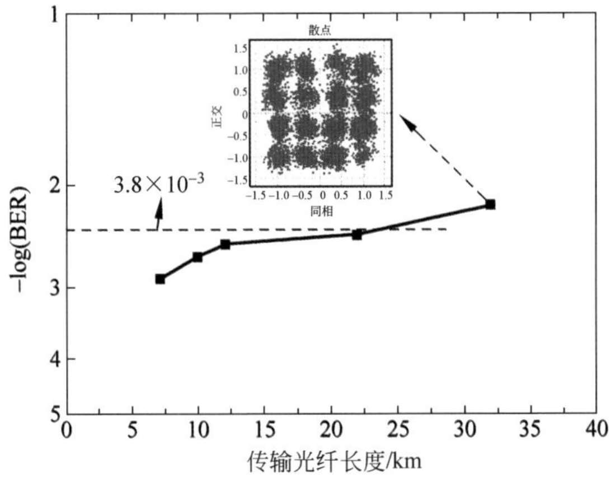

图 6.5.3　对应于 2 Gbaud 的 BER 与传输距离的关系

实验中通过 WSS 选择 2 个一阶边带作为光毫米波载波，即将中心载波滤除了，这类似于 OCS 调制。并且在发射端脉冲成型时信号的占空比为 1。由参考文献[103]可知，光纤的传输距离 L 由走离效应 τ、色散系数参数 D 和工作波长 $\Delta\lambda$ 共同决定，它们应该满足

$$\tau = D \times L \times \Delta\lambda \tag{6.5.1}$$

$$\Delta\lambda = \lambda^2 f_m / c \tag{6.5.2}$$

其中 λ 为中心波长，f_m 为射频频率，c 为真空中的光速。对于 40 GHz 的光射频信号，$\Delta\lambda$ 大约为 0.32 nm。当 τ 不超过符号持续时间的一半时，在经过光纤传输后接收到的射频信号可以以较小的代价成功地检测。可以通过式(6.5.1)和式(6.5.2)计算得出 2 Gbaud 的 40 GHz 16 QAM 调制的矢量光信号在单模光纤中差不多可以传输 45.9 km。然而，本章的实验得到的最大传输距离和 45.9 km 的理论值有较大的差距。实验得到的传输距离较小主要是由于 DAC、RF 放大器和 ADC 的带宽不够。如果 DAC 的带宽更宽或者采用大带宽的射频放大器和 ADC，最大传输距离可以有效地改善。

典型的 HD-FEC 的门槛为 3.8×10^{-3}，该值对应的 FEC 开销为 7%。因此，如果将 7% 的 FEC 开销考虑在内，本章介绍的 RoF 系统的 8 Gb/s 的总比特率(2 Gbaud)对应的净比特率为 8/(1+7%)=7.48 Gb/s。

基于光子技术的毫米波产生方案可以通过 MZM 将电信号调制到光信号上，也可以通过相位调制器将电信号调制到光信号上。使用 MZM 进行信号调制时如果将它的直流偏置设置在最小传输点时可以实现 OCS 调制，这样在光电探测后会生成频率为射频本振信号频率 2 倍的毫米波信号，如果 MZM 的直流偏置设置在最大传输点，MZM 的输出光谱中会带有中心载波和偶数阶边带，这样使用 WSS 选择的一对边带的频率间隔为射频本振信号频率的 $4n$ 倍，即可以实现 4,8,…倍频。但是与 MZM 相比，由于相位调制器的插入损耗更小，因此相位调制器具有更高的光信噪比，由于不需要控制电路来控制直流偏置，因此相位调制器具有更高的稳定性。从系统的光信噪比和稳定性的角度来看，基于相位调制器产生毫米波的方案比基于 MZM 产生毫米波的方案更有优势。

本章基于一个单一的相位调制器并结合倍频和预编码技术产生了 2 Gbaud 速率的 40 GHz 16 QAM 矢量毫米波信号。首次实现了基于单一相位调制器产生高阶 QAM 矢量毫米波信号。

6.6 本章小结

在本章中，首先分析了毫米波信号的产生方法以及现在的毫米波产生技术，针对 QPSK 信号的频谱效率过低以及使用 MZM 调制器生成的毫米波信号的光信噪比(optical signal to noise ratio, OSNR)相对较低、稳定性也相对较差，提出并实验论证了一种基于相位调制器并结合倍频和预编码技术的 40 GHz 16 QAM 矢量毫米波信号产生方法。产生的速率为 2 Gbaud 的 40 GHz 16 QAM 矢量信号在单模光纤中传输 22 km 后误码率低于 HD-FEC 门槛 3.8×10^{-3}。

PM-16 QAM中的载波相位恢复算法研究

光子天线的载波相位恢复算法是光子天线的重要研究内容，它关系到经光子天线转换的信号如何快速恢复和正确接收。光子天线在信号的接收和处理方面借鉴了相干光通信的理论和技术。在光子天线的系统中，相位噪声对于系统性能的影响非常大，特别是在高速光通信系统中采用高阶的调制格式会导致星座点之间的欧氏距离减小，即星座点的分布会更加密集，对相位噪声也会更加敏感，因而CPE算法是相干光通信信号处理算法中的重要组成部分。对于QPSK等相位调制信号，可以采用经典的M次方算法估计相位噪声，但是16 QAM同时采用了幅度调制和相位调制，并且相位不是均匀分布，采用M次方算法不能完全移除相位调制信息，因而M次方算法不能用于16 QAM调制格式。BPS算法是目前常用的16 QAM信号的相位噪声估计算法，能够较好地估计16 QAM调制格式的相位噪声并且理论上可以用于更高阶QAM调制格式，但是其缺点是计算复杂度太高，难以实时处理。而基于部分星座点的P_3算法虽然计算复杂度很低，但是性能相对较差，特别是在相位噪声较大时。本章首先介绍BPS算法和基于分区的算法，然后介绍一种改进的二阶CPE算法，并比较了该算法和其他几种CPE算法的性能和计算复杂度。

7.1 基于分区的CPE算法

如图7.1.1所示为16 QAM信号的星座图，可以根据幅值将16个信号点分为3圈，幅值分别为$\sqrt{18}$，$\sqrt{10}$，$\sqrt{2}$。对于内圈和外圈上的星座点可以看QPSK调制，可以通过4次方来移除相位调制信息，用S_1表示这8个星座点。对于中间圈上的

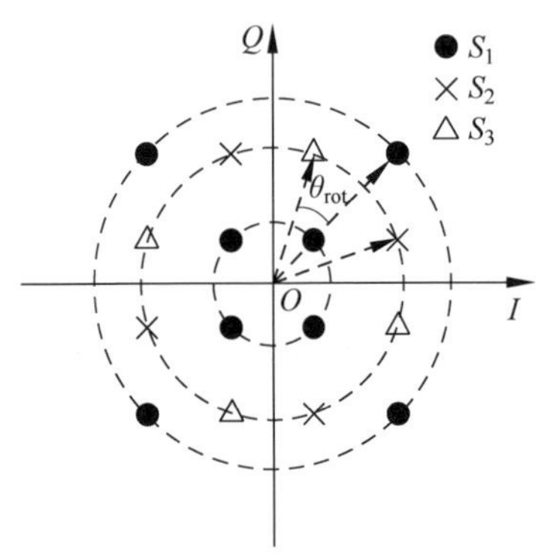

图 7.1.1　16 QAM 信号星座图

8 个星座点，不能直接通过 M 次方算法移除相位调制信息，可以将其分为 2 类，一类可以看作将 $\{\pi/4,3\pi/4,5\pi/4,7\pi/4\}$ 旋转 $\theta_{rot}=\pi/4-\arctan(1/3)$，这 4 个星座点用 S_2 表示，另一类可以看作将 $\{\pi/4,3\pi/4,5\pi/4,7\pi/4\}$ 旋转 $-\theta_{rot}$，这 4 个星座点用 S_3 表示。根据 16 QAM 信号星座点的分布特性，可以将分区算法大概分为 2 类：①使用 S_1 进行相位噪声估计；②使用 16 个星座点进行相位噪声估计。本章将对这两种分区算法分别进行介绍。

7.1.1　基于部分星座点的 CPE 算法

基于部分星座点的 CPE 算法与 M 次方 CPE 算法比较相似，具体过程如下：

(1) 根据信号的幅值将星座点分为 3 类，最外圈的星座点记为 P_3，最内圈的星座点记为 P_1，中间圈的星座点记为 P_2；

(2) 选取 P_3 或 P_3+P_1 作为相位估计的点，分别称为 P_3 算法和 P_{13} 算法；

(3) 对于 P_3，将星座点归一化后直接使用 4 次方算法进行相位估计；对于 P_3+P_1 在归一化后，对于 P_3 中的点，考虑到其 OSNR 比 P_1 中的点高，也可对 P_3 中的点引入加权系数，然后使用 4 次方算法进行相位估计；

(4) 根据估计出的相位噪声对输入符号进行相位补偿。

考虑到星座点是均匀分布的，因而 P_{13} 算法只用到了 50%的星座点，性能也会较差，特别是当激光器线宽较大时。P_3 算法只用到了 25%的星座点，性能会比 P_{13} 算法略差。

7.1.2　基于 QPSK 分区的 CPE 算法

如图 7.1.2 所示为基于 QPSK 分区的 CPE 算法的框图，具体过程如下：

(1) 对一个块类的 N 个符号根据信号的幅值将星座点分为 2 类，第一类点是如图 7.1.1 所示的 S_1，第二类点为 S_2 和 S_3，并对星座点进行归一化处理；

(2) 对归一化后的第一类点进行 4 次方运算并计算其均值，记为 $\langle S_1^4\rangle$；

(3) 对归一化后的第二类点分别旋转 $\pm\theta$，其中 $\theta=\pi/4-\arctan(1/3)$，并进行 4 次方运算；

(4) 将(3)的结果分别与 $\langle S_1^4\rangle$ 比较，最接近 $\langle S_1^4\rangle$ 的为正确的旋转，并取出每个经过正确旋转后的符号的 4 次方；

(5) 对第一类点的 4 次方、(4)的结果求和；

(6) 取角度，并除以 4 得到相位噪声的估计值；

(7) 进行相位解扰操作，得到最终估计出的相位噪声，并据此对信号进行相位补偿。

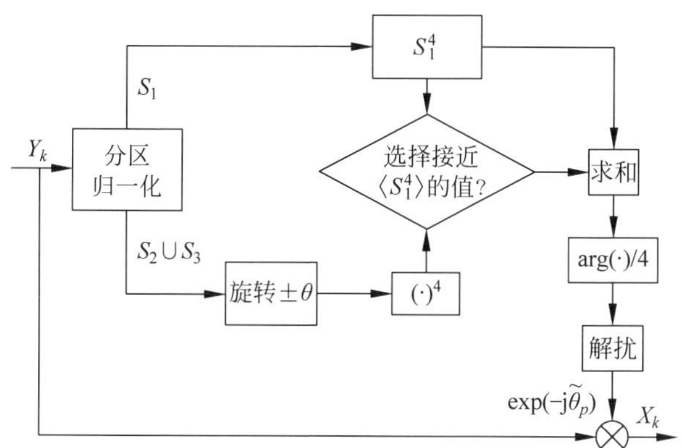

图 7.1.2　基于 QPSK 分区的 CPE 算法框图

该算法同时使用了如图 7.1.1 中所示的 3 个圈上的点，记为 P_{123} 算法，该算法的复杂性比 BPS 低很多，由于使用了所有的星座点，性能也比 P_3 和 P_{13} 算法好。但该算法的缺点是它只适用于 16 QAM 调制格式。

7.2　基于 BPS 的 CPE 算法

基于 BPS 的 CPE 算法的基本思想是将可能的相位噪声值一一列出，然后通过穷举的方式进行测试，选出最接近实际相位噪声的噪声值。

CPE 算法框图如图 7.2.1 所示，首先将含有相位噪声的输入信号 Y_k 分别用 B 个测试相位 φ_b 进行旋转测试，其中测试相位 φ_b 定义为

$$\varphi_b = \frac{\pi}{2} \cdot \frac{b}{B}, \quad b \in \{0,1,\cdots,B-1\} \tag{7.2.1}$$

在 16 QAM 调制格式的单阶 BPS 算法中，B 一般取 32。相位噪声的范围为 $[0,2\pi]$，但是由于存在 90°相位模糊的问题，故先将相位噪声的范围设置为 $[0,\pi/2]$。对于相位模糊的问题，可以在发送端采用差分编码来解决。

B 个选择后的符号被送入判决模块，判决输出与输入符号欧氏距离最近的星座点 $\hat{X}_{k,b}$ 以及旋转后的符号 $Y_k \cdot \exp(j\varphi_b)$ 与 $\hat{X}_{k,b}$ 的平方距离 $|d_{k,b}|^2$，即

$$|d_{k,b}|^2 = |Y_k \cdot \exp(j\varphi_b) - \hat{X}_{k,b}|^2 \tag{7.2.2}$$

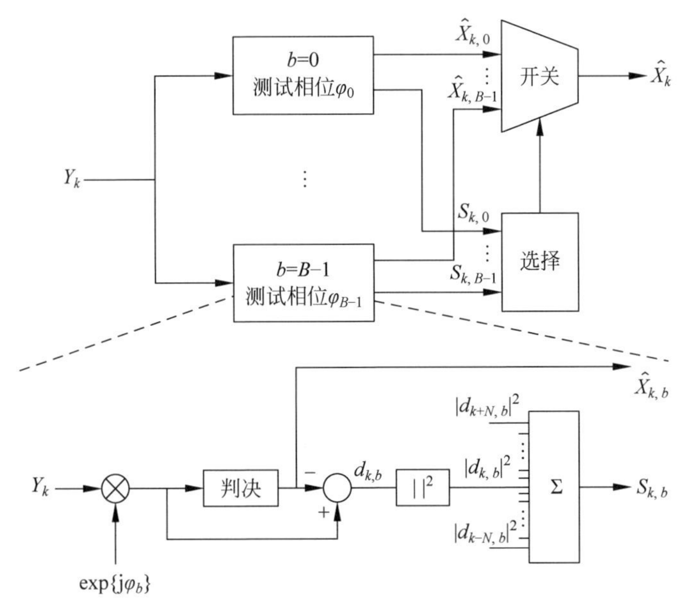

图 7.2.1　基于 BPS 的 CPE 算法框图

此外，为了抑制加性噪声的影响，将前后连续 $2N+1$ 个星座点的平方距离相加，得

$$S_{k,b}=\sum_{n=-N}^{N}|d_{k-n,b}|^2 \tag{7.2.3}$$

N 的取值大小取决于收发端激光器的线宽和系统符号周期的乘积，还需综合考虑信噪比的大小。当信噪比较高时，N 只需取较小的值就可以抑制加性噪声的值。同样，当激光器的线宽和系统符号周期的乘积较大时，意味着相位噪声变化很快，N 取值过大反而使得估计出的相位噪声不准确。一般而言，N 取 6，7，…，10 比较合适。随后，将在 B 个平方距离中取最小的一个，该值对应的相位旋转为 BPS 估计所得的相位噪声。

7.3 一种改进的二阶 CPE 算法

在 7.1 节和 7.2 节中分别介绍了基于分区的 CPE 算法和基于 BPS 的 CPE 算法。基于分区的 P_3 和 P_{13} 算法的计算复杂度较低，但是性能较差，一般只能做二阶 CPE 算法的第一阶估计。P_{123} 算法的性能在 P_3 和 P_{13} 算法的基础上有了一定的改进，计算复杂度也相应提高了，然而在相位噪声较大时性能并不理想。BPS 算法的性能在目前的 CPE 算法中是最理想的，然而过高的计算开销使其难以用于实时处理。

基于 QPSK 分区的 CPE 算法为了判断中间圈上的点的位置，需要对其分别旋转$\pm\theta$并进行 4 次方运算，其中$\theta=\pi/4-\arctan(1/3)$，然后将结果分别与第一类点的 4 次方的均值比较，最接近该均值的为正确的选择。该算法的计算复杂度也比较高。在本小节中介绍了一种改进的二阶 CPE 算法，第一阶使用传统的 P_3 算法进行粗估计并补偿部分相位噪声，第二阶使用改进型的 QPSK 分区算法估计中间圈上点的位置并进行补偿，将这种二阶 CPE 算法记为 P_3+IP 算法。

7.3.1　改进的二阶 CPE 算法

如图 7.3.1 所示为用于相干光通信系统中 16 QAM 信号载波相位恢复的 P_3+IP 二阶 CPE 算法框图，第一阶是采用常规的方法补偿部分相位噪声，第二阶基于改进的 QPSK 分区算法用于补偿剩余的相位噪声。

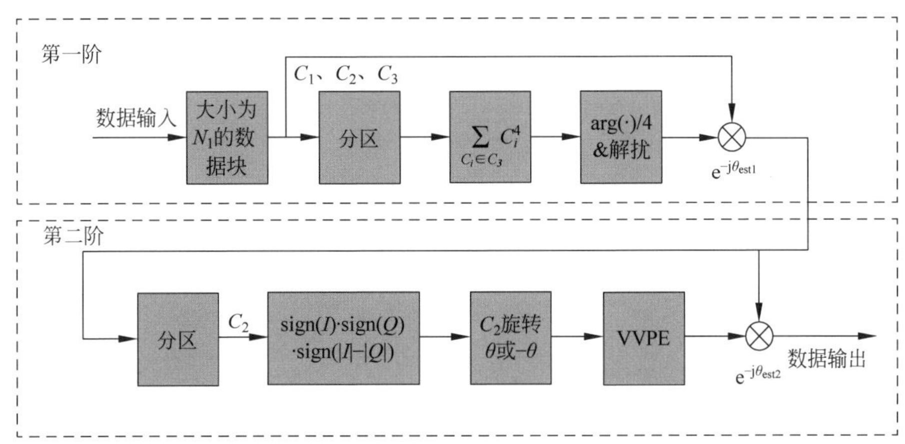

图 7.3.1　P_3+IP 的二阶 CPE 算法框图

第一阶的处理流程如下，首先将输入信号分为若干个大小为 N_1 的数据块，对于每个数据块，根据半径将该数据块分为 C_1、C_2、C_3 三个区，选择属于 C_3 分区中的数据符号进行 4 次方操作，从而移除相位调制信息，然后将 4 次方后的数据取相位并除以 4 即为相位噪声，之后采用相位解扰来降低周跳的影响(所谓周跳就是相位划过$\pm\pi$时由于相位周期特性的限制而发生的大小为 2π 的相位跳变)，最后用估计得到的值对输入数据进行补偿。

第二阶的处理流程如下，将第一阶的输出作为第二阶的输入，第二阶处理的数据块长度 N_2 和第一阶的长度 N_1 相同，首先根据半径将该数据块分为 C_1、C_2、C_3 三个区，由于第一阶仅进行了相位旋转，并没有改变信号的幅度，因此可以将第一阶中数据分区的结果用于第二阶。如图 7.3.2 所示，将$[0,\pi]$等分为 1,2,3,4 四个

区间，将$[-\pi,0]$等分为5,6,7,8四个区间，C_2中的每个数据符号的相位值都位于这8个区间中的一个。选取属于C_2分区中的数据计算$\text{sign}(I)\text{sign}(Q)\text{sign}(|I|-|Q|)$，其中$I$、$Q$分别为分区$C_2$中数据的实部和虚部。

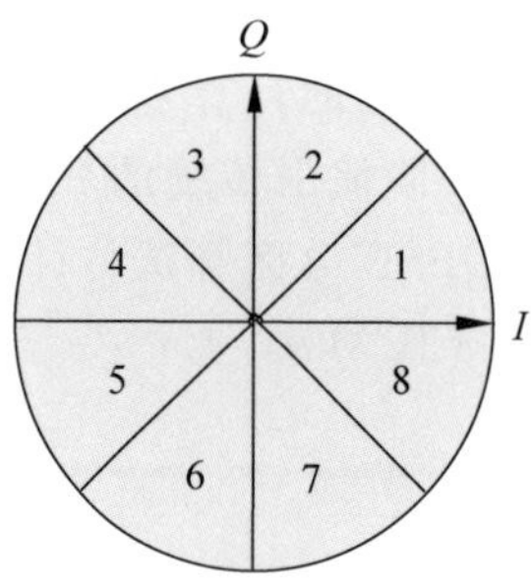

图7.3.2　相位分区图

表7.3.1为每个区间的$\text{sign}(I)\text{sign}(Q)\text{sign}(|I|-|Q|)$的值。由表7.3.1可知区间1,3,5,7中$\text{sign}(I)\text{sign}(Q)\text{sign}(|I|-|Q|)$的值为正，而区间2,4,6,8中$\text{sign}(I)\text{sign}(Q)\text{sign}(|I|-|Q|)$的值为负。$\text{sign}(I)\text{sign}(Q)\text{sign}(|I|-|Q|)$的值为正的区间中的数据符号对应的相位旋转为$-\theta$，而$\text{sign}(I)\text{sign}(Q)\text{sign}(|I|-|Q|)$的值为负的区间中的数据符号对应的相位旋转为$\theta$。

表7.3.1　计算$\text{sign}(I)\text{sign}(Q)\text{sign}(|I|-|Q|)$

区间	$\text{sign}(I)$	$\text{sign}(Q)$	$\text{sign}(\|\|I\|-\|Q\|\|)$	$\text{sign}(I)\text{sign}(Q)\text{sign}(\|I\|-\|Q\|)$
1	+	+	+	+
2	+	+	−	−
3	−	+	−	+
4	−	+	+	−
5	−	−	+	+
6	−	−	−	−
7	+	−	−	+
8	+	−	+	−

因此，可以根据$\text{sign}(I)\text{sign}(Q)\text{sign}(|I|-|Q|)$的正负直接判断$C_2$分区中的相位旋转的方向，并对$C_2$进行相应的旋转，使得$C_2$分区中的数据也位于QPSK的4个星座点附近，然后用常规的VVPE方法估计相位噪声，即$\theta_{\text{est2}}=\frac{1}{4}\arg\sum_{k=1}^{N_2}S_k$，其中$S_k\in\{\bar{C}_1^4,\tilde{C}_2^4,\bar{C}_3^4\}$，$\bar{C}_1$和$\bar{C}_3$为第二阶输入的$C_1$和$C_3$，$\tilde{C}_2$为第二阶的输入$C_2$按照上述方法旋转$\theta$或$-\theta$后的符号。最后用估计得到的值对第二阶的输入数据进行补偿。

7.3.2　仿真平台搭建

本章还使用OptiSystem软件搭建仿真平台对改进的二阶CPE算法的性能进行了仿真分析。如图7.3.3所示为使用OptiSystem软件搭建的PM-16 QAM传输系统仿真平台的系统框图，BER Test Set器件的功能是产生二进制比特序列，并将该二进制比特序列与电域处理后的二进制比特序列进行对比，从而计算系统的BER等参数，产生的二进制比特被复制成两份，一份送到判决器中作为判决的参考值，另一份送入发射机中，发射机的作用是产生偏振复用16 QAM调制的光信号，在送入光纤前使用光放大器(OA)调整入纤功率，在光纤传输后通过Set OSNR器件设置OSNR，通过光滤波器对光信号进行滤波后送入基于相位分集和偏振分集的相干接收机对光信号进行处理，并得到4路电信号，分别对应X偏振方向的同相、正交分量以及Y偏振方向的同相、正交分量。之后使用DSP对接收到的电信号进行补偿，DSP的功能包括隔直流、归一化、低通滤波、重抽样、QI补偿、色散补偿、非线性补偿、定时恢复、自适应均衡、频偏估计。为了验证提出的二阶CPE算法的性能，在DSP中没有进行CPE操作，而是用DSP后面的MATLAB器件完成二阶CPE的功能，该器件的功能是提供OptiSystem和MATLAB的接口。在相位恢复后使用Decision进行星座判别并进行QAM序列解调，然后将数据送入BER Test Set统计传输后的错误比特数及BER等参数。

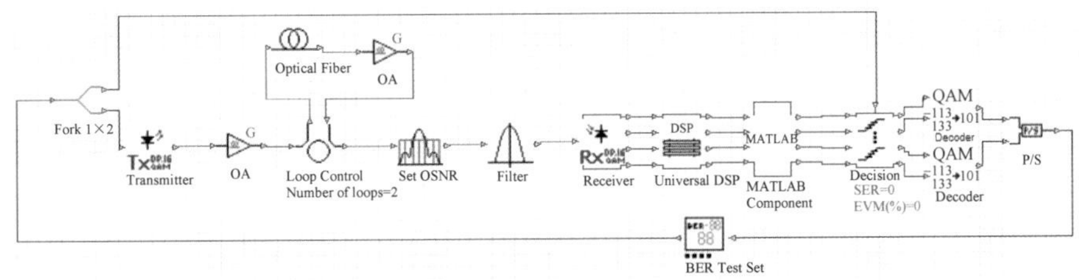

图 7.3.3　PM-16 QAM 传输系统仿真平台的系统框图

表7.3.2为仿真中的参数设定，由于是偏振复用16 QAM系统，112 Gbit/s的比特率对应的符号率为14 Gbaud。

表 7.3.2　仿真参数设定

参　　数	数　　值
比特率	112 Gbit/s
符号率	14 Gbaud
序列长度	524288
每个符号抽样数	4
保护比特	100
发射机激光器波长	1550 nm
发射机激光器功率	0 dBm
接收机激光器波长	1550.001 nm
接收机激光器功率	10 dBm
光纤长度	160 km

续表

参　数	数　值
色散系数	16.75 ps/(nm · km)
PMD 系数	0.05 ps/ $\sqrt{\text{km}}$

7.3.3 仿真结果

本章首先将二阶 CPE 算法与本章中介绍的 BPS、P_3 和 P_{123} 算法的性能进行了对比分析，图 7.3.4 所示为在仿真平台中使用不同的 CPE 算法进行相位噪声估计时的误码率与光信噪比的关系曲线。仿真中码元的符号率为 14 Gbaud，将收发激光器的线宽均设为 100 kHz，对应的激光器的线宽和码元周期乘积(即 $\Delta L \cdot T_s$)约为 1.4×10^{-5}。图中的 N 表示对应的 CPE 算法每次处理的数据块的长度，而 N_1 和 N_2 分别表示二阶 CPE 算法第一阶和第二阶处理的数据块的长度，从图中可以看出 P_3 算法的性能最差，P_{123} 算法次之，BPS 算法的性能最好，而本章介绍的改进的二阶 CPE 算法的性能介于 BPS 算法和 P_{123} 算法之间。图中几种算法的性能差距不大是由于 $\Delta L \cdot T_s$ 的值较小，在后续仿真中还将分析 $\Delta L \cdot T_s$ 的影响。从图中可以看出 OSNR 大约为 17.85 dB 时，采用改进的二阶 CPE 算法可以达到 1×10^{-3} 的误码率。

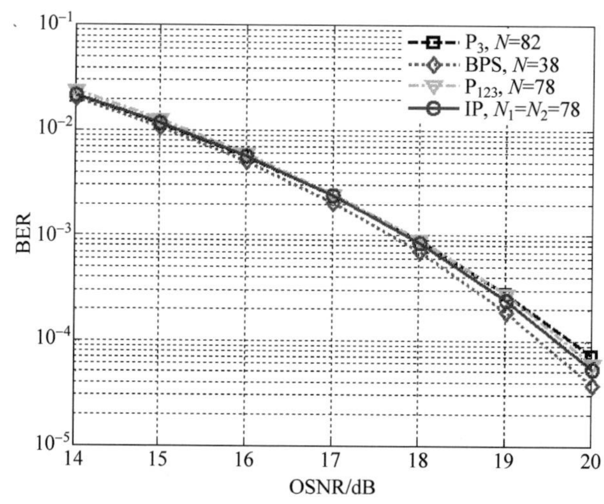

图 7.3.4　PM-16 QAM 系统采用不同 CPE 算法时的 BER 与 OSNR 关系曲线

图 7.3.5 和图 7.3.6 分别为在 OSNR 为 18 dB 时使用改进的二阶 CPE 估计出的相位噪声的相位值以及进行相位噪声补偿后的星座图(X 偏振方向)。从图 7.3.5 可以看出相位噪声值没有出现跳变，这是因为本章采用了相位解扰。

图 7.3.6 的星座图总体来说还比较清晰。

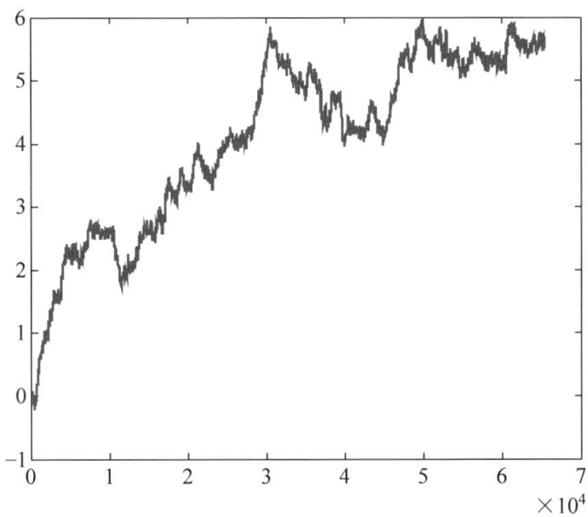

图 7.3.5　使用改进的二阶 CPE 算法估计得到的相位噪声(OSNR = 18 dB)

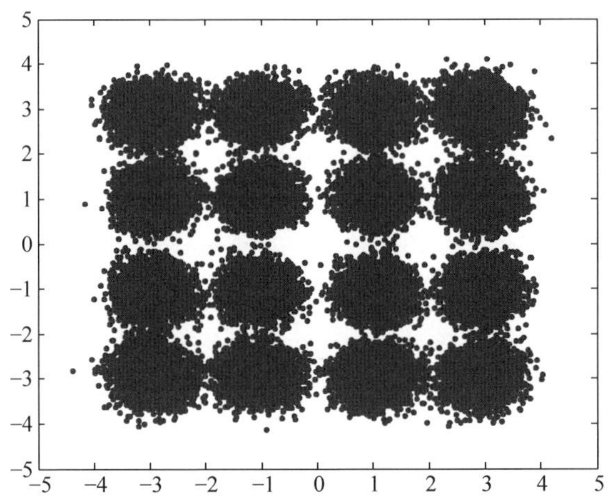

图 7.3.6　使用改进的二阶 CPE 算法补偿相位噪声后的星座图(OSNR = 18 dB)

图 7.3.7 为在 OSNR 为 18 dB 时采用不同的 CPE 算法得到的线宽符号持续时间乘积与 BER 的关系曲线。其中符号持续时间 Ts 为 1/14 ns，而图中的 7 个测试点对应的收发激光器的总线宽分别为 7 kHz、70 kHz、210 kHz、490 kHz、700 kHz、840 kHz、1 MHz。从图中可以看出改进的二阶算法的性能介于 P_{123} 算法和 BPS 算法之间，且线宽符号持续时间乘积较大时，介绍的二阶算法的 BER 性能相对 P_3 算法有一定的优势。

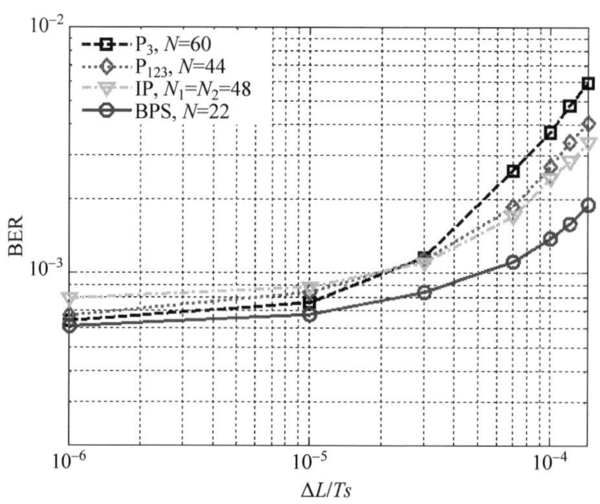

图 7.3.7　线宽符号持续时间乘积与 BER 关系曲线(OSNR＝18 dB)

7.3.4　算法复杂度分析

算法的复杂度也是衡量 CPE 算法性能的重要指标之一，过于复杂的算法难以在硬件上实现。一些文献已经对于算法复杂度的统计方法进行了研究，可以据此得到数据块长度为 N 的 4 种 CPE 算法的计算复杂度，如表 7.3.3 所示，其中 B 表示 BPS 算法的测试相位个数。如果用实数乘法器、实数加法器、比较器的总个数以及查表、判决的总次数的和表示算法的复杂度，那么当 $N=100$ 时，4 种算法的总的运算复杂度分别为 42302，3204，3354，1354。据此可知，介绍的改进的二阶算法的复杂度是 P_3 算法的 2.3 倍，IP 算法的复杂度比 P_{123} 算法略低，却比 P_{123} 算法的性能更好。IP 算法的性能比 BPS 算法略差，但是复杂度却为 BPS 算法的 1/13。

表 7.3.3　4 种 CPE 算法的复杂度

算法	实数乘法器	实数加法器	比较器	查表	判决
BPS	$6NB+4N$	$6NB+2N+2$	B	0	$NB+N$
IP	$19.5N+2$	$10.5N-1$	$N+1$	2	N
P_{123}	$18N+3$	$12N$	$2.5N+1$	1	N
P_3	$7.5N+2$	$4N$	$N+1$	1	N

7.4　本章小结

在本章中，分析了基于分区的 CPE 算法以及基于 BPS 的 CPE 算法，在此基于以上介绍了一种改进的二阶 CPE 算法，在第一阶使用传统的 P_3 算法进行粗估计，在第二阶使用简单的符号乘法就可以判断 16 QAM 星座中间圈上点的位置并进行相应的相位旋转，使得 16 QAM 星座成为普通的 QPSK 星座，然后可以方便地估计相位噪声。该算法的复杂度比 P_{123} 算法略低，但性能比 P_{123} 算法更好。该算法的性能比 BPS 算法略差，但是在复杂度上却为 BPS 算法的 1/13。

第 8 章

高效率低成本的光纤无线一体化系统

光子天线的优势就是高效率低成本：能够实现高频谱效率的高阶调制，高灵敏度的相干检测，光与无线的直接转换。在早期的 ROF 系统中产生的高速的无线信号的解调是在电域完成的，随着传输速率和载波频率的提高，电域解调变得非常复杂。本书介绍的光子天线是一种基于射频信号透明传输的光子天线解调技术，称为光纤无线一体化系统，即接收端收到无线信号之后不是直接进行电域解调，而是在接收端将无线信号携带的信息调制到光信号上，再对光信号进行探测和处理。本章将介绍两种光纤无线一体化系统。一种是基于偏振复用 16 QAM 调制和相干检测的 Q 波段（30～50 GHz）光纤无线一体化系统，由于采用了 16 QAM 调制，系统的频谱效率较高。这是第一次在 Q 波段使用光纤无线一体化系统传输高阶调制和偏振复用的信号。另一种是基于 DML 的 W 波段（75～110 GHz）光纤无线一体化系统，在接收机基站使用低成本的 DML 实现电/光转换。由于直接调制激光器具有尺寸小、成本低、驱动电压低的优点，接收机基站的成本也相对较低。

8.1 基于 16 QAM 调制和相干检测的 Q 波段光纤无线一体化传输

8.1.1 光纤无线一体化光子天线在桥接和补环中的应用

近来，基于光调制和外差检测技术的光纤无线一体化系统倍受关注，在不便于铺设光纤的地方可以用无线传输代替光纤传输，它也可以在无线宏基站之间提供高速的无线回传服务，大容量的长途光缆在遇到地震、海啸等自然灾害时也可能会断掉，此时光纤无线一体化系统也可以提供传输链路桥接的应急服务。为了实现高速的光纤无线一体化系统，无线链路需要能够支持几 Gbit/s 或者几十 Gbit/s 的数据传输。幸运地，毫米波频段的无线传输由于采用了更宽的带宽和更高的频率有望提供几 Gbit/s 的移动数据传输速率，而且已经被研究团体深入地研究了。很多光纤无线一体化系统已经被提出并且进行了实验验证，结合采用基于数字信号处理的相干检测技术，这些系统具有良好的性能。最近，研究人员提出并实验论证了一些基于零差相干检测和基带数字信号处理的毫米波信号透明传输方案。实验论证了光纤无线一体化系统，偏振复用 QPSK 信号在光纤中传输 20 km，然后被发射到 2×2 MIMO 无线信道中传输 2 m，最后再在光纤中传输了 20 km。

光纤无线一体化系统可以提供光纤“补环”的应急服务。当一段光纤断掉，需要保护更换时，这段光纤可以用无线链路替代。由于信号最终是在光域接收的且采用了相干检测技术，而光载无线通信系统在电域接收和处理信号，因此光纤无线一体化系统的性能比光载无线通信系统好。QPSK 调制的频谱效率仅为 2 bit/Hz，目前的 100 G 光通信系统中采用的是 PM-QPSK，400 G 光通信系统也很快就会在现实中部署，在 400 G 光通信系统中将会采用 PM-16 QAM 或者 PM-32 QAM 调制。因此，为了在 400 G 光通信系统的基础上实现光纤无线一体化传输，很有必要研究光纤无线一体化系统是否可以投递 16 QAM 或者更高阶的 QAM 调制信号。本章论证了 Q 波段(33～50 GHz)的 16 QAM 信号可以在该系统中传输，即 80 Gbit/s 的双偏振 16 QAM 信号依次在单模光纤有线链路中传输 50 km，随后在 2×2 MIMO 无线链路中传输 0.5 m，最后又在单模光纤有线链路中传输 50 km，在接收机中心站采用零差相干探测技术探测接收到的光信号并使用 DSP 技术补偿信号传输过程中的损伤。

8.1.2　基于 16 QAM 调制和相干检测 Q 波段光纤无线一体化系统的原理

基于偏振复用 16 QAM 信号传输和相干检测的光纤无线一体化系统的原理图如图 8.1.1 所示，偏振复用 16 QAM 毫米波信号是通过基于远程外差技术产生，通过基于数字信号处理的零差相干检测解调的。

波长为 λ_1 的 16 QAM 光基带信号在发射机中心站产生。偏振复用 16 QAM 调制的光信号在单模光纤有线链路中传输一段距离后在发射机基站和波长为 λ_2 的连续波光信号外差拍频，然后用光电探测器进行光电转换从而实现外差上变频，偏振复用 16 QAM 调制的毫米波信号的频率和波长分别表示为

$$f_{\mathrm{RF}}=|f_1-f_2|=\left|\frac{c}{\lambda_1}-\frac{c}{\lambda_2}\right| \tag{8.1.1}$$

$$\lambda_{\mathrm{RF}}=\frac{c}{f_{\mathrm{RF}}}=1\Big/\left|\frac{1}{\lambda_1}-\frac{1}{\lambda_2}\right| \tag{8.1.2}$$

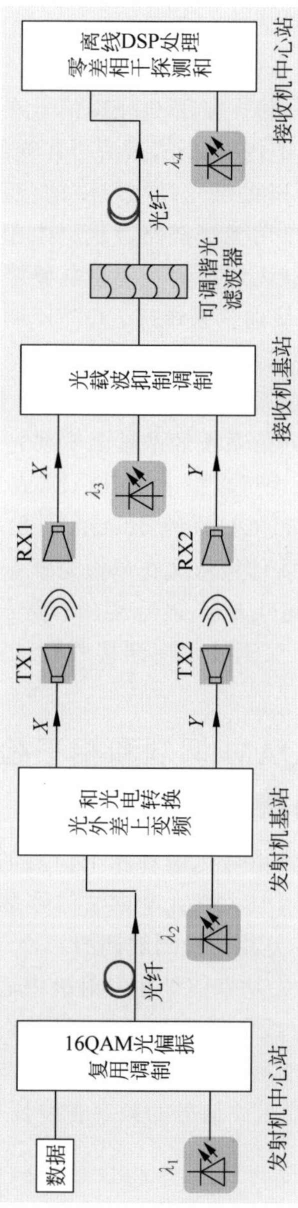

图 8.1.1 基于 16 QAM 调制和相干检测的光纤无线一体化系统的原理图

其中 f_1 和 f_2 分别为波长为 λ_1 和 λ_2 的光信号对应的频率，c 为真空中的光速。然后，用两个 Q 波段发射天线将偏振复用 16 QAM 调制的毫米波信号发射到 2×2 MIMO 无线链路中，然后再用两个 Q 波段接收天线接收毫米波信号。

在接收机基站，用接收到的射频信号调制波长为 λ_3 的连续波光信号，从而实现 OCS 调制。通过 OCS 调制产生了中心波长为 $\lambda_3 \pm \lambda_{RF}$ 两个偏振复用 16 QAM 调制的边带。然后可以通过可调谐光滤波器(tunable optical filter, TOF)移除光载波信号和波长较长的边带(或者波长较短的边带)。

因此只有波长为 $\lambda_3-\lambda_{RF}$(或者 $\lambda_3+\lambda_{RF}$)的偏振复用 16 QAM 单边带被送入接收机中心站。在接收机中心站使用零差相干探测和基带数字信号处理探测并处理偏振复用 16 QAM 调制的信号。在使用基于偏振分集和相位分集的相干探测后，用离线 DSP 处理产生的电域信号。

对于偏振复用 16 QAM 信号，从发射机中心站到发射机基站和从接收机基站到接收机中心站之间的光纤传输以及从发射机基站到接收机基站之间的 2×2 MIMO 无线链路都可以看作 2×2 MIMO 模型。3 个 2×2 MIMO 矩阵的乘积仍然是一个 2×2 MIMO 矩阵，这样可以用一个 2×2 MIMO 模型代替 3 个 2×2 MIMO 模型并用一个 2×2 的琼斯矩阵表示。因此，可以在接收机中心站用 CMMA 盲均衡算法完成偏振解复用，而不使用在发射机中心站插入导频以及在接收机中心站使用信道估计的方法完成偏振解复用，采用 CMMA 盲均衡可以节省比特开销。

8.1.3 基于 16 QAM 调制和相干检测 Q 波段光纤无线一体化系统实验

如图 8.1.2 所示为在 Q 波段将 80 Gbit/s 的偏振复用 16 QAM 信号依次在单模光纤有线链路中传输 50 km，在 2×2 MIMO 无线链路中传输 0.5 m，在单模光纤有线链路中传输 50 km 的实验设置。所有的外腔激光器(ECL1,2,3,4)的线宽都小于 100 kHz。ECL1 发出的中心波长为 1560.11 nm 的连续光波首先被一个同相/正交调制器(in-phase/quadrature modulator, I/Q MOD)调制。I/Q 调制器由 2 个 10 Gbaud 的四阶信号驱动，这 2 个四阶信号是通过抽样速率为 20 GSa/s(每个符号抽 2 个样点)、3 dB 带宽为 16 GHz 的 DAC 产生的。为了产生光 16 QAM 信号，I/Q MOD 中的两个并行的 MZM 都偏置在零点并进行全波驱动，以实现零啁啾和 π 相位调制。将 I/Q MOD 的上下两个臂之间的相位差设置为 π/2。在 I/Q 调制之前，10 Gbaud 的四阶信号的中间两阶通过乘以 0.89 预补偿 I/Q MOD 的两个并行 MZMs 的非线性特性。

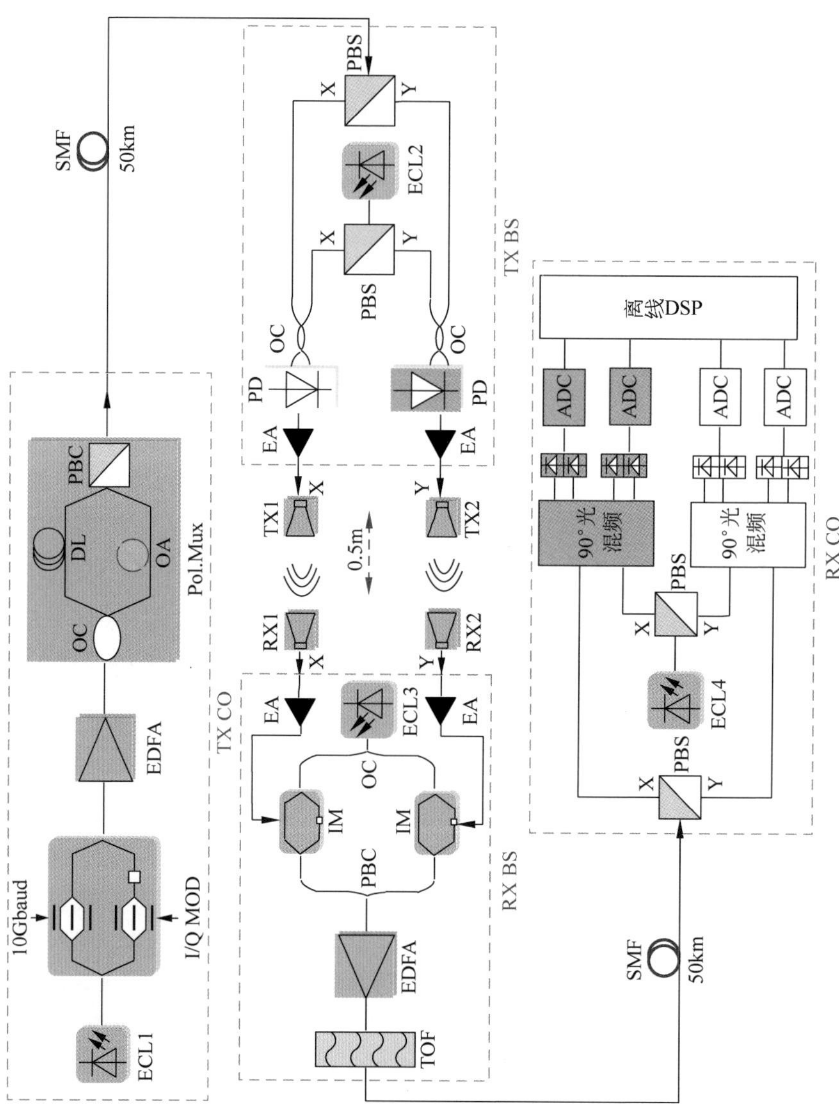

图 8.1.2　基于 16 QAM 调制和相干检测的 Q 波段光纤无线一体化系统的实验设置

产生的 16 QAM 光信号通过 EDFA 进行放大，并通过偏振复用器实现偏振复用。偏振复用器包括一个保偏光耦合器（optical coupler，OC）和一个光延迟线（delay line，DL）。保偏 OC 将信号分成两路，而上路的光 DL 可以提供 200 个符号的延时。DL 可能导致功率损失，因而在下路使用一个光衰减器（optical attenuator，OA）平衡上路和下路的功率，并使用一个偏振合束器（polarization beam combiner，PBC）将上下两路信号组合在一起。随后将产生的偏振复用 16 QAM 信号送入 50 km 的单模光纤并且不进行光色散补偿，在 1550 nm 的平均光纤损耗为 10 dB，色散系数为 17 ps/(nm · km)。光纤的输入功率为 0 dBm。如图 8.1.3(a)所示为发射机中心站 16 QAM 调制之后的光谱图（0.02 nm 分辨率）。

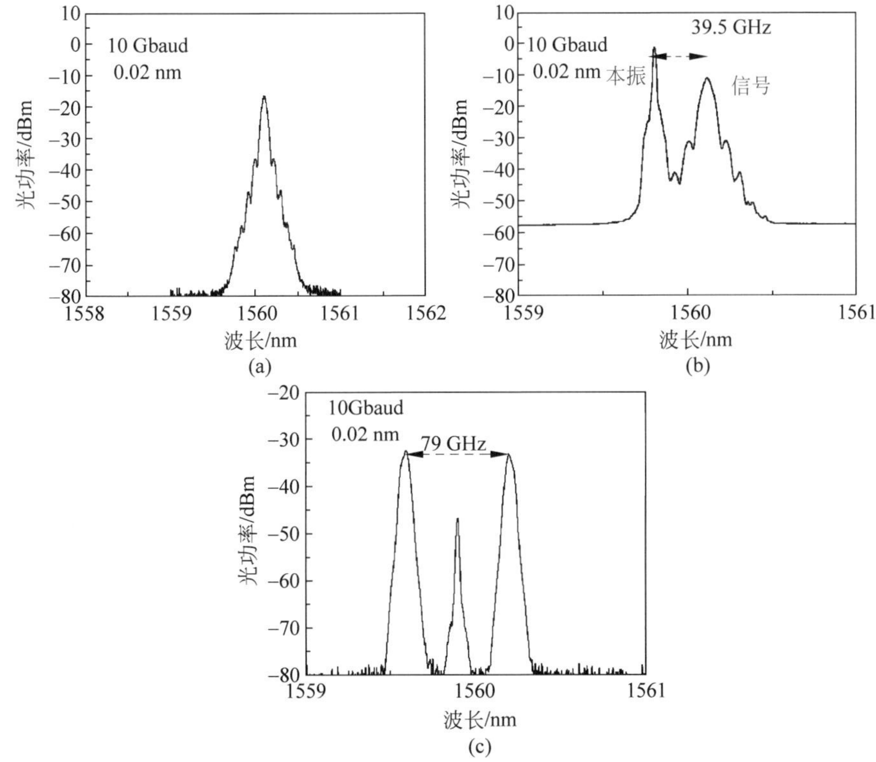

图 8.1.3　光谱图

(a) 发射机中心站 16 QAM 调制之后的光谱图（0.02 nm 分辨率）；(b) 发射机基站偏振分集之后的光谱图（0.02 nm 分辨率）；(c) 接收机基站 PBC 之后的光谱图（0.02 nm 分辨率）

在发射机基站，中心波长为 1559.79 nm 的 ECL2 作为 LO。ECL1 和 ECL2 的频率间隔大约为 39.5 GHz。LO 的功率比偏振复用 16 QAM 光基带信号的功率高 2 dB。在外差拍频前，使用两个 PBS 和两个 OC 对接收到的光信号和 LO 在光域进行偏振分集处理。如图 8.1.3(b)所示为发射机基站 10 Gbaud(80 Gbit/s)光信号偏振分集后的光谱图(0.02 nm 分辨率),信号和 LO 之间的频率间隔为 39.5 GHz。两个单端 PD,每个 PD 具有 70 GHz 的 3 dB 带宽和 4 dBm 的输入功率,直接将光偏振复用 16 QAM 信号上变频为 Q 波段的电偏振复用 16 QAM 信号。每个偏振方向上的 Q 波段电信号各被一个电放大器独立地放大,每个电放大器都是中心频率为 38 GHz、3 dB 带宽为 10 GHz、输出功率为 28 dBm 的窄带放大器。之后用两个 Q 波段发射天线分别将 X、Y 两个偏振方向上的电信号同时送入到 2×2 MIMO 无线空口链路,在接收端用两个 Q 波段接收天线接收毫米波信号。每对发射机和接收机 Q 波段天线之间的无线距离为 0.5 m,X 偏振和 Y 偏振的无线链路平行的并且两个发射机(接收机)Q 波段天线的距离是 10 cm。每个 Q 波段天线的增益为 25 dBi,带宽为 33～50 GHz。两对 Q 波段天线具有良好的方向性,可以避免多径效应。

在接收机基站,ECL3 发出的中心波长为 1559.80 nm 的连续波光信号被保偏 OC 分成 2 路光信号并分别输入到 2 个强度调制器(intensity modulator, IM),其中每一路光信号的功率为 9 dBm。从两根接收机天线接收并经过 EA 放大的 Q 波段毫米波信号驱动分别驱动一个 IM 实现 OCS 调制。然后用一个 PBC 将两路信号组合在一起,得到偏振复用 16 QAM 的光信号。其中每个 IM 的 3 dB 带宽为 36 GHz,半波电压为 2.8 V,插入损耗为 5 dB,且每个 IM 上的驱动电压的峰峰值为 1.7 V。如图 8.1.3(c)所示为接收机基站 PBC 之后的 10 Gbaud 光信号的光谱图(0.02 nm 分辨率)。产生的 OCS 信号的中心波长为 1559.80 nm,且产生的两个偏振复用 16 QAM 调制的边带相对 OCS 信号中心频率的频率偏移为 39.5 GHz。使用一个 0.3 nm 的 TOF 抑制长波长对应的边带和放大的自发辐射(amplified spontaneous emission, ASE)噪声,在光信号中就只剩下短波长对应的边带。然后将产生的偏振复用 16 QAM 基带信号送入 50 km 的单模光纤并且不进行光色散补偿,在 1550 nm 的光纤损耗为 10 dB,色散系数为 17 ps/(nm·km)。光纤的输入功率为 0 dBm。

在接收机中心站,使用 ECL4 作为 LO 进行相干检测,它和接收到的光基带信号具有相同的频率。接收到的光基带信号和 LO 信号分别被 PBS 分成 X 和 Y 两路。在平衡探测前,每个偏振方向各使用一个偏振分集 90°混频器实现对 LO 和接收到光信号的偏振合相位分集相干检测。平衡探测后得到四路电基带信号,然后送入抽样速率为 80 GSa/s、电带宽为 30 GHz 的数字存储示波器(digital storage oscilloscope, OSC)实现模数转换并存储模数转换后的四路电信号。基带数字信号处理在模数转换之后完成,详细的数字信号处理过程如下:首先使用“平方滤波”的方法提取时钟,然后基于恢复的时钟将数字信号重抽样为 2 倍的波特率。接着，使用 $T/2$ 间隔的时域 FIR 滤波器进行常规色散补偿，其中滤波器系数使用频域截断的方法从已知的光纤色散转移函数计算得到。然后，使用两个 33 抽头、$T/2$ 间隔的复数值自适应 FIR 滤波器恢复多模偏振复用 16 QAM 信号。随后的步骤是载波恢复，包括载波频率估计和补偿以及载波相位估计和补偿。频偏估计是采用基于 FFT 的频偏估计算法完成的。相位估计是采用 BPS 算法完成的。在补偿完频率偏移和相位噪声后进行判决，对于实部和虚部均使用 0，2，−2 作为判决门槛。最后，进行差分解码操作以消除 $\pi/2$ 的相位模糊并计算误码率。在实验中 BER 是基于 10×10^6 的发送比特数计算的(10 组数，每组数包含 10^6 个比特)。

8.1.4　实验结果和分析

如图 8.1.4 所示为 10 Gbaud(80 Gbit/s)速率的偏振复用 16 QAM 信号在光纤无线一体化信号中传输时的 BER 和 OSNR 的关系。图中“不经光纤”表示光信号从发射机中心站到发射机基站以及从接收机基站到接收机中心站都是背靠背(back to back，BTB)传输，“不经无线”表示无线毫米波信号不经过无线投递，直接从发射机基站发射接收机接收，“不经无线，不经光纤”表示无线毫米波信号不经过无线投递直接从发射机基站发射接收机接收，而且光信号从发射机中心站到发射机基站以及从接收机基站到接收机中心站都是 BTB 传输。100G 的商用偏振复用 QAM 产品的 CMA 抽头数为 13，而离线 DSP 中采用的 CMA 抽头数为 33。这是由于没有使用导频信号进行信道估计，因而采取更为复杂的计算操作进行替代。与“10 GBaud，不经无线，不经光纤”的情况比较，“10 GBaud，不经无线，经过 50＋50 km 光纤”的情况基本没有 OSNR 代价，对于“10 GBaud，经过 0.5 m 无线，经过 50＋50 km 光纤”的情况在 BER 为 3.8×10^{-3}(第二代 FEC 极限)时的 OSNR 代

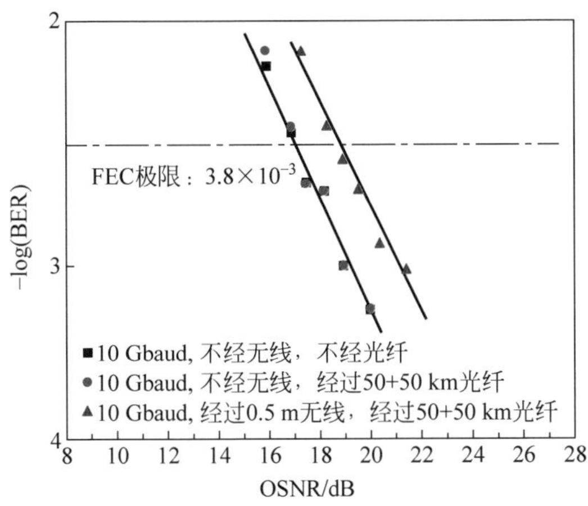

图 8.1.4　10 Gbaud 的 BER 和 OSNR 关系

价为 1.35 dB。在移除 7%的 FEC 开销后,10 Gbaud 速率的偏振复用 16 QAM 信号的净比特速率为 74.7 Gbit/s。

图 8.1.5 所示为在 OSNR 为 35 dB 时,10 Gbaud 的偏振复用 16 QAM 信号依次在光纤中传输 50 km、在无线链路中传输 0.5 m、在光纤中传输 50 km 并经过相干探测和离线 DSP 处理后的 X 偏振方向的星座图,星座图很清晰,表明系统的性能良好。

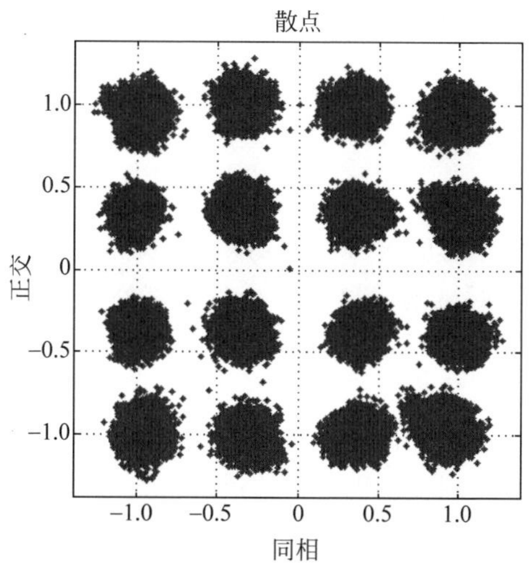

图 8.1.5 信号依次经过 50 km 光纤、0.5 m 无线和 50 km 光纤传输后的星座图(OSNR 为 35 dB)

8.2 基于 DML 实现电/光转换的 W 波段光纤无线一体化系统

8.2.1 电/光转换新结构和新模式

众所周知,第四代移动通信(the fourth-generation mobile communication, 4G)可以提供 100～150 Mbit/s 的数据速率。此外,正在推广应用的第五代移动通信(the fifth-generation mobile communication, 5G)通过使用巨大的带宽以及大规模多输入多输出(massive multiple input multiple output, massive MIMO)技术支持几 Gbit/s 甚至几十 Gbit/s 的数据传输。这意味着未来的移动通信或者无线通信可以提供和基带光通信系统相同的容量。这也将会为未来的光纤无线无缝融合网络和未来数据连接提供具有性价比的解决方案。近来,基于光多阶调制和外差检测技术的光纤无线无缝融合网络受到了人们越来越多的关注。采用偏振复用、多阶正交幅度/相位调制、光子毫米波产生、MIMO 和先进的 DSP 算法的高速光纤无线无缝融合传输系统(如 100 G 和 400 G 的融合系统)已经被研究团体广泛地研究了。在以往的情况下,产生的多阶调制的无线毫米波信号的解调是在电域完成的,由于毫米波载波频率很高,导致射频传输距离非常有限。此外,随着数据速率和毫米波载波频率的提高,无线毫米波信号的电域解调会变得更加复杂。一种射频透传光纤无线一体化系统,将接收到的毫米波信号上变频到光域,上变频后的光信号直接在光纤中传输并通过相干检测在光域解调。可以采用先进的 DSP 算法恢复有线和无线传输中的损伤,这些损伤包括常规色散、偏振模色散、非线性、无线多径效应、器件滤波效应等。

研究人员已经论证对于无线光纤一体化系统,强度调制器或者相位调制器都可以用于实现接收侧的电/光(electrical/optical, E/O)转换。减小尺寸和降低成本对于光纤无线无缝融合系统非常重要。直接调制激光器具有尺寸小、成本低、驱动电压低的优点,因而有必要研究光纤无线无缝融合系统接收侧的电/光转换是否可以通过 DML 实现。在本章中介绍了一种光纤无线一体化系统,它基于 DML 实现电/光转换,并论证了 DML 可以用于接收侧的电/光转换。速率为 10 Gbit/s 的 16 QAM 信号在 85 GHz 频率被投递到无线链路中并传输 10 m,然后使用 DML 实现电/光转换,在单模光纤中传输 2 km 后使用一个 PD 实现光/电转换,最后使用离线 DSP 处理光电转换后的电信号。通过比较没有使用 DML 和使用了 DML 的系统的性能,可以得出 DML 可应用于 16 QAM 信号电/光转换。

8.2.2　基于 DML 实现电/光转换的 W 波段光纤无线一体化系统的原理

如图 8.2.1 所示为光纤一体化系统的原理图,多阶调制无线毫米波信号是基于外差技术产生并基于数字信号处理技术解调。在发射机中心局(transmitter central office, TX CO),多阶调制的光基带信号产生并送入单模光纤中。多阶调制的光信号在单模光纤有线链路中传输一段距离后,在发射机基站(transmitter base station, TX BS)连续波光信号进行外差拍频并用一个 PD 进行探测,实现光/电转换。然后,使用号角天线(horn antennas, HAs)发射机单元将多阶调制的无线毫米波信号投递到无线链路中,在无线链路中传输一段距离之后使用号角天线接收机单元接收无线毫米波信号。

E/O 转换是在接收机基站(receiver base station, RX BS)完成的,到目前为止研究人员论证了以下技术都可以用于实现 E/O 转换,包括强度调制器(使用或者不使用下变频)、相位调制器(使用或者不使用下变频)。本章中使用一种成本较低的方案,即 DML,实现 E/O 转换,并且采用 16 QAM 调制格式提高频谱效率。由

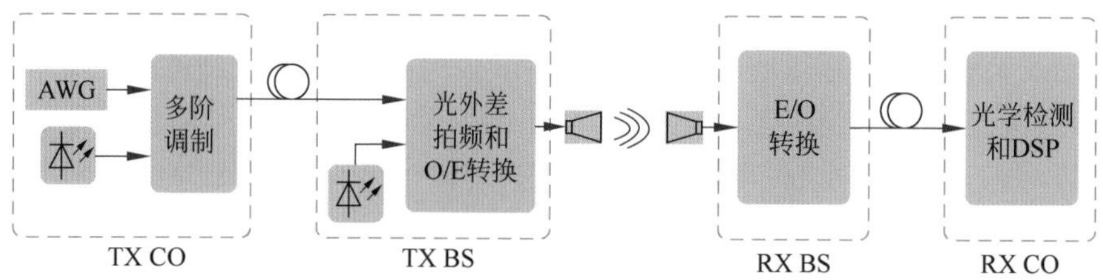

图 8.2.1 光纤无线一体化系统的原理图

于采用大的直流偏置，DML 的啁啾效应被部分地移除了。在接收机中心局(receiver central office，RX CO)使用基于数字信号处理的直接检测技术接收多阶调制的信号。

本章比较了没有使用 DML 和光纤传输以及使用了 DML 并经过光纤传输的光纤无线一体化系统的性能。首先，计算没有使用 DML 和光纤传输时以不同的功率输入到带宽为 100 GHz PD 时的 BER 值。然后，将 DML 和 2 km 长的光纤连接到接收机，并计算以不同的功率输入到带宽为 15 GHz PD 时的 BER。通过比较这两种情况，可以得出 DML 用于光纤无线一体化系统电/光转换的性能。

8.2.3 基于 DML 实现电/光转换的 W 波段光纤无线一体化系统实验

如图 8.2.2 所示为 10 Gbit/s 的 16 QAM 信号在光纤无线一体化系统中传输且没有使用 DML 和光纤的实验设置。ECL1 和 ECL2 的线宽都小于 100 kHz。在发射机，ECL1 发出的中心波长为 1558.47 nm 的连续波被一个 I/Q MOD 调制，产生 16 QAM 调制的光信号并使用 EDFA 对其进行放大。为了产生 16 QAM 调制的光信号，使用任意波形发生器(arbitrary waveform generator，AWG)产生的两路 2.5 GBaud 四阶信号驱动 I/Q 调制器，其中产生的电信号为每个符号抽 2 个样点且伪随机序列二进制长度为 $2^{15}-1$。在 I/Q 调制之前，两路速率为 2.5 Gbaud 的四阶信号首先进行预均衡以克服两个平行 MZM 的非线性特性，并分别使用电放大器 EA1 和 EA2 对每一路四阶信号放大，EA1 和 EA2 都是线性放大器，工作频段为直流(direct current，DC)～34 GHz，增益为 30 dB，在实验中 EA1 和 EA2 的输出功率为 2 V。产生 16 QAM 调制的光信号后，使用中心波长为 1559.79 nm 的 ECL2 作为本振，它与接收到的光信号具有相同的功率。ECL1 和 ECL2 的频率间隔大约为 85.25 GHz。使用一个保偏光耦合器(polarization maintaining optical coupler，PM-OC)将 LO 信号和接收到的光信号耦合到一起。图 8.2.2(a)为保偏光耦合器之后的 10 Gbit/s 速率的 16 QAM 信号的光谱图(分辨率为 0.01 nm)，耦合后的光信号的功率为 12 dBm。采用一个可变光衰减器(variable optical

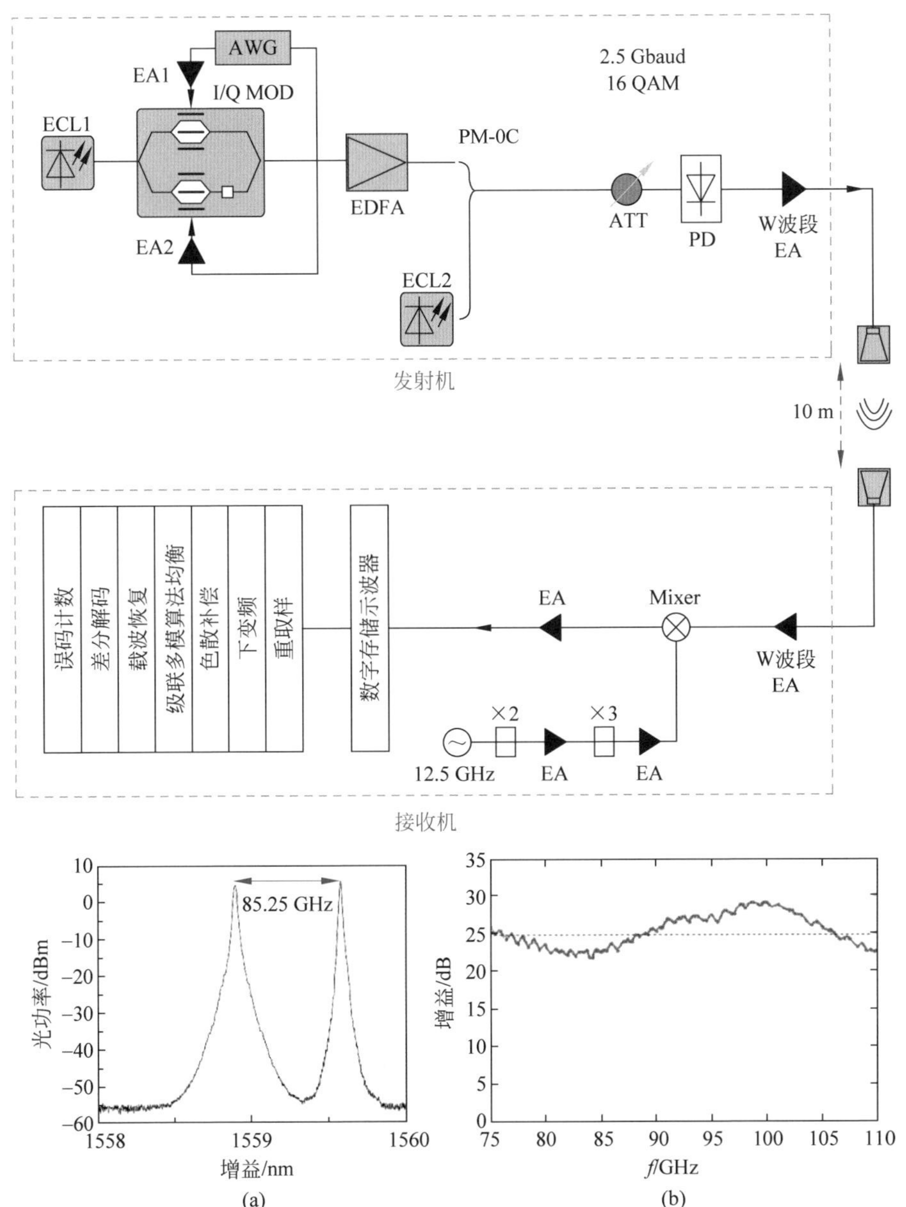

图 8.2.2　10 Gbit/s 的 16 QAM 信号在光纤无线一体化系统中传输且没有使用 DML 和光纤的实验设置

(a) 保偏光耦合器之后的光谱图（0.01 nm 分辨率）；(b) W 波段放大器的增益曲线

attenuator，VOATT）调整输入到带宽为 100 GHz 的 PD 的功率。PD 的输入光功率的范围为－10～6.3 dBm。3 dB 带宽为 100 GHz 的单端 PD 直接将光 16 QAM

基带信号上变频到电 16 QAM 信号。然后使用一个饱和功率为 4 dBm 的 W 波段 EA 放大电 16 QAM 信号，并将放大后的电信号发射到空中链路。图 8.2.2(b)为 W 波段电放大器的增益曲线，在 85 GHz 的增益为 22 dB。发射机和接收机号角天线之间的无线距离为 10 m，即将 85 GHz 的电 16 QAM 信号发射到空中链路并传输 10 m 后再接收。每个号角天线的功率增益为 50.8 dBi，波束宽度为 0.4°。

对接收机接收到的 W 波段电信号执行两阶下变频。首先，将接收到的 85 GHz 毫米波信号在模拟域下变频到 10 GHz 的电中频(intermediate frequency, IF)信号，以便克服后面的电器件的带宽不足。频率为 12.5 GHz 的射频信号首先依次通过一个有源 2 倍频器(×2)和一个电放大器。产生的 25 GHz 射频信号再依次通过一个无源 3 倍频器(×3)和一个电放大器。通过这种级联的倍频方法，可以产生一个等效的 75 GHz 射频信号。使用平衡混频器将 75 GHz 射频信号和经过 W 波段电放大器放大后的 85 GHz 毫米波信号进行混频，将 85 GHz 毫米波信号模拟下变频到 10 GHz 的电中频信号，混频器的损耗为 7 dB。然后，使用一个工作频段为 DC～40 GHz、增益为 35 dB、饱和功率为 22 dBm 的放大器推进 10 GHz 电中频信号。模数转换是通过抽样速率为 50 GSa/s、电带宽为 12 GHz 的数字存储示波器实现的。基带数字信号处理是在模数转换后进行的，它包括定时恢复、IF 下变频、常规色散补偿、CMMA 均衡、载波频率恢复、载波相位恢复、差分解码和 BER 计算。

图 8.2.3 所示为 10 Gbit/s 的 16 QAM 信号在光纤无线一体化系统中传输且没有使用 DML 和光纤的 BER 和输入到 100 GHz PD 的光功率的关系曲线，发射机天线和接收机天线之间的距离为 10 m。3.8×10^{-3} 的 BER 所需的 PD 输入光功率为−8.5 dBm。图 8.2.3(a)显示了当输入到 100 GHz 的 PD 的光功率为−7 dBm 时，数字存储示波器之前的电信号频谱，可以看出 IF 大约为 10 GHz，相应的数字信号处理后的星座图如图 8.2.3(b)所示。

如图 8.2.4 所示为 10 Gbit/s 的 16 QAM 信号在光纤无线一体化系统中传输且在接收机中使用 DML 实现 E/O 转换并在光纤中传输 2 km 的实验设置[110]。使用与如图 8.2.2 所示的实验中相同的发射机和号角天线。在接收机中，采用和如图 8.2.2 所示的实验中相同的方案将接收到的 85 GHz 16 QAM 无线毫米波信号下变频到 10 GHz 电中频信号。然后，使用两个 3 dB 带宽为 40 GHz 的级联电放大器(EA3 和 EA4)放大 10 GHz 电中频信号，并用放大后的电中频信号驱动 DML，DML 的大直流偏置为 86 mA，射频驱动电压的峰峰值为 3.1 V，带宽为 20 GHz。该 DML 的具体型号为 NLK1551SSC(NEL 公司)。图 8.2.4(a)为 DML 的输出功率和直流偏置的关系曲线，可以看出当直流偏置为 86 mA 时，DML 工作在线性区域，且对应的输出功率为 8.2 dBm。图 8.2.4(b)为 DML 的输出信号的光谱图，可以看出中心波长为 1560.1 nm。从图中还可以看出方向 DML 的输出信

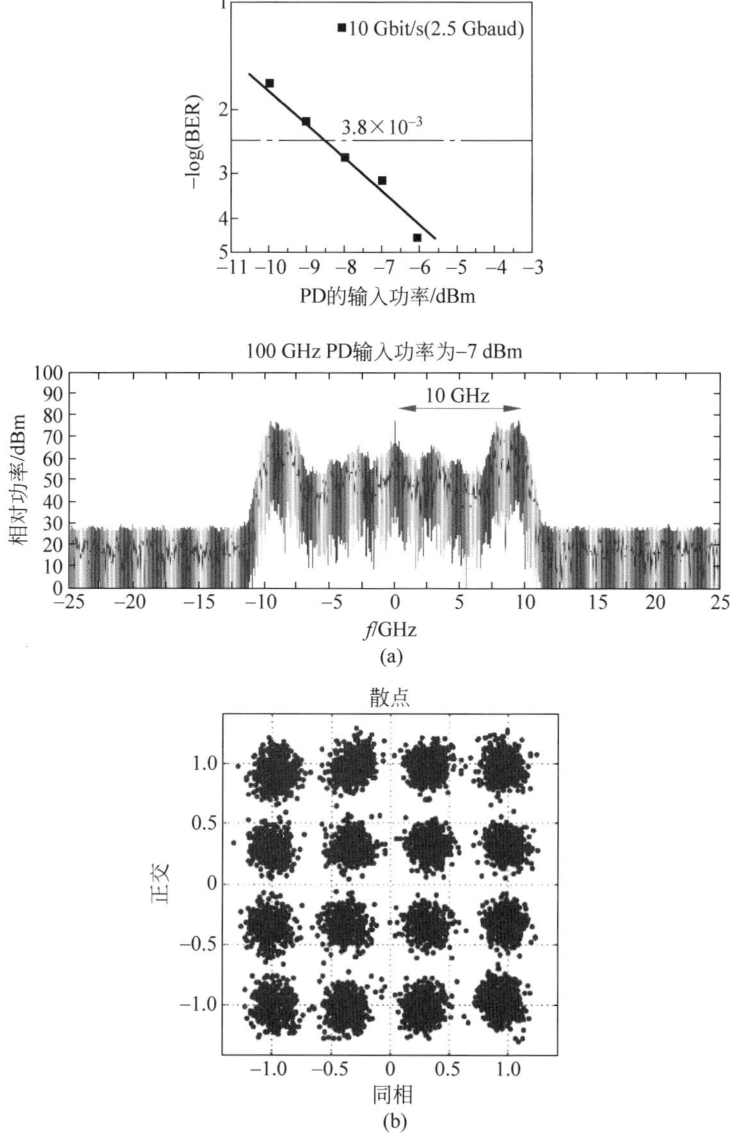

图 8.2.3　BER 和 PD 的输入光功率的关系曲线(100 GHz PD 的输入光功率为 −7 dBm)

(a) 数字存储示波器之前的电信号频谱；(b) 数字信号处理之后的星座图

号的光谱不是对称的，这是 DML 的固有的残余啁啾导致的。然后，采用一个 ATT2 将光功率调整到 0.7 dBm 并注入 2 km 的光纤中，在经过 2 km 光纤传输后使用 EDFA 放大光信号。随后，采用一个 ATT3 调制输入 15 GHz 带宽的 PD 的功率。模数转换是在抽样速率为 50 GSa/s、电带宽为 12 GHz 的数字存储示波器

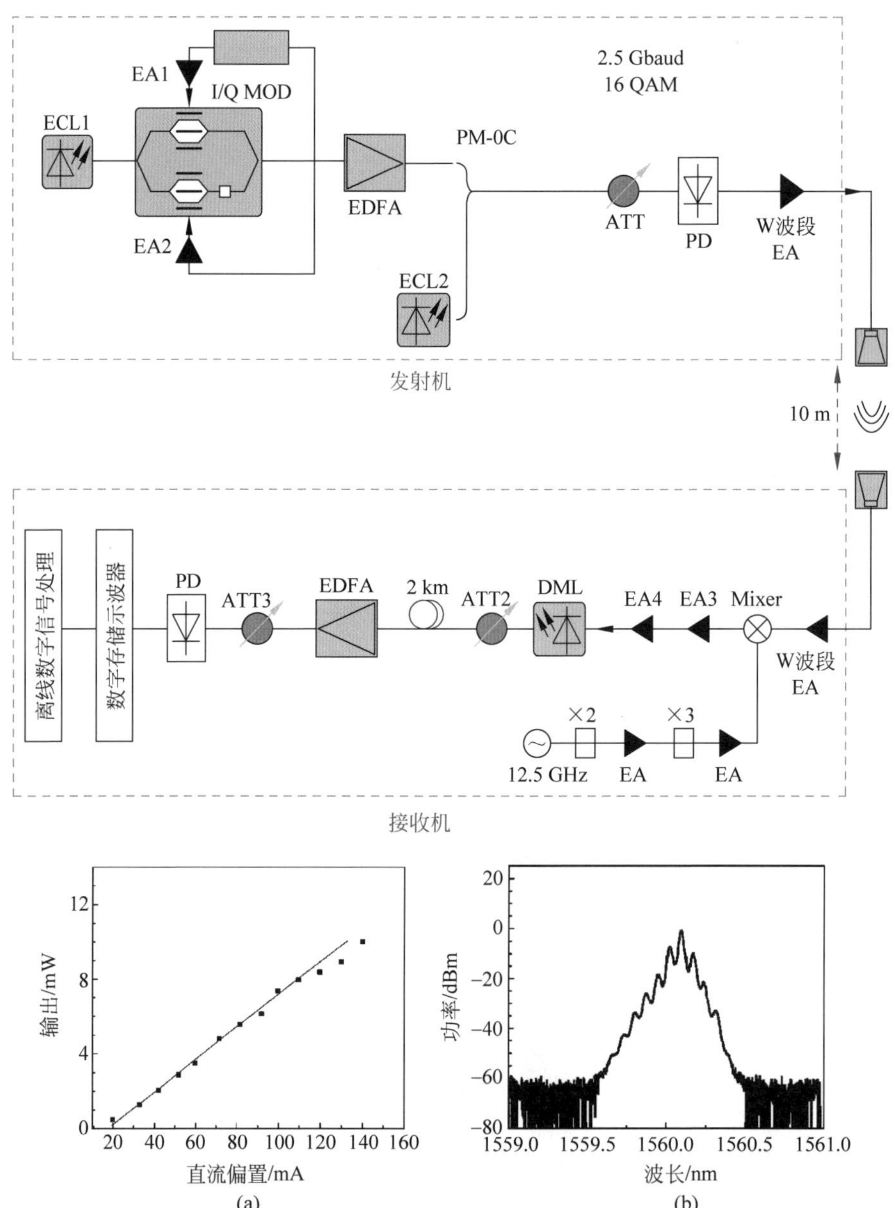

图 8.2.4 10 Gbit/s 的 16 QAM 信号在光纤无线一体化系统中传输且在接收机中使用 DML 实现 E/O 转换并在光纤中传输 2 km 的实验设置

(a) DML 的输出功率和直流偏置的关系曲线；(b) DML 输出信号的光谱图

中实现的。基带数字信号处理是在模数转换后进行的，它包括定时恢复、IF 下变频、常规色散补偿、CMMA 均衡、载波频率恢复、载波相位恢复、差分解码和 BER 计算。

图 8.2.5 为 10 Gbit/s 的 16 QAM 信号在光纤无线一体化系统中传输且使用 DML 进行光电检测时 BER 和输入到 15 GHz PD 的光功率的关系曲线，发射机天

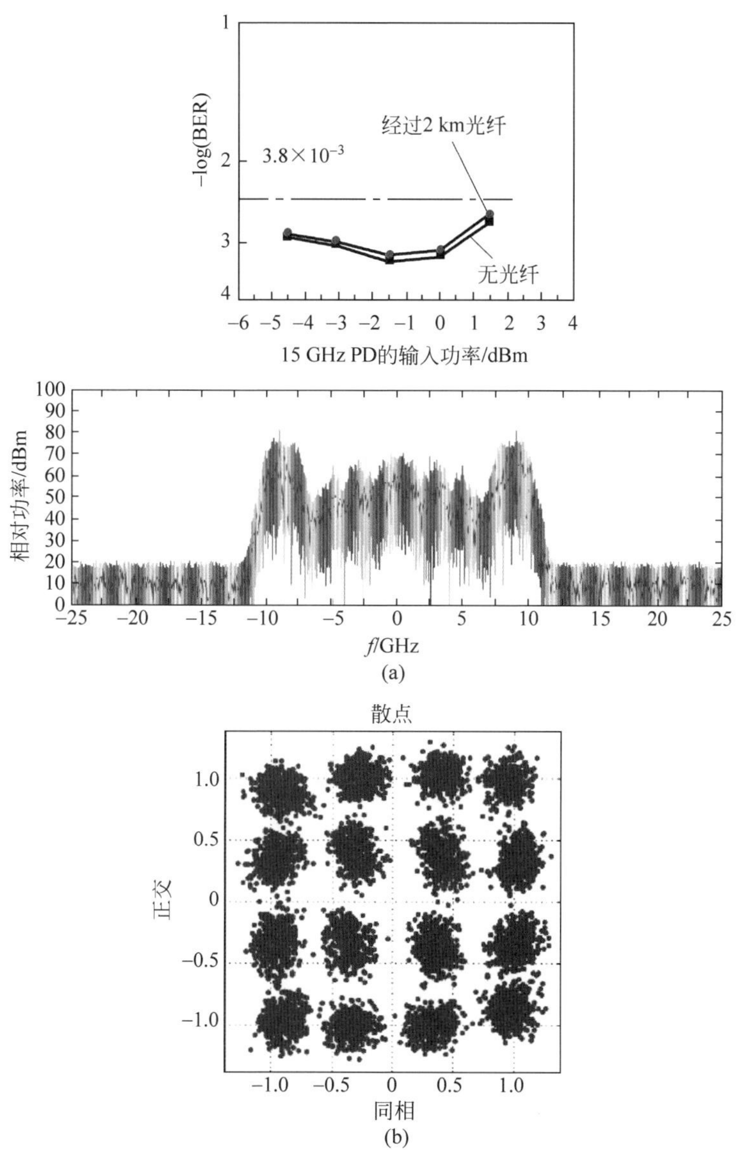

图 8.2.5　10 Gbit/s 的 16 QAM 信号在光纤无线一体化系统中传输且在接收机中使用 DML 实现 E/O 转换时 BER 和输入到 15 GHz PD 的光功率的关系曲线(输入到 15 GHz PD 的光功率为 −2 dBm)

(a) 数字存储示波器前的电信号频谱图；(b) DSP 后的星座图

线和接收机天线之间的距离为 10 m。图中,“无光纤”表示光信号从 ATT2 到 EDFA 的传输的 BTB,“经过 2 km 光纤”表示光信号在单模光纤中传输了 2 km。与“无光纤”的情况相比,2 km 的光纤传输基本没有输入光功率代价(输入到 15 GHz 的 PD 的光功率)。图 8.2.5(a)为当输入到 15 GHz 的 PD 的光功率为 −2 dBm 时数字存储示波器前的电信号频谱图。根据下变频结构,IF 应该为 10.25 GHz,但是由于 DML 的固有残余啁啾导致 IF 在电域的频谱只有大概 9 GHz,相应的 DSP 后的星座图如图 8.2.5(b)所示。16 QAM 信号星座图的扭曲主要是由于 100 GHz PD、W 波段放大器和 DML 的饱和效应。

8.2.4 实验结果和分析

对于接收机不使用 DML 进行光电转换的情况,由于是对接收到的毫米波信号直接进行处理的,因而毫米波信号的传输距离有限,并且从图 8.2.3 中可以看出 BER 和输入到 100 GHz PD 的光功率的关系曲线近似是一条直线,可认为当输入光功率为 −10～−6.3 dBm 时 100 GHz PD 工作在线性区。当 100 GHz PD 的输入功率为 −8.5 dBm 时,BER 低于 3.8×10^{-3}。

而对于接收机使用 DML 的情况,由于使用 DML 将毫米波信号携带的信息转换到光信号上并继续在光纤中传输,因而毫米波信号的传输距离可以更远,并且从图 8.2.5 中可以看出 BER 和输入到 15 GHz PD 的光功率的关系曲线不是一条直线,BER 先随着输入光功率的提高逐渐减小,但是输入光功率超过 −1.5 dBm 后,BER 会随着输入光功率的提高逐渐增大。当 15 GHz PD 的输入功率为 −4.5 dBm 时,BER 低于 3.8×10^{-3}。

DML 方案(在 2 km 的光纤传输后输入到 15 GHz PD 的功率为 −2 dBm)的星座图和没有使用 DML 的方案(输入到 100 GHz PD 的功率为 −7 dBm)的星座图一样清楚。

8.3 本章小结

本章通过实验论证了两种光纤无线一体化系统:基于偏振复用 16 QAM 调制信号传输的 Q 波段光纤无线一体化系统和基于 DML 的光纤无线一体化系统。在基于偏振复用 16 QAM 信号传输的光纤无线一体化系统中,本章通过实验论证了一种 Q 波段的光纤无线无缝融合系统,即 80 Gbit/s 的偏振复用 16 QAM 信号在单模光纤有限链路中传输 50 km、在 2×2 MIMO 无线链路中传输 0.5 m、在另一段单模光纤有限链路中传输 50 km。这是第一次实现使用 16 QAM 调制和偏振复用的光纤无线一体化系统。在接收机中引入 CMMA 均衡实现偏振解复用并最小化两个偏振方向的串话干扰。在基于 DML 实现电/光转换的光纤无线一体化系统中，本章第一次论证了在光纤无线一体化系统中可以使用尺寸小、成本低的 DML 实现光电转换。在这个系统中，论证了 10 m 的无线传输和 2 km 的光纤传输。实验结果表明 DML 可应用于 16 QAM 信号电/光转换。

通过比较二种系统的实验设置可以发现在基于偏振复用 16 QAM 调制信号传输的 Q 波段光纤无线一体化系统中，由于毫米波信号的频率较低(Q 波段，39.5 GHz)，而接收机中的强度调制器的 3 dB 带宽为 36 GHz，虽然带宽略微不够，但是结合先进的数字信号处理技术，可以完成数据的恢复。但是，对于基于 DML 的光纤无线一体化系统，由于毫米波信号的频率在 W 波段(85.25 GHz)，不管是采用 MZM、PM、IM 还是 DML 实现电/光转换，调制器/激光器的带宽都远远不够，因此，在电/光转换前，需要采用模拟下变频的方式将毫米波信号的频率从 85 GHz 下变频到 10 GHz。

天线的基础理论与分析方法

天线是光子天线的重要组成部分，如何在波长、带宽、增益等参数相互制约的情况下实现多频段、宽频带、小型化、高性能是天线设计者追求的目标，从本章开始首先介绍天线的有限元设计理论与方法，然后以微波天线为例介绍多频段、宽频带、小型化、高性能天线的基础理论和技术。

9.1 有限元方法

有限元方法是一种近似求解数理边值问题的数值方法，它以剖分插值和变分原理为基础，将有限差分法和变分法中的里兹法相结合。此方法将所要分析的连续场分割为有限个较小的单元，并使复杂的边界分段属于不同的单元，再用比较简单的函数去计算每个单元的解，然后将整个场域上的泛函积分式展开为各单元上泛函积分式的总和。这里的每个单元的顶点就是未知函数的取样点。各单元内的试验函数需采用统一的函数形式(如多项式等)，其待定系数取决于本单元各顶点上的函数取样值。泛函极小值的条件是试验函数中待定系数的偏导数等于零，其等效于对各点函数的差商为零，并根据该条件列出差分近似的代数方程组，求导出顶点函数值的数值解，然后将得到试验函数用以表示各单元内的函数近似解。由于该方法获得的有限元方程是利用了加权余量法中的最小二乘法，所以有限元法可应用于任何微分方程所描述的物理场中，适于时变场、非线性场及分层介质中涉及到的电磁场问题。

麦克斯韦三维方程组是三维结构电磁问题的三维支配方程。为了求解和建模的方便，一般情况下，由麦克斯韦方程组前两个旋度方程导出的电场强度用以满足矢量亥姆赫兹方程，并将该方程作为支配方程。例如，Ansoft HFSS 软件的支配方程是

$$\nabla\times\left(\frac{1}{\mu_r}\nabla\times\boldsymbol{E}\right)-k_0^2\varepsilon_r\boldsymbol{E}=0 \tag{9.1.1}$$

由变分原理，上式的泛函可以写为

$$F(\boldsymbol{E})=\iiint_{\Omega}\left\{\frac{1}{\mu_r}(\nabla\times\boldsymbol{E})\cdot(\nabla\times\boldsymbol{E})-k_0^2\varepsilon_r\boldsymbol{E}\cdot\boldsymbol{E}\right\}\mathrm{d}\Omega \tag{9.1.2}$$

对于此三维问题的泛函，可将多面体离散成众多数量的单元小矩阵。其中，四面体、矩形块和六面体等都可作为基本离散单元。这些不同离散单元在运算的速度、精度和内存需求方面是不同的。HFSS软件中采用四面体结构作为基本离散单元，见图9.1.1，并将棱边元作为矢量基函数。设图中的四面体内的未知函数 ϕ^e 近似为

$$\phi^e=a^e+b^ex+c^ey+d^ez \tag{9.1.3}$$

则用四个顶点处的值 $\phi_i^e(i=1,2,3,4)$ 来表示，为

$$\phi^e(x,y,z)=\sum_{i=1}^{4}L_i^e(x,y,z)\phi_i^e \tag{9.1.4}$$

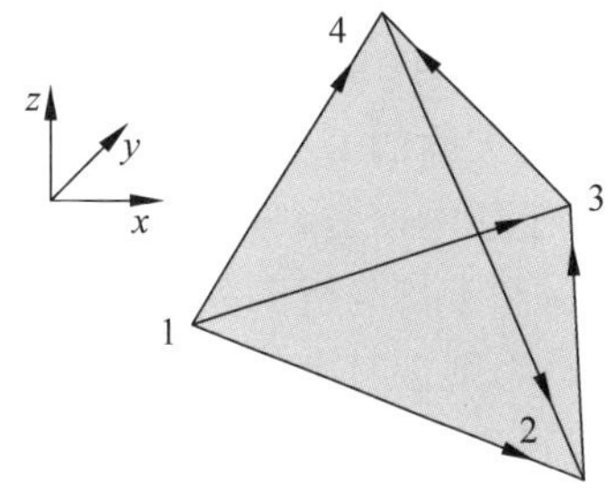

式中插值函数 $L_i^e(x,y,z)$ 为

$$L_i^e(x,y,z)=\frac{1}{6V^e}(a_i^e+b_i^ex+c_i^ey+d_i^ez) \tag{9.1.5}$$

图9.1.1　四面体单元

而 a_i^e,b_i^e,c_i^e,d_i^e 由下列等式获得

$$a^e=\frac{1}{6V^e}\left(a_1^e\phi_1^e+a_2^e\phi_2^e+a_3^e\phi_3^e+a_4^e\phi_4^e\right) \tag{9.1.6}$$

$$b^e=\frac{1}{6V^e}\left(b_1^e\phi_1^e+b_2^e\phi_2^e+b_3^e\phi_3^e+b_4^e\phi_4^e\right) \tag{9.1.7}$$

$$c^e=\frac{1}{6V^e}\left(c_1^e\phi_1^e+c_2^e\phi_2^e+c_3^e\phi_3^e+c_4^e\phi_4^e\right) \tag{9.1.8}$$

$$d^e=\frac{1}{6V^e}\left(d_1^e\phi_1^e+d_2^e\phi_2^e+d_3^e\phi_3^e+d_4^e\phi_4^e\right) \tag{9.1.9}$$

其中，

$$V^e=\frac{1}{6}\begin{vmatrix}1&1&1&1\\x_1^e&x_2^e&x_3^e&x_4^e\\y_1^e&y_2^e&y_3^e&y_4^e\\z_1^e&z_2^e&z_3^e&z_4^e\end{vmatrix} \tag{9.1.10}$$

利用离散化方法和变分原理建立了有限元矩阵方程后，再求解以结点值为未知数的矩阵方程。方程可写为

$$\boldsymbol{A}x=\boldsymbol{b} \tag{9.1.11}$$

式中，x 是待求未知量，$\boldsymbol{A}$ 是一个 $n\times n$ 系数矩阵，$\boldsymbol{b}$ 是已知向量。通过该矩阵方程可得到问题空间的电磁场解，进而求得所需参数。

有限元法在计算电磁场中具体过程如下：

(1) 确定与边值问题相关的泛函及变分问题；

(2) 用剖分单元中形状函数和离散函数上的函数值，去展开剖分单元中任意点的未知数。即将连续介质中具有无限个自由度离散化成有限个自由度的问题；

(3) 求解泛函的极值，导出有限元方程；

(4) 运用迭代法或直接法求解有限元方程。

Ansoft HFSS 软件，可以对任意三维无源结构的高频电磁场进行分析仿真，可直接求得天线的 S 参数及电磁场、特征阻抗、辐射场、传播常数、天线方向图等结果。对于性能而言，HFSS 对电磁问题的分析精确度是最高的。HFSS 利用有限元算法，对于待分析的模型进行网格剖分，分别求解，当所有网格误差值小于阈值则完成，否则会对大于阈值的部分继续网格剖分，并可利用 Optimetric 对任意的参数进行优化和扫描分析。本书中软件版本为 Ansoft HFSS 15。

9.2 时域有限积分法

1977 年托马斯·魏兰特教授提出了时域有限积分法(FIT)，成为电磁仿真领域中重要算法的基石。根据时域有限积分法导出的矩阵方程，可以充分保持解析麦克斯韦方程各种固有特性，并且具有非常好的数值收敛性，如：能量守恒性和电荷守恒性；另外该算法的关键优势可被用于所有频段的电磁仿真问题。由德国 CST 公司开发的 CST Microwave Studio 电磁仿真软件即采用了这种数值计算方法。即先在时域中进行计算，用一宽频谱的激励信号(如方波或者高斯波)激励模型，在时域进行计算，最后反演到频域，从而得到系统的网络参数和场参数，不像 HFSS 电磁软件那样，要把大带宽分割后分别仿真，该软件可以对相当大的带宽进行分析仿真。

9.3 矩量法

矩量法数值方法适合于对线性方程进行有效的求解。该方法将连续方程离散化为代数方程，适用于微分方程和积分方程的求解。该方法主要基于电磁场的积

分方程，通过分析金属导体的电流分布来分析导体的辐射和散射问题，计算精度很高，典型的软件如 IE3D。该软件主要用于对二维或部分三维结构进行快速的仿真分析，如天线设计中的微带结构形式，也可引入有源电路进行联合仿真。但对有限尺寸的介质结构进行分析时，基于矩量法的仿真软件计算速度整体较慢。

9.4　时域有限差分方法

1966 年 K. S. Yee 首次提出了时域有限差分法。该方法是求解麦克斯韦微分方程的直接时域方法。直接计算相关空间某一样点的电场(或磁场)与周围各点的磁场(或电场)，且对空间的每一个元胞介质参数进行赋值，此方法可处理结果复杂和非均匀介质物体的电磁辐射和散射问题。在空间和时间上，对电磁场 $\boldsymbol{E}$、$\boldsymbol{H}$ 分量采取交替抽样的离散方式，有四个 $\boldsymbol{H}$(或 $\boldsymbol{E}$)场分量环绕在每一个 $\boldsymbol{E}$(或 $\boldsymbol{H}$)场分量周围，通过这种离散方式，将含时间变量的麦克斯韦旋度方程转化为一组差分方程，并在时间轴上逐步求解空间电磁场。其中，CST 软件就是采用该计算方法。

第10章

多频段小型化天线的理论研究

我们知道电磁波的波长越长，发射电磁波的天线尺寸就越大，所以多频段与小型化本身就是矛盾的。如何在兼顾多频段的同时还能实现小型化的设计目标，这就要采取对立统一的哲学原理，研究分形几何理论和分形几何性质，优化天线的参数选择与结构设计，在天线的有限体积内，设计多种天线形态和多种有效长度，实现光子天线的多频段小型化。

10.1 分形几何理论

分形几何学是一门研究非规则几何形态的新兴学科，产生于20世纪70年代末。分形几何不同于传统的欧几里得几何，而具有自相似性。一个分形对象就是一个零碎的或粗糙的几何形状，可以被分成若干部分，且每一部分都是整体的一个缩小版"复制品"。

分形对象在自然界中普遍存在，弯弯曲曲的海岸线、绵延不绝的山脉、九曲回肠的河流、千姿百态的云彩、枝繁叶茂的树木、划破天空的闪电、晶莹剔透的雪花、粗糙不平的表面等都是分形，见图10.1.1。

分形可以用数学方法生成，如Cantor集、Koch曲线、Sierpinski三角垫、曼德博罗特集以及混沌吸引子等，以下是几种经典分形结构。

(1) Cantor集

德国数学家Cantor构造出Cantor中间三分集，又称为Cantor点集，简称为Cantor集(Cantor set)。它是在单位长度直线段的基础上，将其分成三等份，去掉中间的1/3线段，剩下两端的1/3线段；再将剩下两端的线段分成三份，各去掉中间的1/3。重复这样的操作就可以得到越来越小的线段，数目也是呈指数增长。在极限情况下保留下来的部分就构成了Cantor集，见图10.1.2。

图 10.1.1　自然界中的分形

图 10.1.2　Cantor 集的生成过程

(2) Cantor 尘埃

Cantor 尘埃是在 Cantor 集的基础上发展而来的，在固定边长的正方形上将每一条边按三等份划分得到 9 个相同的正方形，只保留四个角的正方形。再次分割时按同样的方法在剩余的正方形上进行切割，余留下来的给下一次操作进行分割，循环这样的操作最后形成的正方形图案细小如尘埃，因此称作 Cantor 尘埃，见图 10.1.3。

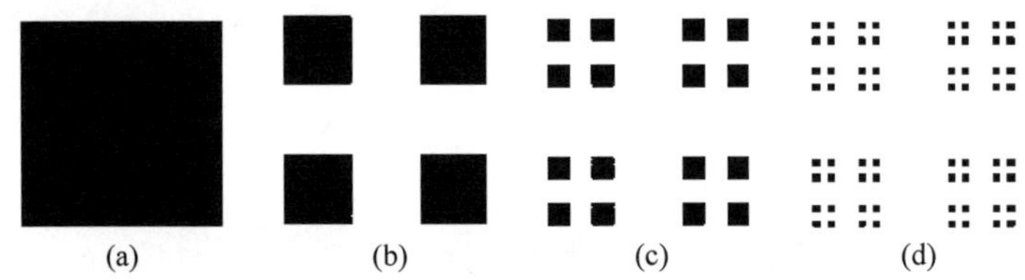

图 10.1.3　Cantor 尘埃的生成过程
(a) 0 阶；(b) 1 阶；(c) 2 阶；(d) 3 阶

(3) 方块分形

方块分形(box fractal)的设计思路来源于 Cantor 尘埃，其分割方法与 Cantor 尘埃一样，不同的是它保留的是四角及中心的正方形。接下来的切割方法也是循环上一次的步骤，如此分割下去，就形成 Box 分形，见图 10.1.4。

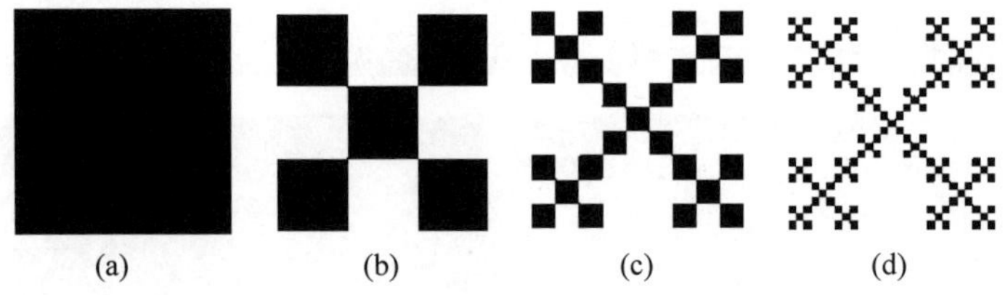

图 10.1.4　Box 分形的生成过程
(a) 0 阶；(b) 1 阶；(c) 2 阶；(d) 3 阶

(4) Koch 曲线

柯赫曲线(Koch curve)是分形几何图形中最典型的一个例子，是由一条固定长度的线段为初始图形。基本的操作是取线段 K_0 中间的 1/3 为边长，构成一个等边三角形,但只取新增的两条线段,得到 K_1；第二次迭代时,取每一小段线的中间 1/3 然后替换成等边三角形的两条边,得到 K_2；重复操作,便可得到 3 阶迭代的 Koch 曲线 K_3；如此进行下去直到无穷……它是处处连续但又处处不可微分、长度无限的不光滑分形曲线,见图 10.1.5。

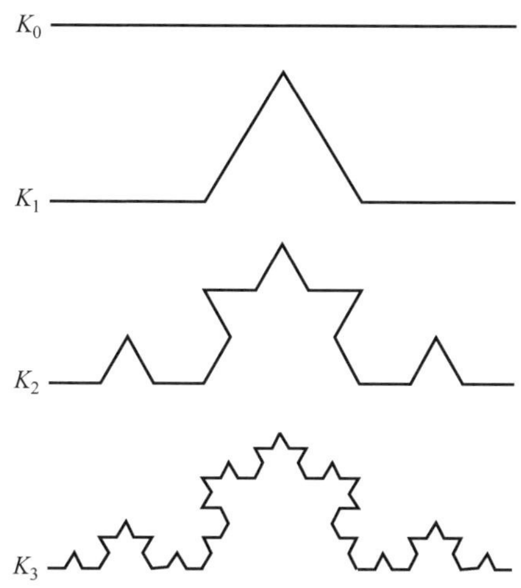

图 10.1.5　Koch 曲线的生成过程

(5) Koch 雪花

柯赫雪花(Koch snowflake)可以看成由柯赫曲线组合而来的。它不像之前的曲线只在一个角度上分形,而是在三个角度上互成 60°围成一个等边三角形的柯赫分形。经过多次迭代后其形状轮廓和雪花相似,故称为柯赫雪花分形,见图 10.1.6。

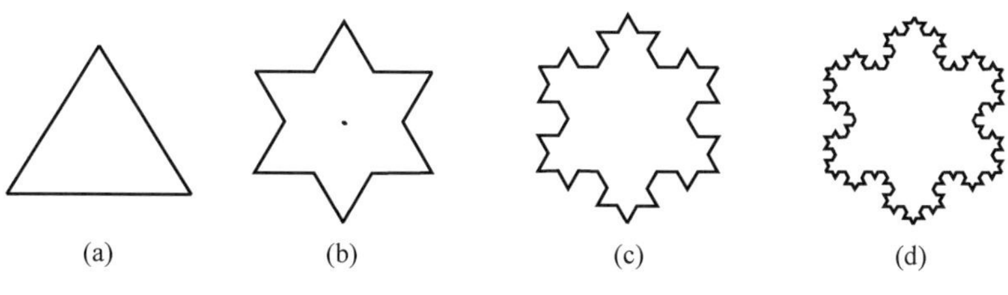

图 10.1.6　Koch 雪花的生成过程

(a) 0 阶；(b) 1 阶；(c) 2 阶；(d) 3 阶

(6) Sierpinski 三角垫

波兰数学家 Sierpinski 构造了一种分形三角形,其过程是先将一个固定边长的等边三角形每条边等分成 2 份,取各边的中点,并连接成一个三角形,并剔除新围成的三角形；再在剩余的部分里进行上一步操作,然后剔除新围成的三角形；重复操作就可得到多次迭代的 Sierpinski 三角垫(Sierpinski triangle gasket)。

Sierpinski 三角垫比较灵活多变，可以用不同三角形进行多次迭代，比如直角等腰三角形，或者将某一个子三角形旋转一个角度并进行迭代，见图 10.1.7。

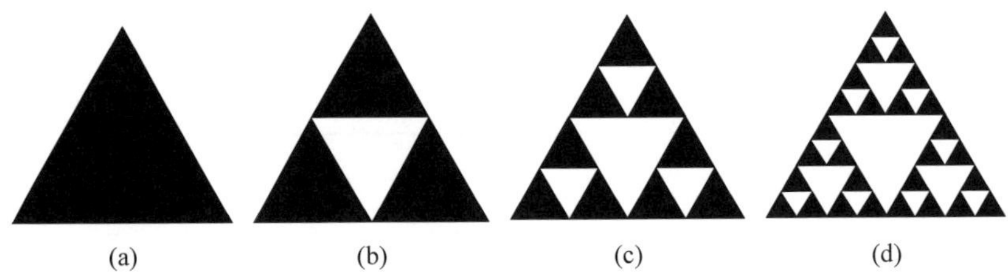

图 10.1.7 Sierpinski 三角垫的生成过程

(a) 0 阶；(b) 1 阶；(c) 2 阶；(d) 3 阶

(7) Sierpinski 方毯

Sierpinski 方毯(Sierpinski carpet)的构造过程是将一个正方形平均分成 9 等份，去掉中间的小正方形；对剩余的图形再进行 9 等份，然后再去掉其中心的一个小正方形；如此反复分割操作下去就可以构造 Sierpinski 方毯，见图 10.1.8。

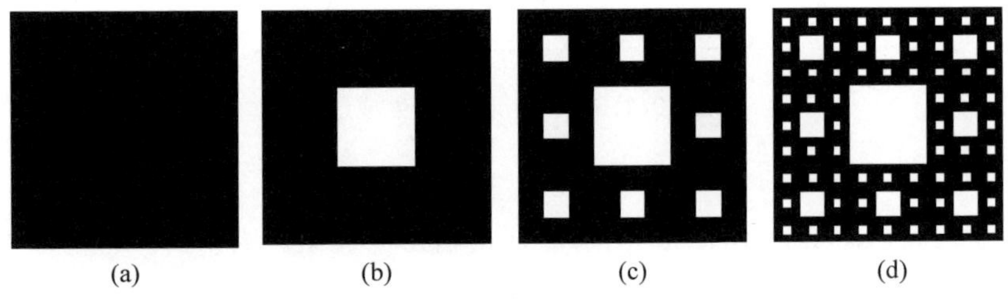

图 10.1.8 Sierpinski 方毯的生成过程

(a) 0 阶；(b) 1 阶；(c) 2 阶；(d) 3 阶

10.2 分形几何的基本性质

(1) 自相似性

自相似性指的是分形对象的局部经放大后与整体相似的一种性质，可以细分为精确自相似性(exact self-similarity)、近似自相似性(approximate self-similarity)和统计自相似性(statistical self-similarity)。如将 Sierpinski 三角形的一小部分区域放大会发现放大部分和整体结构上具有相同轮廓，即为近似相似性。自然界中的自相似性普遍存在，如海岸线的轮廓、河流水系的分布、云层的边界、动物的花纹、植物的叶脉等。自然界中的分形现象多是近似自相似或者统计自相似，仅在一定的尺度范围内存在，超过这个范围自相似性就不复存在了。

（2）无标度性

无标度性（scale invariance）指在分形对象一个局部区域对其进行缩放，其形态、不规则性、复杂程度等均不发生变化的特性，也称作伸缩对称性。假设有一个对象，我们设观察点到它的距离为 L；当分别选择观测点到对象距离为 L、$0.9L$、$0.7L$、$0.5L$、$0.1L$ 时，观测到对象在外观特征上发生了变化，这说明对象的观测具有标度性，反之，在不同的位置观察对象显现都是一样的细节，说明具有无标度性。例如 Koch 曲线在不同的尺度去观察都显示同样的图案细节。无标度性与自相似性有相同之处，具有标度不变性的对象，必定满足自相似性质。

（3）自仿射性

自仿射性（self-affinity）可以理解为自相似性的拓展和延伸。当局部到整体在各个方向上的变化率相同时，就是自相似性变换；当局部在各个方向上到整体的变换比率不一定时称之为自仿射性。所以，自相似性是自仿射性的一个特例。

（4）分形几何与欧氏几何的区别

传统欧氏几何的研究对象是规则的可描述的形体，而大自然更多的是不规则形体，分形几何可以更好地研究这些不规则形体。分形几何与欧氏几何主要的不同体现在两个方面：①欧氏几何都具有一定的特征尺度；②欧氏几何的维数为整数，而分形几何的维数可以是分数，即分维。维数（dimension，D）是几何对象的一个重要特征量，代表描述几何对象中一个点的位置所需的独立坐标数目。在欧氏几何中，点的维数是 0，线的维数是 1，面的维数是 2，体的维数是 3，这些用整数描述的维数称为拓扑维数。分形几何无法用传统的欧氏几何去描述，如 Koch 曲线用一维的长度来描述是无穷大，用二维的面积来度量的结果是 0。整数维数只能描述几何图形的静态特征，而分数维数描述的是几何图形的动态变化。

10.3　天线的多频段小型化理论与方法

10.3.1　多频段加载技术的方法

多频段技术的基本原则是增加天线辐射体上表面电流的路径和谐振模式，进而使天线增加谐振频段，实现方法包括：

（1）多频段寄生贴片或耦合枝节：通过将寄生贴片或者耦合枝节结构与天线主辐射体进行隔离，利用彼此间的电磁耦合特性获得多频谐振特性。

（2）辐射体表面进行缝隙开槽：在天线辐射体上进行缝隙开槽，从而改变天线表面的电流模式，产生不同的谐振频段。

（3）多种结构的组合方式：是谐振枝节多频段方法的扩展，而增加的谐振结构不是枝节的简单变形，而是具有固定结构外观形式的天线。

(4) 可重构的多频天线：在天线体上嵌入射频开关阵列，利用阵列开关的通断状态，控制电流在天线辐射体的流动路径，以达到天线的多频性能。

10.3.2 小型化加载技术的方法

天线小型化采用的主要方法如下：

(1) 基于天线辐射体结构的弯曲折叠：通过对天线辐射体结构的弯曲或者折叠的变化，达到天线电长度的增加，使天线谐振于更低的频段，实现整体结构的小型化。

(2) 基于加载的方法：有电容加载、短路结构加载等。电容加载是通过改变天线的等效电路，以改变天线低端频率点的阻抗特性，从而降低天线工作频段；而短路结构加载典型应用如 PIFA 天线，通过利用镜像原理可以使得天线尺寸缩减为原始尺寸的一半大小，以实现天线结构的小型化。

(3) 天线介质的改变：介质谐振天线的辐射体是介质谐振器，尺寸正比于 $\lambda/\sqrt{\varepsilon_r}$。增加介质的介电常数，可以有效地减小天线的外观尺寸。

(4) 分形几何结构与辐射体的结合：利用分形几何图形的空间填充性，来增加天线的电长度，使天线在有限的空间内实现更大的电路路径长度，提高辐射效率，实现天线结构的小型化。

通过对天线多频宽带化和小型化技术的分析，仅采用单一的加载技术不能满足现代移动通信系统的要求，需要在同一天线上将多种多加载结构有机地结合，从而实现更多频段和小型化。

10.4 缝隙天线理论与方法

微带天线是在带有导体接地板的介质基片上贴加导体薄片而形成的天线。它利用微带线或者同轴线等馈电，在导体贴片与接地板之间激励起辐射电磁场，并通过贴片四周与接地板之间的缝隙向外辐射。因此，微带天线也可以看作一种缝隙天线。通常介质基片的厚度与波长相比是很小的，因而它实现了一维小型化。

微带天线的辐射是由微带天线导体边沿和地板之间的边缘场产生的。对微带线不连续性的辐射分析是以微带开路端和地板所构成的口径场为基础，基于导体中流动的电流进行的，这个分析也可用来计算辐射对于微带谐振器品质因数的影响。按此分析，辐射对于总品质因数的影响可描述为谐振器尺寸、工作频率、相对介电常数及基片厚度的函数。理论和实验结果表明，在高频时，辐射损耗远大于导体和介质的损耗；在用厚的且介电常数较低的基片时，开路微带线的辐射更强。

假设电场在仅沿微带长度值约为$\frac{\lambda}{2}$的微带长度方向会有所改变。通常情况下，辐射是由于微带开路的边缘场而产生的，相对于接地板的垂直部分的分量和水平部分的分量能够表示两个开路端的电场。由于辐射微带单元的长度值大约为$\frac{\lambda}{2}$，即在两个垂直分量上的电场的朝向是相反的，因此，两个方向所能够产生能量的远场区在某些方向，如正面方向，是相互消除的。而另外一些方向，如果在地板方向的水平分量的方向与分量电场的方向是抑制的时候，它们所合成的场强的大小与之前相比是增加的，在这种情况下，与结构表面所垂直的方向上的辐射场的场强是最大的。因此，两个开路端的水平的分量能够和无限大的平面上的效果一致，相互之间的距离大小为$\frac{\lambda}{2}$，在同相激励的，并且向地板以上的半空间辐射的两个相互垂直的缝隙的宽度的大小和基片厚度值的大小 h 是大致相等的。假定长度值为 W，介质基片中的场在宽度和长度方向的值的大小产生变化，这个时候，可以用辐射元周围的四个裂缝的辐射来等效微带天线。

10.5　天线参数的计算与设计

10.5.1　天线的电参数

天线的电参数是描述天线工作特性的参数，能够定量衡量天线性能。天线电参数多数是针对发射状态规定的，以衡量天线把高频电流能量转变成空间电波能量并定向辐射的能力。天线的电参数包括方向图、交叉极化、回波损耗、频带宽度、增益、效率等。

1. 天线效率

天线的辐射功率 P_r 和天线的输入功率 P_{in}（天线的辐射功率和天线内所消耗的功率 P_s 之和）之比，称之为天线的效率（η）。

$$\eta=\frac{P_r}{P_r+P_s}$$

也就是说，上面的公式也可以这样表示，即用辐射电阻 R_0 和损耗电阻 R_s 来表示，由这种表示可以看出，为了提高辐射效率 η，可以通过相应的手段来增大辐射电阻或者采取措施来减小损耗电阻。

$$\eta=\frac{R_0}{R_0+R_s}$$

2. 方向性系数

方向性系数,主要是为了定量地反映天线的辐射功率在空间的分布情况,定义如下:在相同的辐射功率下,天线的场强用 E 来表示,无辐射源的场强用 E_0 来表示,天线在某处的方向性就用下面的公式来表示,就称为该天线在该点方向的方向性系数,即 Pr_z 表示的是天线的辐射功率,Pd_z 表示的是天线与点源天线的辐射功率。

$$D=\frac{E^2}{E_0^2}$$

或者,

$$D=\frac{Pr_z}{Pd_z}$$

由这个定义可以推断出,因为天线在每个方向的辐射强度不一样,方向性系数 D 也就不一样,通常所说的天线的方向性系数 D,指的是有着最大的辐射的方向性系数,并且,通常情况下,实际的天线的方向性系数都是大于 1 的。

3. 增益系数

天线的效率用 n 表示,天线的方向性系数用 D 表示,它们的乘积定义为天线的增益系数。即 $G=nD$。与天线方向性系数相比,G 能更全面地体现出天线的空间辐射性能。因为天线的增益不但涉及了方向性导致的场强变化,还涉及了天线的效率对周围电磁环境的影响。

在实际应用中,通常将上面定义的这种增益叫作“绝对增益”,对应地,把针对于某一固定的可以当作一定参考指标的天线的增益称为相对增益。

4. 方向图

天线在空间中向各方向辐射的能量的强度是不一样的,这样,在空间接收到的频率,空间中各个点也是不一样的。在天线的性能参数中,用来表征辐射或接收强度和天线所处的空间方向的对应关系的参数就为方向图。

在天线方向图中,把两半功率点间的夹角称为方向图的波束宽度,主要用波束宽度来表征天线的方向性强弱。

5. 输入阻抗

输入阻抗的引入是为了获得尽可能多的功率,这就要求天线要与馈线之间有着良好的匹配。天线输入端的电压用 U_{in} 表示,输入端的电流用 I_{in} 表示,将它们的比值定义为天线的输入阻抗 Z_{in}。这里的输入阻抗包括两部分,即输入电阻和电抗。输入电阻等于天线辐射功率和天线系统损耗功率之和,定义式为 $R_{in}=R_0+R_s$,其中 R_s 是损耗电阻。

6. 带宽

天线的所有电参数指标都受频率的影响，当频率偏离了中心频率的时候，就会导致天线的电参数产生变化，例如：输入阻抗的改变、方向图的变形等。天线的带宽指的是将天线的电参数保持在规定的技术指标要求之内的频率范围。

天线的带宽可以分为 3 dB 功率带宽和 3 dB 阻抗带宽。3 dB 功率带宽指的是标签天线可以将最大传输功率的一半传输给标签芯片的半功率带宽，它等效于阅读器在中心频点识别到标签的最小输出功率 P_{min} 增加 3 dB 可以识别到标签的频率带宽，这意味着标签的功率传输系数只有 50%。3 dB 阻抗带宽指的是由于天线阻抗随频率变化而导致的反射系数 S_{11} 在 −3 dB 以下的频率带宽，也是回波损耗 R_L 的 3 dB 带宽。两者在表示标签天线的带宽这一性能上基本保持一致，只是表征的含义略有不同。

10.5.2 天线尺寸的设计

单极天线可以借助对称振子进行分析，在无限大导电平面上的单极天线产生的辐射场，可直接利用自由空间中对称振子的计算公式进行计算，即

$$E_\theta = \frac{60I_m\cos\left(\frac{\cos\beta}{\cos\theta}\right) - \cos\beta l}{r\sin\theta} \tag{10.5.1}$$

式中，I_m 为波腹电流，将 $I_m = I_0/\sin\beta l$，$l = h$，$\theta = 90° - \alpha$（I_0 为输入电流，h 为单极天线的高度，α 为仰角）代入式(10.1.1)，得到

$$E_\theta = \frac{60I_0\cos(\cos\beta h\sin\alpha) - \cos\beta l}{r\sin\beta h \cdot \cos\alpha} = \frac{60I_0}{r\sin\beta h}(1 - \cos\beta h)F(\alpha) \tag{10.5.2}$$

式中，$F(\alpha)$为方向函数。

$$F(\alpha) = \frac{\cos(\beta h\sin\alpha) - \cos\beta h}{(1 - \cos\beta h)\cos\alpha} \tag{10.5.3}$$

假设天线上的电流为正弦分布，依据有效高度的定义

$$h_e = \frac{1}{I_0}\int_0^h I_z\,dz = \frac{\lambda}{2\pi}\,\frac{1 - \cos\beta h}{\sin\beta h} \tag{10.5.4}$$

当 $h \ll \lambda$ 时，上式简化为

$$h_e = \frac{1}{\beta}\tan\frac{\beta h}{2} \approx \frac{1}{2}h \tag{10.5.5}$$

因振子很短时，电流近似为三角形分布，有效高度为实际高度的一半。当 $h = \lambda/4$ 时，$h_e = 2h/\pi$。单极天线的高度较小时，输入阻抗呈高容抗、低电阻性。

利用 HFSS 软件进行天线性能仿真，第一步都需要计算天线的初始尺寸，然后再进行一系列的参数优化，最终得到性能较为理想的天线。首先要选择合适的介

质基片，然后再估算出辐射贴片的尺寸。

(1) 介质板的选取

介质板重要的参数包括相对介电常数 ε_r，损耗正切(tan)值和介质板的厚度。选用较大的 ε_r 能减小天线尺寸，但天线的介质损耗将很大，导致天线效率下降。介质厚度过大，馈线容易激发出表面波，馈线损耗将增加，耦合到天线的能量减少；介质厚度过小，也会减小输入天线的能量，导致整个天线效率下降、天线性能恶化。本书设计的 9 款天线均采用 FR4 介质板，厚度为 1.6 mm，介电常数为 4.4。可用下式计算出辐射贴片的宽度 W 为

$$W=\frac{c}{2f}\left(\frac{\varepsilon_r+1}{2}\right)^{-\frac{1}{2}} \tag{10.5.6}$$

式中，c 是光速，f 为工作频率。辐射贴片的长度一般取为 $\lambda_e/2$，λ_e 是介质内的导波波长，为

$$\lambda_e=\frac{c}{2f\sqrt{\varepsilon_e}} \tag{10.5.7}$$

考虑到贴片的边缘缩短效应，实际上的辐射单元长度 L 应为

$$L=\frac{c}{4f\sqrt{\varepsilon_e}}-2\Delta L \tag{10.5.8}$$

其中，ε_e 是有效介电常数，ΔL 是等效辐射缝隙长度，可分别用下式计算：

$$\varepsilon_e=\frac{\varepsilon_r+1}{2}+\frac{\varepsilon_r-1}{2}\left(1+12\frac{h}{W}\right)^{-\frac{1}{2}} \tag{10.5.9}$$

$$\Delta L=0.412h\,\frac{(\varepsilon_e+0.3)\left(\frac{W}{h}+0.264\right)}{(\varepsilon_e-0.258)\left(\frac{W}{h}+0.8\right)} \tag{10.5.10}$$

(2) 单极子天线长度的确定

对于单极子微带天线，常工作于四分之一波长模式。由 $\lambda=c/f$ 可以计算出电磁波在自由空间内传播的波长，如果电磁波在介电常数为 ε 的介质中传播，那电磁波在这个介质中传播的波长为

$$\lambda_0=\sqrt{\varepsilon}\lambda \tag{10.5.11}$$

例如，当天线工作在中心频率为 2.4 GHz 时，如果电波在自由空间中传播，这个频率对应的波长是 125 mm。如果 2.4 GHz 的中心频率的电波在自由空间内传播，四分之一波长单极子天线的长度为 31.25 mm。天线制作的时候，采用 PCB 的介质层的材质为 FR4(环氧树脂玻璃纤维板)，它的相对介电常数约为 4.4。中心频率为 2.4 GHz 的电磁波在 FR4 介质中传播时，波长按公式计算出约为 55.59 mm，此时采用四分之一波长的单级振子天线长度约为 13.9 mm。对于 PCB 上的微带

单极子天线向外辐射能量，电磁波既要经过 FR4 介质板，更要在介质中传播。假如设计一个工作在 2.4 GHz 的单极子天线，它的四分之一波长介于 31.25～13.9 mm，单极子天线的具体长度需要进行调整，对天线的参数尽可能地优化。

(3) 馈线宽度的选择

天线的输入阻抗 Z_0 一般取 50 Ω，50 Ω 的馈线是和同轴电缆进行匹配的，其馈线宽度可以通过如下公式计算：

$$\frac{W}{d}=\begin{cases}\dfrac{8\mathrm{e}^{A}}{\mathrm{e}^{2A}-2}, & \dfrac{W}{d}<2\\[2ex] \dfrac{2}{\pi}\left[B-1-\ln(2B-1)+0.39-\dfrac{0.61}{\varepsilon_r}\right], & \dfrac{W}{d}>2\end{cases} \tag{10.5.12}$$

其中

$$A=\frac{Z_0}{60}\sqrt{\frac{\varepsilon_r+1}{2}}+\frac{\varepsilon_r-1}{\varepsilon_r+1}\left(0.23+\frac{0.11}{\varepsilon_r}\right)$$

$$B=\frac{377\pi}{2Z_0\sqrt{\varepsilon_r}}$$

式中，d 是基片宽度，W 是导体宽度，ε_r 是电介质基片的相对介电常数。当天线和 50 Ω 的同轴电缆相连时，$Z_0=50$ Ω，本次设计采用的电介质基片是 FR4 的材料，其相对介电常数为 4.4，损耗角正切为 0.02，所以对于 1.6 mm 厚度的 FR4 材料的基板，其 50 Ω 的微带馈电线宽度可根据以上公式算出。

10.5.3　介质板的选取

在选择介质基片时需要考虑很多因素。首先是介质板本身的特性，因为其中两个重要参数(介电常数和损耗角正切)对周围环境具有不可抗性，随着温度的升高和降低，参数性能也会有相应的改变。另外，还要考虑天线的应用场景和制作过程中需要的一些特性。在一些特殊的应用场景中，天线的稳定性会受周围环境的影响，例如吸水、受热、老化等都会使其性能改变。在天线加工过程中，需要天线材料具有抗压性、可变性、抗化学性等。这些都是在选择介质板时需要考虑到的因素。在本书的天线设计中，综合以上多种因素考虑，选用的是介电常数 $\varepsilon_r=2.55$ 的 AD255。

通过以上几种分析方法总结的一些天线设计相关的常用公式，如果介质板的相对介电常数为 ε_r，那么其等效介电常数 ε_e 为

$$\varepsilon_e=\frac{\varepsilon_r+1}{2}+\frac{\varepsilon_r-1}{2}\left(1+\frac{10h}{W}\right)^{-1/2} \tag{10.5.13}$$

其中，W 代表微带天线的宽度，h 是选用介质板的厚度，由此可知，等效介电常数与

天线宽度成正比，与基板厚度成反比，可以通过改变基板厚度来调整等效介电常数。

10.5.4 缝隙天线尺寸的确定

在确定了介质基板之后，可以先计算辐射天线的宽度 W。因为，天线单元的宽度 W 由介质板的介电常数和工作频率共同决定。通过式(10.5.13)可得，在 ε_r 及 h 确定的情况下，单元宽度 W 直接影响着相对介电常数 ε_e，而 ε_e 又影响单元长度 L。微带天线的方向图、增益、带宽及效率等都直接或间接地受到单元宽度 W 的影响。此外，单元宽度的尺寸又直接决定天线阵列的总体尺寸。

介质板的介电常数为 ε_r，天线的工作频率为 f_r，则辐射单元的宽度 W 为

$$W=\frac{c}{2f}\left(\frac{\varepsilon_r+1}{2}\right)^{-1/2} \tag{10.5.14}$$

其中，c 代表光速。按照式(10.5.14)得到的尺寸设计天线，天线的辐射效率可以达到最高。如果设计尺寸小于式(10.5.14)计算的值，辐射单元的辐射效率会降低。反之，如果设计尺寸大于式(10.5.14)得到的值，在提高辐射效率的同时也会引入高次模而导致场的畸变。

微带矩形贴片的长度 L 理论上应该是所传输信号波长的一半。而在实际应用中，因为受到边缘场的干涉，辐射单元的长度 L 应从理论设计值 $\lambda/2$ 的基础上减去贴片的延伸长度 Δl。在单元宽度 W 已知时，贴片的延伸长度 Δl 由以下公式得出

$$\Delta l=0.412h\left(\frac{\varepsilon_e+0.3}{\varepsilon_e-0.258}\right)\left(\frac{W/h+0.264}{W/h+0.8}\right) \tag{10.5.15}$$

因此，天线单元的长度 L 为

$$L=\frac{c}{2f\sqrt{\varepsilon_e}}-2\Delta l \tag{10.5.16}$$

10.5.5 馈电方式的选择

馈电应当有效地把微波能量从发射系统送到天线。馈电结构的设计直接控制阻抗匹配、工作模式、多余辐射、表面波和天线及阵列的几何形态。因此，馈电结构在拓宽阻抗带宽、提高辐射性能上起着关键的作用。微带天线有直接馈电和电磁耦合馈电两种方式，其中，直接馈电方式包括同轴馈电和微带线馈电；电磁耦合馈电方式主要是共面波导馈电。

(1) 微带线馈电

此种方式常采用侧馈方式，馈线和微带贴片在同一平面内，见图 10.5.1。微带线馈电有两种形式，即中心馈电方式和偏心馈电方式。天线的馈电位置不同，则

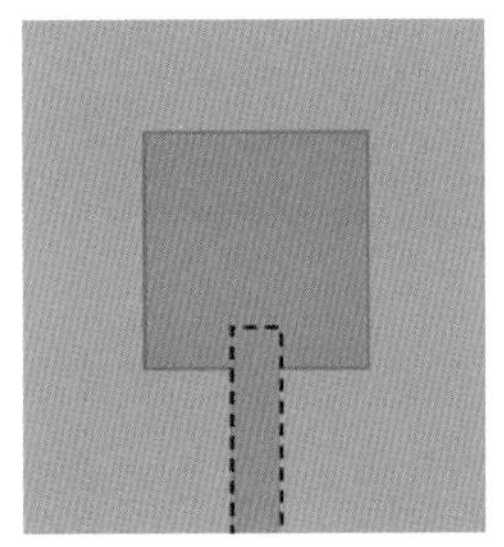

图 10.5.1　微带线馈电特性阻抗的匹配方式

输入阻抗和激励的模式也不同。微带馈电的优点是制作简单，缺点是需要加匹配电路。

(2) 共面波导(CPW)馈电

波导刻在接地平面上，在 CPW 的一端刻有不同形状的槽缝，用来获取阻抗匹配，见图 10.5.2。

共面波导与贴片之间的耦合对于图 10.5.2(a)是容性的，而对于图 10.5.2(b)是感性的。为了抑制后向辐射，可以引入一个任何形状的回路，见图 10.5.2(c)。

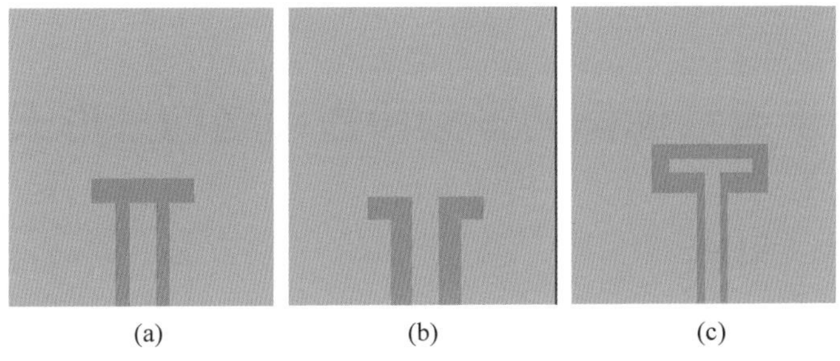

(a)　(b)　(c)

图 10.5.2　共面波导馈电结构

第11章

几种多频段小型化分形结构天线的设计

多频段小型化分形天线的结构设计和仿真与验证是光子天线理论与关键技术研究的重要内容。通过借鉴古钱币、窗花、雪花等人类活动创造和自然界中形成的分形结构，介绍了多种分形结构的天线设计，通过仿真和实验测试表明这些普通的图形结构蕴含了惊人的科学秘密：这些结构代表了多频段小型化高增益天线的结构并能在光子天线的应用与研究中发挥重要作用。

11.1 用于无线通信的多频段古币结构分形天线

11.1.1 引言

本节介绍了一种新颖的五次迭代方圆嵌套结构分形的多频宽带微带天线，其形状类似于中国古代铜钱的圆形嵌套矩形缝隙的结构，天线覆盖超过10个移动应用程序，包括DCS1800(1710～1820 MHz)，TD-SCDMA(1880～2025 MHz)，WCDMA(1920～2170 MHz)，CDMA2000(1920～2125 MHz)，LTE33-41(1.9～2.69 GHz)，蓝牙(2400～2483.5 MHz)、GPS(L1、L4)，北斗(B1)、格洛纳斯(L1)，伽利略(E1、E2)，WLAN(802.11b/g/n：2.4～2.48 GHz)，(802.11a /n:5.15～5.35 GHz)，LTE42/43(3.4～3.8 GHz)，WiMAX(3.3～3.8 GHz)等无线通信系统。

11.1.2 古币结构分形天线的结构

古币结构分形天线将分形几何应用到天线工程，是一种全新结构的微带分形天线。该天线借鉴了中国古代铜钱天圆地方的外观特点，见图11.1.1。天线的结构与尺寸参数见图 11.1.2 和表 11.1.1。该天线辐射体采用 5 次迭代方圆嵌套分形结构，通过对天线辐射主体缝隙的优化，以改变微带天线金属表面电流流向，从而实现多频段覆盖。为实现结构小型化，采用 50 Ω 阶跃结构微带馈线。介质板为介电常数 $\varepsilon_r=4.4$、厚度 $H=1.6$ mm、介质损耗角正切 $\tan\delta=0.02$ 的聚四氟乙烯玻璃布板(G10/FR4)材料。

图 11.1.1　中国古代铜钱

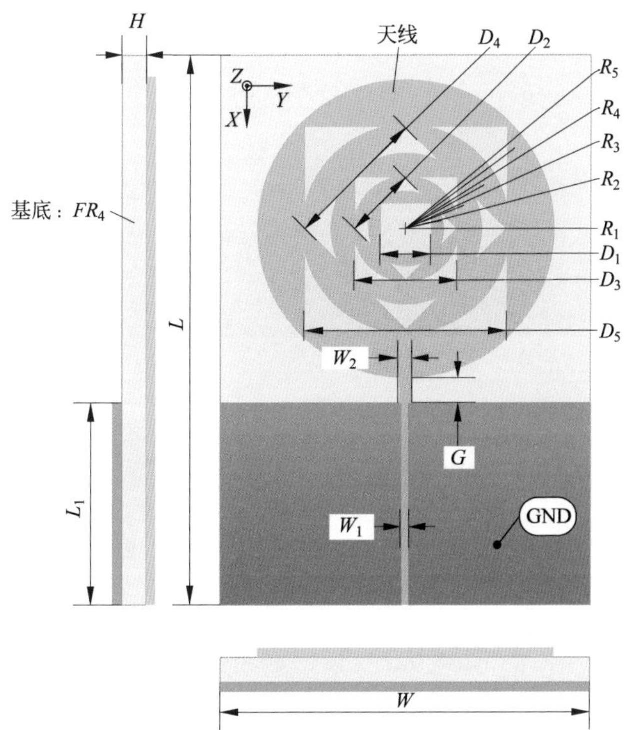

图 11.1.2　古币结构分形天线模型结构

表 11.1.1 古币结构分形天线尺寸参数 mm

尺寸参数	L	L_1	G	H	W	W_1
单位	88.5	32.5	2.0	1.6	60	1
尺寸参数	W_2	R_1	R_2	R_3	R_4	R_5
单位	2	4.9	7.4	11.2	16.5	24
尺寸参数	D_1	D_2	D_3	D_4	D_5	
单位	6.0	9.1	14.5	22.0	32.5	

该古币分形结构天线辐射体生成过程见图 11.1.3(其中橙色是铜辐射体部分,绿色为铜接地板,分别覆于介质材料两侧)。在圆形贴片作内接正方形缝隙成为一个准环形天线,将该基本几何形状称为 1 阶分形,见图 11.1.3(b);在正方形缝隙基础上再次作内接圆,并在圆内作 45°角旋转正方形缝隙,即为 2 阶分形,见图 11.1.3(c);以此类推,进行了 5 次迭代,形成 5 阶分形结构。从正方形边长和圆的直径可以看出,尺寸之间满足一定比例关系,并且各阶次圆内嵌的正方形顶点与圆之间保持一定距离,与高一阶次的圆存在一定的交集关系。这样调整设置的目的是

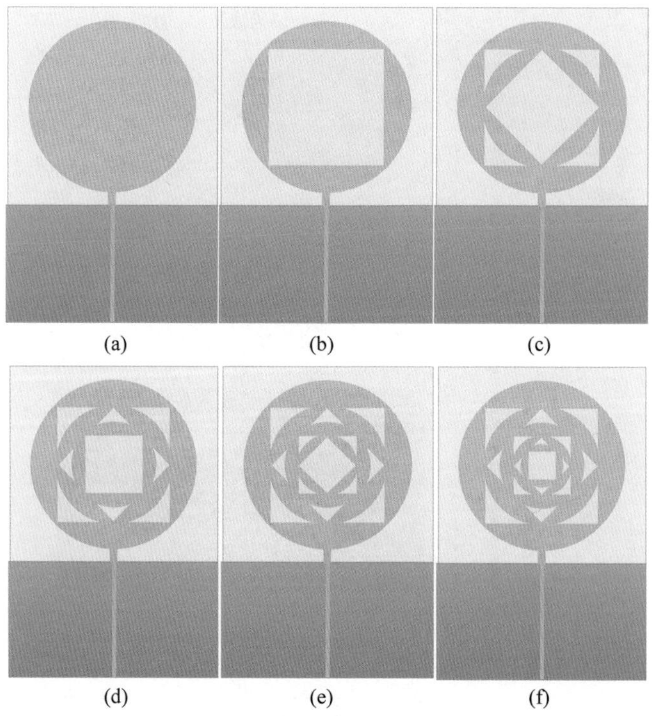

图 11.1.3 古币结构分形天线各阶次演进过程

(a) 0 阶分形;(b) 1 阶分形;(c) 2 阶分形;(d) 3 阶分形;(e) 4 阶分形;(f) 5 阶分形

让天线表面的电流路径更多，流经的长度更长，从而可以实现在更小的天线尺寸下，实现更低频的覆盖。在相邻分形阶次之间，内部尺寸约为外部尺寸的 0.83 倍。

理想分形结构的分形阶数可以为无穷大，但随着分形阶数的增加，天线的复杂程度加大，且多次分形不易于加工和实现。根据下面的仿真结果，该天线的分形阶数定为 5 阶，天线的整体长度 $L=88.5$ mm，宽度 $W=60$ mm，天线厚度 $H=1.6$ mm。

11.1.3　古币结构分形天线仿真结果与参数分析

(1) 天线回波损耗特性分析

图 11.1.4 为天线的回波损耗 S_{11} 曲线。其中，0 次分形天线可以看作带有圆形容性负载结构的单极子辐射体，辐射体与接地板之间逐渐形成的缝隙结构产生了多个谐振频率。1 次迭代分形天线可以看作具有方形嵌套的环加载结构的单极子，产生了 5 个谐振频段。随着分形阶数的提高，中心谐振频点逐步趋于稳定，反射系数变得更低，尤其对于 5 次迭代分形结构，出现了最低的反射系数。而 6 次迭代分形天线的性能逐渐变差。

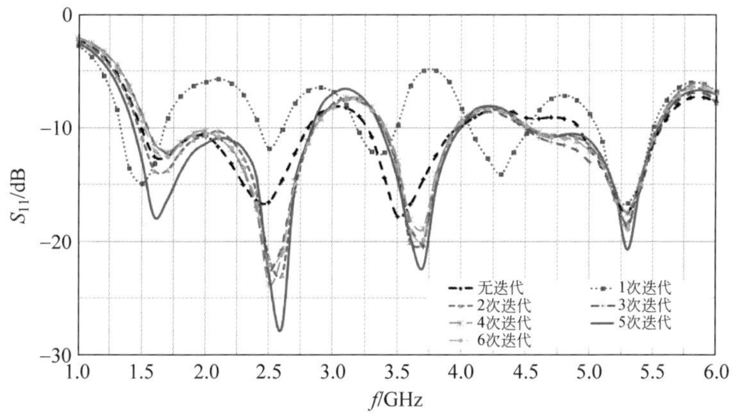

图 11.1.4　古币结构分形天线不同迭代次数下的回波损耗

该天线工作在 3 个不同的宽频带，在 1.6 GHz、2.6 GHz、3.7 GHz 和 5.3 GHz 4 个谐振频率处回波损耗分别为 −17.8 dB、−27.6 dB、−22.3 dB 和 −20.7 dB。仿真曲线中 −10 dB 带宽分别为 1.43～2.84 GHz(66.04%)，3.37～3.99 GHz (16.85%)和 4.51～5.53 GHz(20.32%)，见图 11.1.5。这些频带可覆盖 2G、3G、WiFi、蓝牙、4G-LTE、卫星导航系统等商用频段(见表 11.1.2)。

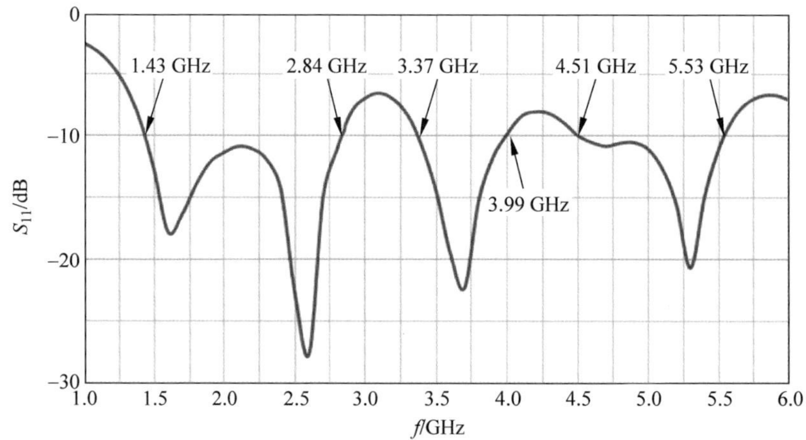

图 11.1.5　古币结构分形天线的回波损耗

表 11.1.2　古币结构分形天线覆盖的频段

频段	带宽	商用频段覆盖
1	1.43～2.84 GHz (66.04%)	DCS1800 (1710.1820 MHz), TD-SCDMA (1880～2025 MHz, 2300～2400 MHz), WCDMA (1920～2170 MHz, 1755～1880 MHz), CDMA2000(1920～2125 MHz), LTE33-41 (1900～2690 MHz), Bluetooth (2400～2483.5 MHz), GPS(L1, L4), BDS (B1),GLONASS(L1), GALILEO(E1, E2), WLAN (802.11b/g/n:2.4～2.48 GHz)
2	3.37～3.99 GHz (16.85%)	LTE42/43 (3.4～3.8 GHz), WiMAX (3.3～3.8 GHz)
3	4.51～5.53 GHz (20.32%)	WLAN(802.11a/n:5.15～5.35 GHz)

(2) 天线表面电流分布

图 11.1.6 为天线在 1.6 GHz、2.6 GHz、3.7 GHz 和 5.3 GHz 谐振频率处的表面电流幅值和矢量分布。

可以清楚地看到,通过分形结构形成的众多枝节,使得天线辐射表面的电流路径变得更长,同时谐振环上也出现了较强的电流分布。对于 1.6 GHz 谐振中心频段,天线辐射体外边缘有更多的电流,随着工作频率的升高,电流在辐射体内部枝节上更加集中。对于 5.3 GHz 谐振中心频带,电流在辐射体边缘达到相对最大值。

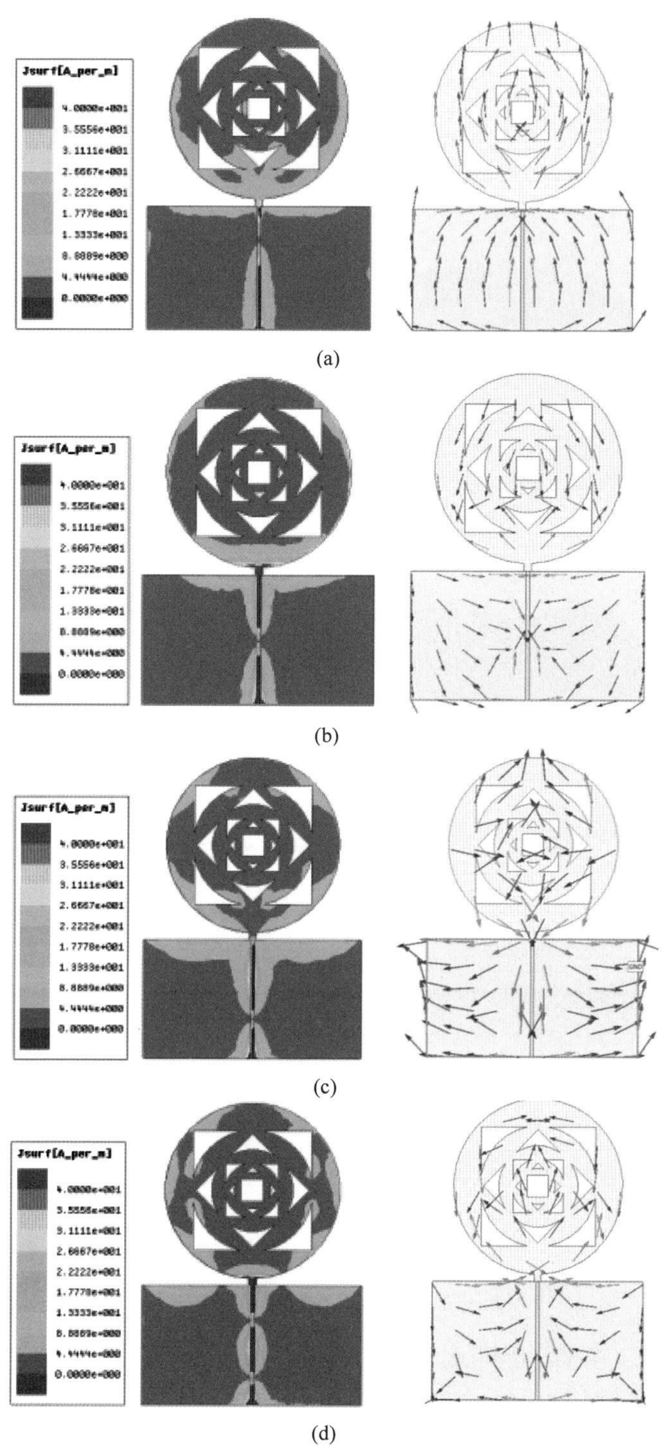

图 11.1.6　古币结构分形天线表面电流幅值和矢量分布

(a) 1.6 GHz；(b) 2.6 GHz；(c) 3.7 GHz；(d) 5.3 GHz

(3) 天线的增益与方向特性

仿真的3D增益和E/H面内交叉极化见图11.1.7和图11.1.8。在中心谐振频率分别为1.6 GHz,2.6 GHz,3.7 GHz和5.3 GHz处,天线的增益分别为2.59 dBi,3.59 dBi,4.09 dBi和5.61 dBi。

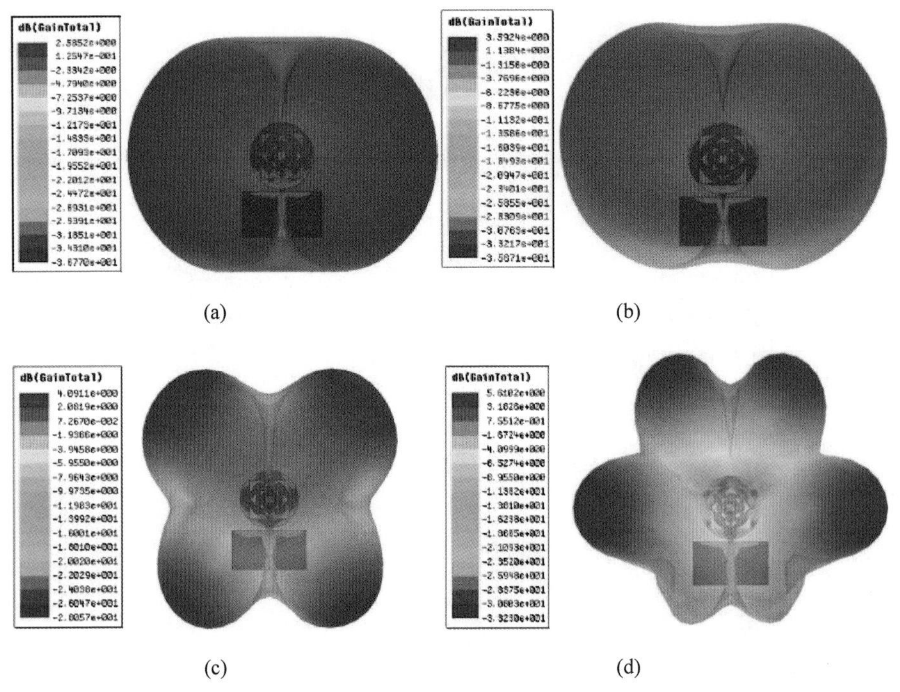

图 11.1.7 古币结构分形天线 3D 增益图

(a) 1.6 GHz; (b) 2.6 GHz; (c) 3.7 GHz; (d) 5.3 GHz

在低频段,天线方向图接近全向辐射,随着频率升高,出现了较多的旁瓣电平和副瓣。对于整个频段范围来说,天线保持了较好的辐射特性,几乎没有零点出现。

图11.1.8为古币结构分形天线E/H面不同谐振频点下的交叉极化,其中红色实线表示主极化,黑色虚线表示正交极化。在低频段,天线具有较小的交叉极化特性;随着频率的升高,天线的全向性仍然保持得较好,但交叉极化增加明显,如3.7 GHz和5.3 GHz频点处的E面里交叉极化明显变大。

11.1.4 古币结构分形天线测试结果与性能分析

制作的5阶分形古币结构分形天线实物前后视图见图11.1.9。天线介质基材为1.6 mm厚的G10/FR4,天线与接地板为30 μm厚的覆铜层。该天线性能测试

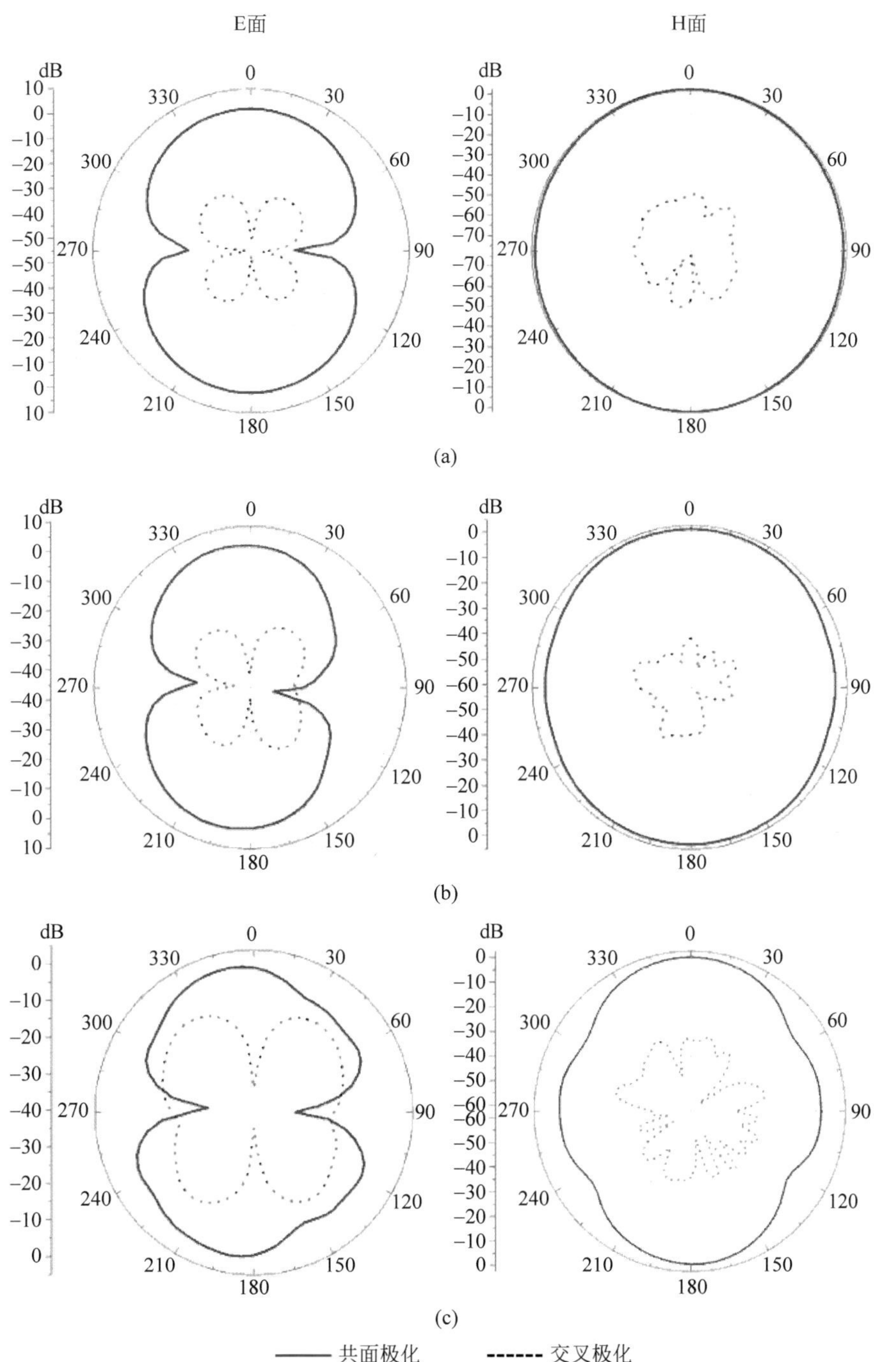

图 11.1.8　古币结构分形天线 E/H 面交叉极化图

(a) 1.6 GHz；(b) 2.6 GHz；(c) 3.7 GHz；(d) 5.3 GHz

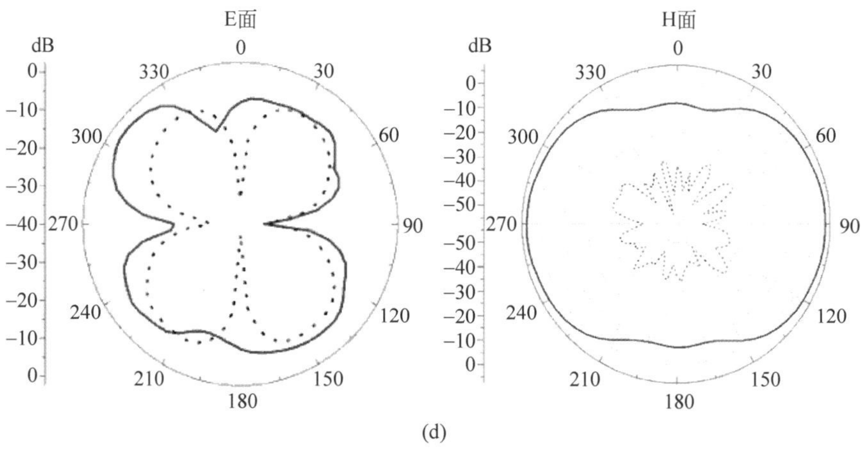

(d)

图 11.1.8 （续）

采用北京邮电大学 SATIMO 公司 SG24 天线全波暗室系统和安捷伦矢量网络分析仪 N5230C 进行测试。

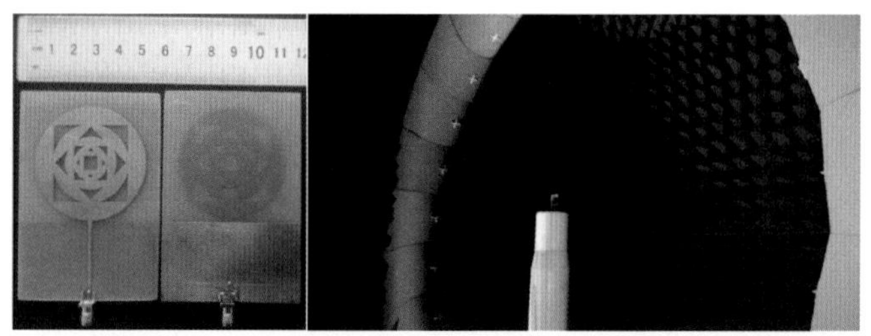

图 11.1.9 古币结构分形天线实物前后视图与暗室测试环境

测量的回波损耗和仿真结果比较后，观察到较好的一致性，见图 11.1.10。但是，由于天线制作精度、接口偏差和测试环境等因素，还存在一些误差。

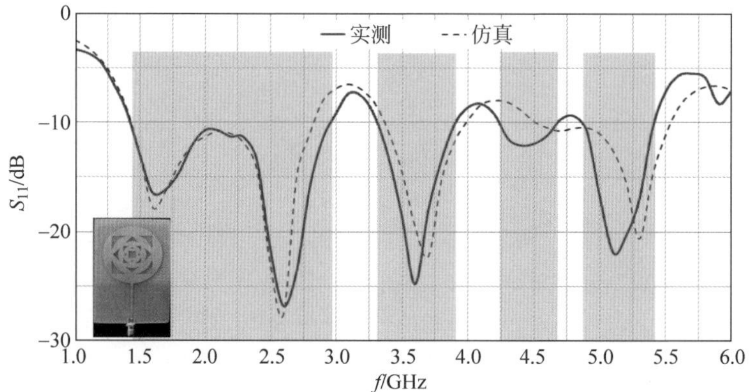

图 11.1.10 古币结构分形天线测试与仿真回波损耗对比曲线

天线工作带宽与仿真带宽较为匹配，见表 11.1.3。其中，天线－10 dB 频段带宽分别为 70%(1.43～2.97 GHz)，16.32%(3.32～3.91 GHz)，10.34%(4.22～4.68 GHz)和 10.92%(4.85～5.41 GHz)。这些频段可覆盖 2G、3G、4G-LTE 移动通信系统和 WiFi、蓝牙及卫星导航等无线应用，与仿真结果一致。

表 11.1.3　古币结构分形天线实测频段覆盖

频段	带宽	商用频段覆盖
1	1.43～2.97 GHz (70%)	DCS1800（1710.1820 MHz），TD-SCDMA（1880～2025 MHz，2300～2400 MHz 补充），WCDMA（1920～2170 MHz，1755～1880 MHz 补充），CDMA2000（1920～2125 MHz），LTE33-41（1900～2690 MHz），Bluetooth（2400～2483.5 MHz），GPS(L1，L4)，BDS(B1)，GLONASS(L1)，GALILEO(E1，E2)，WLAN（802.11b/g/n：2.4～2.48 GHz）
2	3.32～3.91 GHz (16.32%)	LTE42/43（3.4～3.8 GHz），WiMAX（3.3～3.8 GHz）
3	4.22～4.68 GHz (10.34%)	C-频段
4	4.85～5.41 GHz (10.92%)	WLAN(802.11a/n：5.15～5.35 GHz)

图 11.1.11 为天线在 1.6 GHz，2.6 GHz，3.7 GHz 和 5.3 GHz 中心谐振点处实测和仿真的 E/H 面方向图及天线实测 3D 方向图，其中红色表示 E 面方向图，蓝色表示 H 面方向图；实线表示实测值，虚线表示仿真值。在所有频带内天线具有良好的全向辐射特性，测量结果与仿真结果吻合良好。随着频率的升高，旁瓣逐渐出现，但是未出现零点。

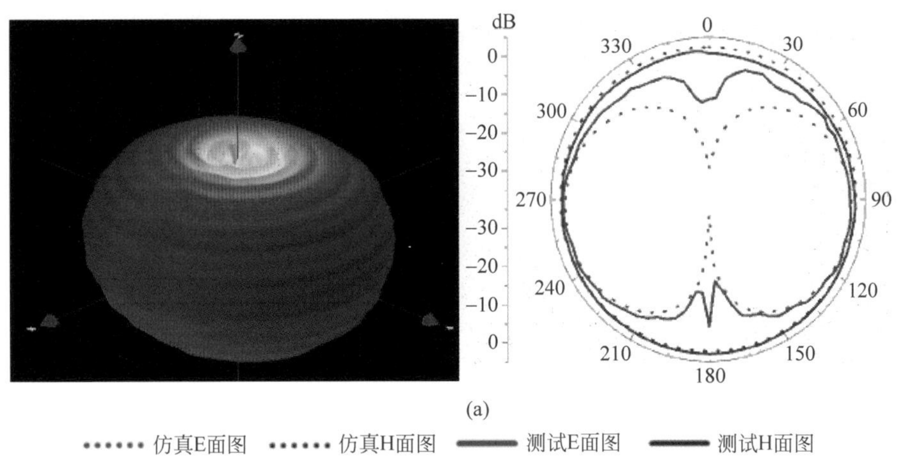

图 11.1.11　古币结构分形天线测试与仿真方向图比较

(a) 1.6 GHz；(b) 2.6 GHz；(c) 3.7 GHz；(d) 5.3 GHz

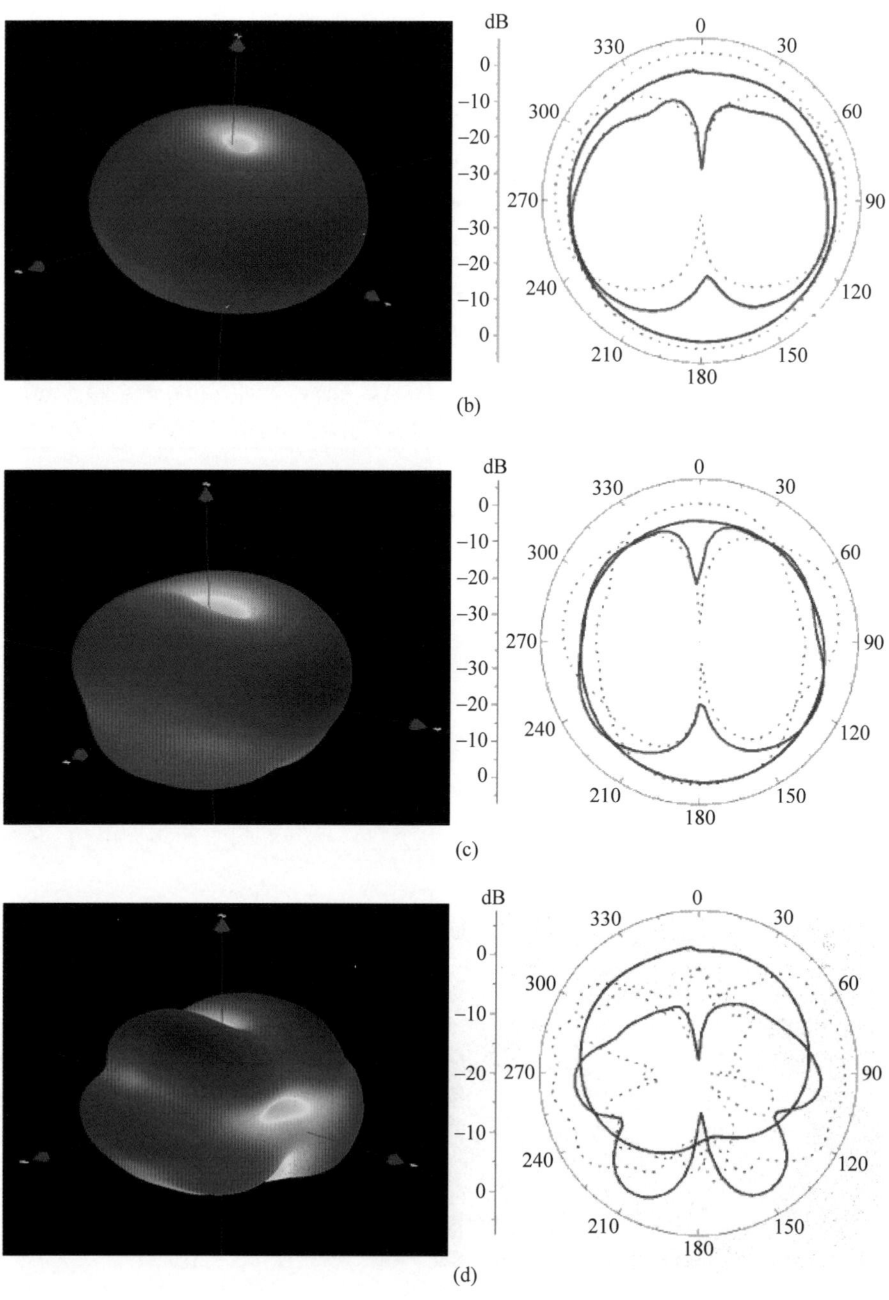
dB
0
-10
-20
-30
-30
-20
-10
0
0
330
30
300
60
270
90
240
120
210
150
180

(b)

dB
0
-10
-20
-30
-30
-20
-10
0
0
330
30
300
60
270
90
240
120
210
150
180

(c)

dB
0
-10
-20
-10
0
0
330
30
300
60
270
90
240
120
210
150
180

(d)

图 11.1.11 （续）

天线实测的增益和辐射效率见图 11.1.12。在 1.43～2.97 GHz 频段内天线增益为 1.16～3.36 dBi，在 3.32～3.91 GHz 频段内天线增益为 2.1～3.5 dBi，在 4.85～5.41 GHz 频段内天线增益为 3.3～3.75 dBi。在低频段，天线效率在 40%～72%变化，在中频段效率约为 66%，在高频区大于 61%，符合移动通信要求。

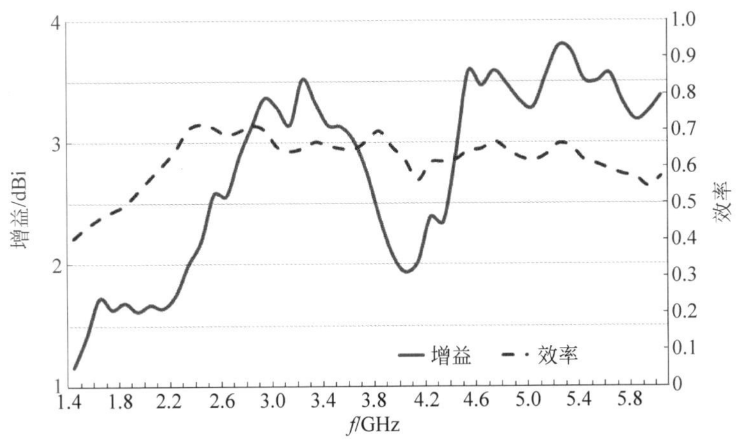

图 11.1.12　古币结构分形天线测试增益与效率曲线

11.2　用于 2G/3G/4G/5G/WLAN/导航的 Koch+Sierpinski 分形天线

11.2.1　天线分形结构理论

(1) Koch 雪花分形理论

Koch 曲线可由下面的算法通过二维平面生成，有

$$\omega\begin{pmatrix}x_1\\x_2\end{pmatrix}=\begin{pmatrix}a & b\\c & d\end{pmatrix}\begin{pmatrix}x_1\\x_2\end{pmatrix}+\begin{pmatrix}e\\f\end{pmatrix}=\mathbf{A}x+t \tag{11.2.1}$$

式中，a,b,c,d,e,f 是实数，x_1 和 x_2 是线段的两个端点坐标。映射转换可以重写为

$$\omega(x_1,x_2)=(ax_1+bx_2+e,cx_1+dx_2+f) \tag{11.2.2}$$

矩阵 $\mathbf{A}$ 可写成

$$\mathbf{A}=\begin{pmatrix}r_1\csc\theta_1 & -r_2\cos\theta_2\\r_1\sin\theta_1 & r_2\cos\theta_2\end{pmatrix} \tag{11.2.3}$$

当 $r_1=r_2=r(0<r<1)$，$\theta_1=\theta_2=\theta$，此变换称为收缩自相似变换。在矩阵中，r 是

收缩因子，θ 是旋转角度。Koch 曲线由以下映射转换决定，

$$\boldsymbol{\omega}_1 = \left[\frac{1}{3}, 0, 0, \frac{1}{3}, 0, 0\right] \tag{11.2.4}$$

$$\boldsymbol{\omega}_2 = \left[\frac{1}{3}\cos 60°, \frac{1}{3}\sin 60°, -\frac{1}{3}\sin 60°, \frac{1}{3}\cos 60°, 0, \frac{1}{3}\right] \tag{11.2.5}$$

$$\boldsymbol{\omega}_3 = \left[\frac{1}{3}\cos 60°, -\frac{1}{3}\sin 60°, \frac{1}{3}\sin 60°, \frac{1}{3}\cos 60°, \frac{\sqrt{3}}{6}, \frac{1}{2}\right] \tag{11.2.6}$$

$$\boldsymbol{\omega}_4 = \left[\frac{1}{3}, 0, 0, \frac{1}{3}, 0, \frac{2}{3}\right] \tag{11.2.7}$$

Koch 曲线的生成过程可视为一段长度为 L 的欧几里得直线被等分为三段，其中，中间部分由等边三角形的另外两个边代替，而形成的连续四个长度为 $L/3$ 的折线段，即 Koch 一次迭代分形；以此类推，对每段 Koch 长度为 $L/3$ 的线段再次进行迭代，其迭代过程见图 11.2.1。

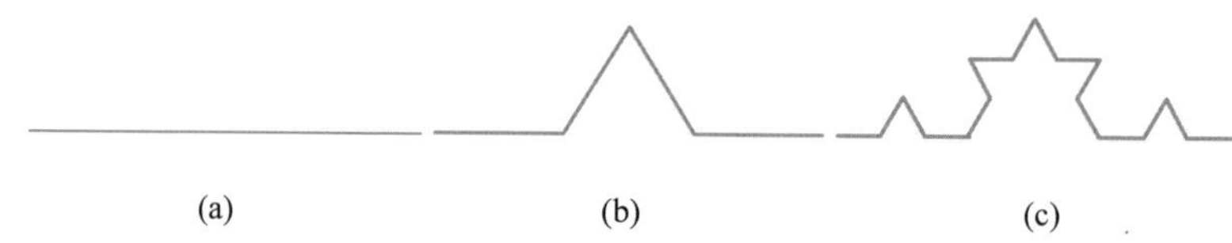

图 11.2.1　Koch 曲线分形迭代

(a) 0 次迭代；(b) 1 次迭代；(c) 2 次迭代

每经过一次迭代，该线段的总长度增加到原来的 4/3 倍。因此，Koch 曲线的长度由原基础线段长度和迭代次数决定，有

$$L_k = L\left(\frac{4}{3}\right)^k \tag{11.2.8}$$

式中，L 为原基础线段长度，k 为迭代次数。k 次迭代后，小线段长度为 $r=(1/3)^k$，小线段总数量 $n(r)=4^k$。通过相似维数的公式计算，得到 Hausdorff 维数 D_H 和维数 D_S，有

$$D_H = \log_3 4 = 1.2618 \tag{11.2.9}$$

$$D_S = \frac{\ln 4}{\ln 3} = 1.2618 \tag{11.2.10}$$

此二维值是相同的。

因此，从测量的角度来看，Koch 曲线的一维测度是无限的，而二维测度是零。随着迭代次数的增加，Koch 曲线的欧几里得长度有规律地增加，而总的宽度保持不变。将三个 Koch 曲线首尾相连即构成 Koch 雪花，见图 11.2.2。随着迭代次数的增加，边界长度无限延长，但总面积是有限的。

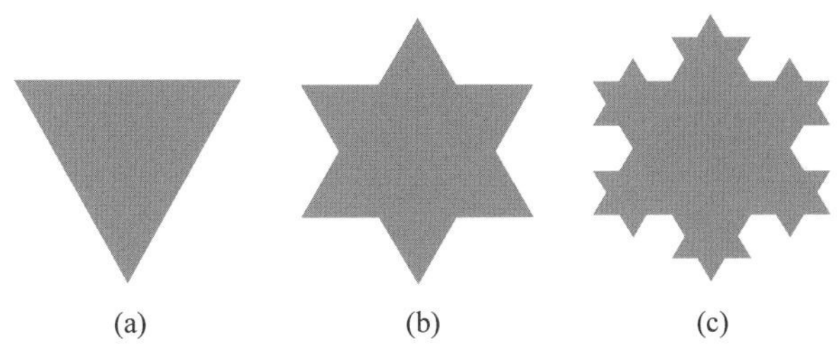

图 11.2.2　Koch 雪花分形迭代

(a) 0 次迭代；(b) 1 次迭代；(c) 2 次迭代

自然界中的雪花样式有一百多种，无论雪花怎样轻小，怎样奇妙万千，其结晶体都是有规律的六角形，见图 11.2.3。

图 11.2.3　自然界中的雪花

(2) Sierpinski 三角垫分形理论

Sierpinski 三角垫产生的方法可以看作一个等边三角形，分为大小相等的四个等边三角形。然后，中间的一个被去掉，剩下的三个小等边三角形执行相同的操作，见图 11.2.4。若迭代过程继续下去，Sierpinski 三角垫面积接近于零，小的等边三角形边数和所有边的总长度趋于无穷大。

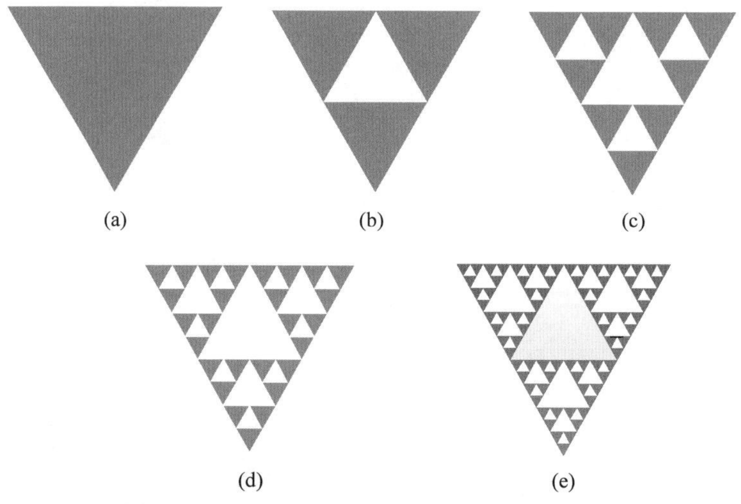

图 11.2.4 Sierpinski 三角垫分形迭代

(a) 0 阶分形；(b) 1 阶分形；(c) 2 阶分形；(d) 3 阶分形；(e) 4 阶分形

经过 k 次迭代后，小等边三角形的边长 $r=(1/2)^k$，小等边三角形的边长总数 $n(r)=3^{k+1}$，相似维数 $D_S=\ln 3/\ln 2=1.585$。

与传统的 Euclidean 几何微带天线相比，分形天线具有空间填充强、体积小、低剖面和多波段响应特性。随着迭代次数的增加，天线辐射电阻增大，谐振频率降低，Q 值减小。

11.2.2 Koch 雪花+Sierpinski 三角垫组合型分形天线

该组合型分形天线的总体结构是对一个 2 阶 Koch 雪花分形通过内嵌一个等边长的 4 阶 Sierpinski 三角垫分形组合而成的，形成了众多的枝节与三角形缝隙交错的辐射体结构，从而更大限度地增加电流的路径长度，是 Koch 分形和 Sierpinski 分形基础上的组合创新。天线体采用 50 Ω 微带馈线，背面为接地平面(其中绿色为介质板，黄色是铜辐射体和接地部分，分别覆于介质材料两侧，采用微带线结构)。为了实现多频带，同时提高带外抑制和扩展带宽，在介质板背面设计了六角形谐振环，当正面辐射体有电流经过时起到耦合作用，进而扰乱电流流向，从而产生多个谐振频点。天线体尺寸大小为 80 mm×54 mm×1.6 mm，介质基板采用相对介电常数 $\varepsilon_r=4.4$、损耗角正切 $\tan\delta=0.02$ 的聚四氟乙烯玻璃布板(G10/FR4)材料基板，见图 11.2.5，具体尺寸参数如表 11.2.1 所示。

表 11.2.1　Koch 雪花＋Sierpinski 三角垫分形组合型天线尺寸参数　　mm

参数	L	L_1	L_2	L_3	L_4	L_5	W	W_1	W_2	W_3	W_4
数值	80	50.8	2	4.6	18	22	54	27	47	2	54

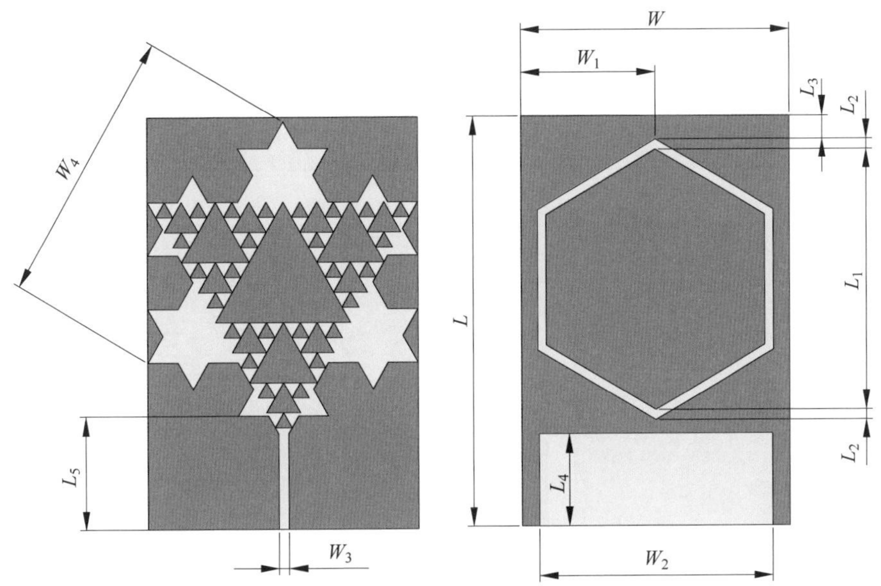

图 11.2.5　Koch 雪花＋Sierpinski 三角垫分形组合型天线结构图

11.2.3　Koch 雪花＋Sierpinski 三角垫组合型分形天线仿真与分析

(1) 天线回波损耗特性分析

天线的演化过程见图 11.2.6，分别为 2 阶 Koch 雪花分形结构天线(图(a))，背面带有六边形谐振环的 2 阶 Koch 雪花分形结构天线(图(b))，4 阶 Sierpinski 三角垫分形结构天线(图(c))，背面带有六边形谐振环的 4 阶 Sierpinski 三角垫分形结构天线(图(d))，Koch 雪花＋ Sierpinski 三角垫组合型分形结构天线(图(e))和背面带有六边形谐振环的 Koch 雪花＋ Sierpinski 三角垫组合型分形结构天线(图(f))，并对不同状态下天线的仿真性能进行了比较，见图 11.2.7。

天线设计过程中辐射体背面板增设六边环结构，目的是将正面板的电流以耦合的形式传导到背面的环结构上，这样就等效为增加了电流在辐射体上的传导路径，从而可以增加不同频点上的工作频率范围。见图 11.2.7，比较有无背面环状结构时天线的辐射性能，在整个分析频段中 0.5～6 GHz 不加环结构的天线性能总体上劣于加了环结构的背面设置。

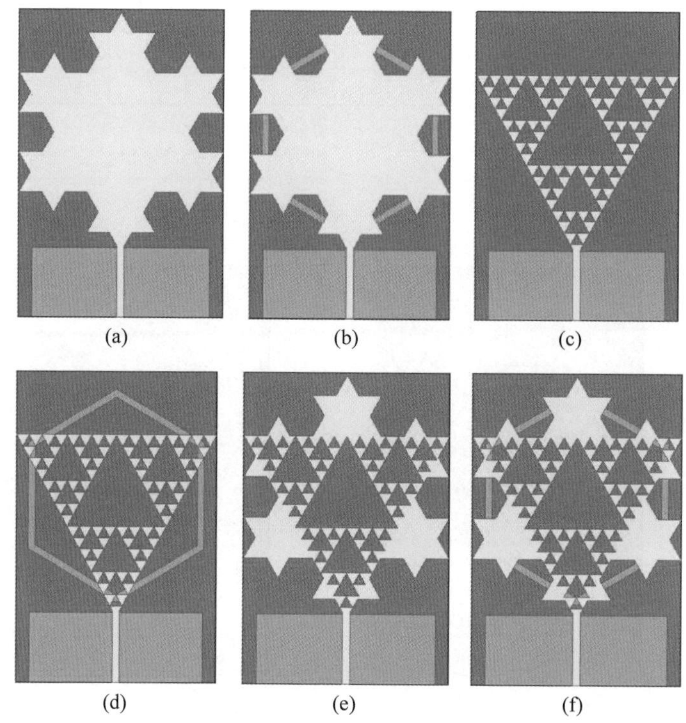

图 11.2.6　Koch 雪花＋Sierpinski 三角垫分形组合型天线的演化过程

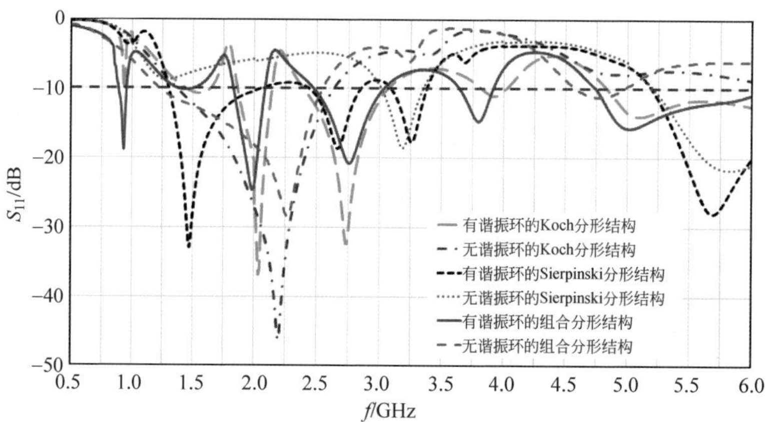

图 11.2.7　Koch 雪花＋Sierpinski 三角垫分形组合型天线回波损耗对比

可以明显地看到，谐振环使天线的阻抗特性曲线出现了多个谐振频率，该天线具有更好的谐振性能，同时频段隔离度更好，谐振特性更加均匀，带宽更宽，覆盖了更多的无线应用。

天线的加环设计很好地改善了天线的性能，从图 11.2.8 中可以看到，天线（红色实线）工作在 6 个不同的宽频带，在 6 个中心谐振频点 0.93 GHz、1.4 GHz、1.98 GHz、2.76 GHz、3.8 GHz 和 5 GHz 处，对应的反射损耗分别为 −18.7 dB、−10.2 dB、−24.7 dB、−20.8 dB、−14.7 dB 和 −15.7 dB。其中，天线 −10 dB 频段带宽分别为 0.88～0.96 GHz(8.7%)，1.38～1.49 GHz(7.7%)，1.82～2.08 GHz(23.6%)，2.45～3.05 GHz(21.8%)，3.64～3.92 GHz(7.4%) 和 4.74～6 GHz(23.5%)。这些频段可覆盖 2G、3G、4G-LTE、5G 移动通信系统和 WiFi、蓝牙及卫星导航等无线应用（见表 11.2.2）。

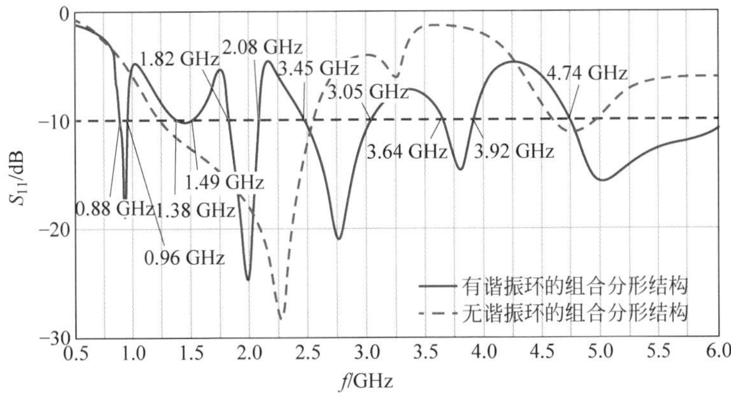

图 11.2.8　Koch 雪花＋Sierpinski 三角垫分形组合型天线有环无环结构的性能对比

表 11.2.2　Koch 雪花＋Sierpinski 三角垫分形组合型天线频段覆盖

频段	带宽	商用频段覆盖
1	0.88～0.96 GHz (8.7%)	GSM900(880～960 MHz)，CDMA2000(885～960 MHz)
2	1.38～1.49 GHz (7.7%)	TD-LTE (B-TrunC)(1.447～1.467 GHz)
3	1.82～2.08 GHz (23.6%)	LTE33-37(1.9～2.025 GHz)，TD-SCDMA(1.88～2.025 GHz)
4	2.45～3.05 GHz (21.8%)	ISM2.4G(2.4～2.4835 GHz)，Bluetooth，GPS，COMPASS，GLONASS，GALILEO，WLAN(802.11b/g/n:2.4～2.48 GHz)
5	3.64～3.92 GHz (7.4%)	LTE42/43(3.4～3.8 GHz)，WiMAX(3.3～3.8 GHz)
6	4.74～6 GHz (23.5%)	WLAN(802.11a/n:5.15～5.35 GHz)，5G(5725～5825 MHz)

(2) 天线表面电流分布

图 11.2.9、图 11.2.10 为天线在 0.93 GHz、1.4 GHz、1.98 GHz、2.76 GHz、3.8 GHz 和 5 GHz 中心谐振频率下的电流矢量与电流强度分布图。

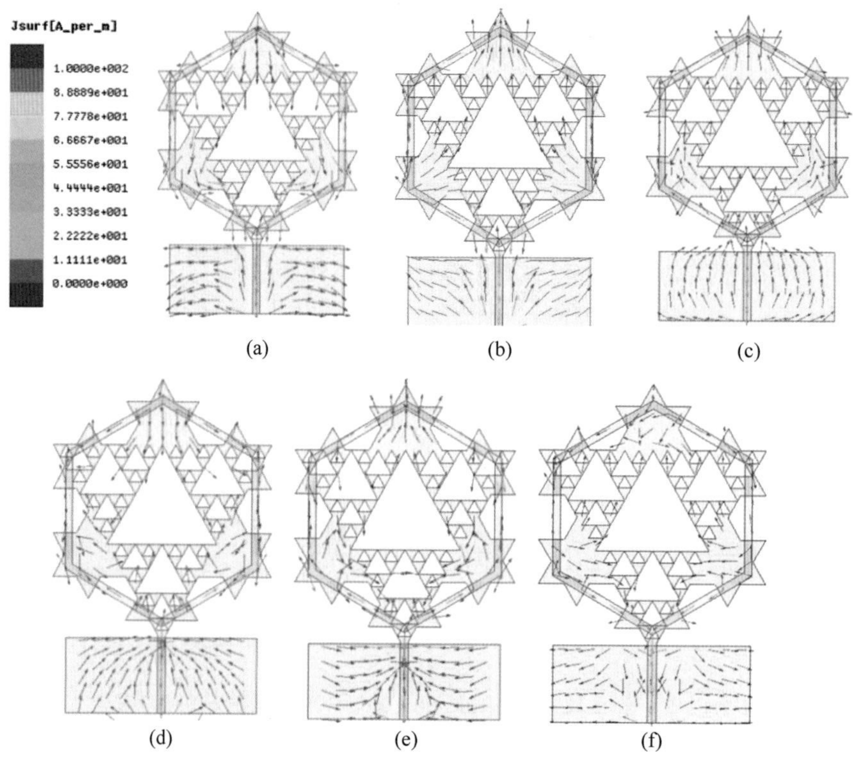

图 11.2.9　组合型分形天线表面电流矢量分布图

(a) 0.93 GHz；(b) 1.4 GHz；(c) 1.98 GHz；(d) 2.76 GHz；(e) 3.8GHz；(f) 5 GHz

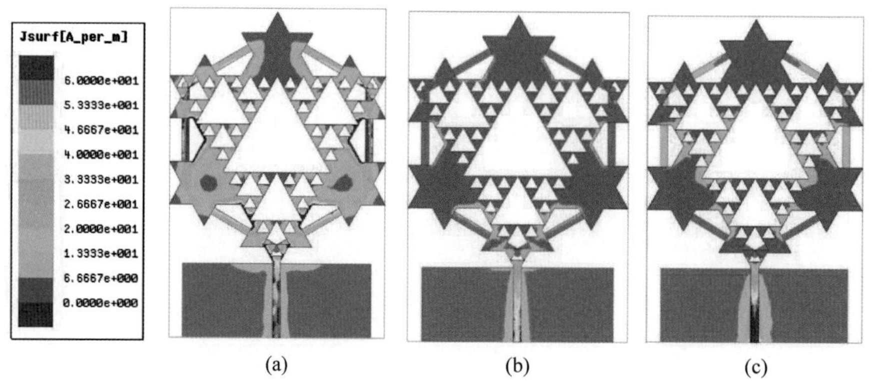

图 11.2.10　组合型分形天线表面电流强度分布图

(a) 0.93GHz；(b) 1.4 GHz；(c) 1.98 GHz；(d) 2.76 GHz；(e) 3.8 GHz；(f) 5 GHz

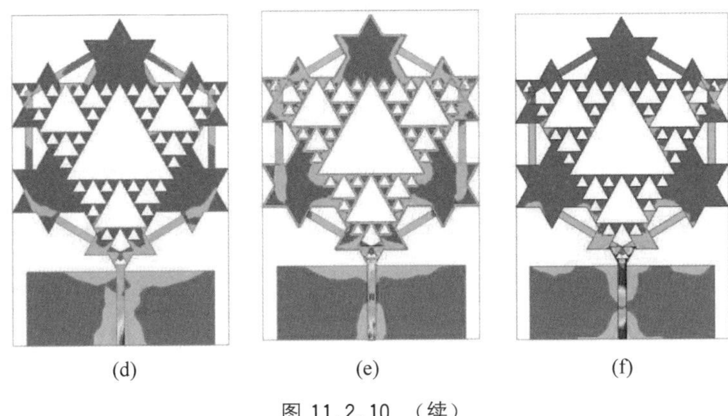

(d)　(e)　(f)

图 11.2.10 （续）

可以清楚地看到，通过分形结构形成的枝节与缝隙，使得天线辐射表面的电流路径变得更长，同时谐振环上也出现了较强的电流分布。

(3) 天线的增益与方向特性

仿真得到的 3D 增益和 E/H 面内交叉极化见图 11.2.11、图 11.2.12，其中红色实线表示主极化，黑色虚线表示交叉极化。在中心谐振频率分别为 0.93 GHz，1.4 GHz，1.98 GHz，2.76 GHz，3.8 GHz 和 5 GHz 处，天线的增益分别为 −3.24 dBi，1.96 dBi，2.97 dBi，4.56 dBi，3.4 dBi 和 5.25 dBi。

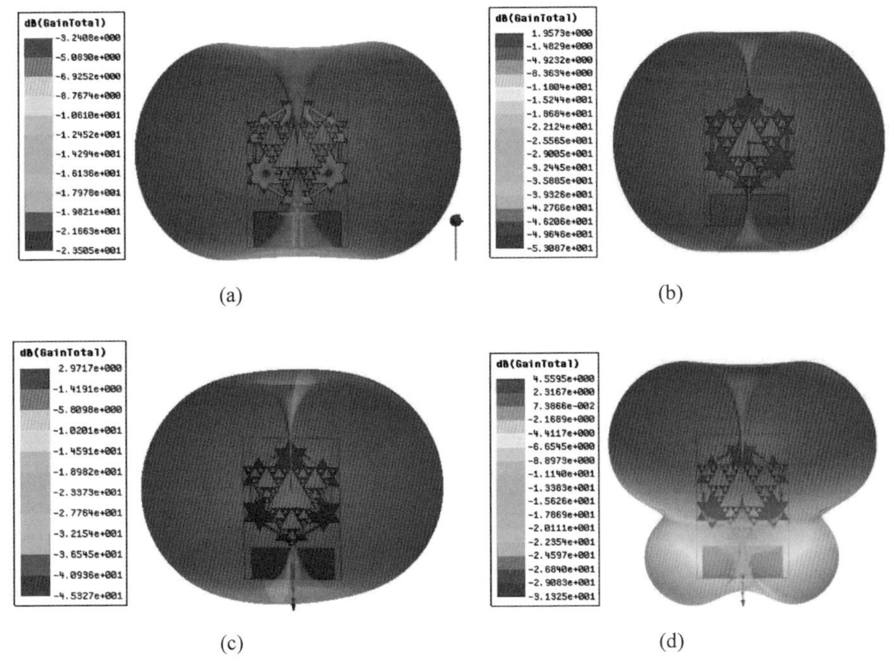

(a)　(b)

(c)　(d)

图 11.2.11　组合型分形天线 3D 增益图

(a) 0.93 GHz；(b) 1.4 GHz；(c) 1.98 GHz；(d) 2.76 GHz；(e) 3.8 GHz；(f) 5 GHz

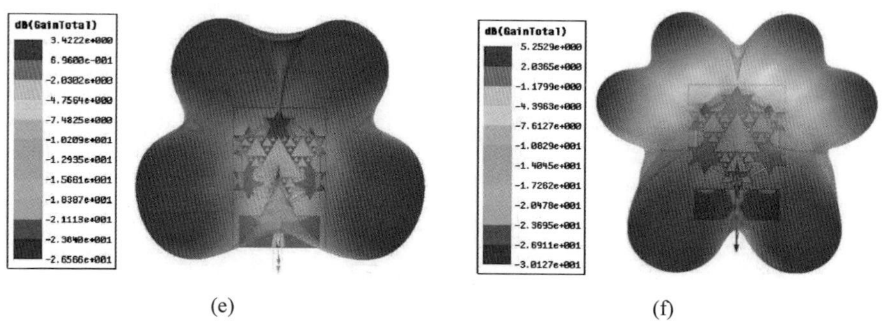

(e)　　　　(f)

图 11.2.11 （续）

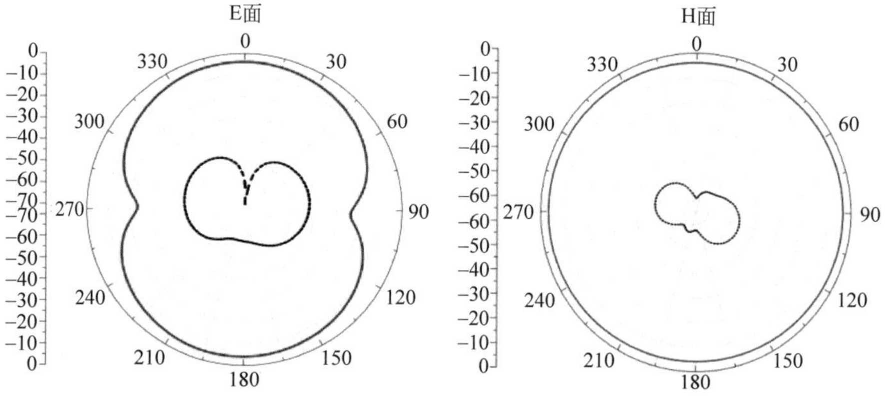

E面　　　　H面

(a)

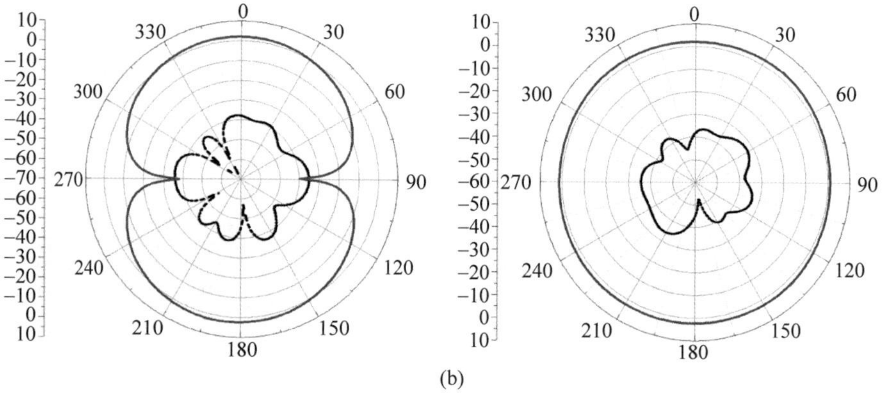

(b)

—— 共面极化　　------ 交叉极化

图 11.2.12　组合型分形天线 E 面、H 面方向图

(a) 0.93 GHz; (b) 1.4 GHz; (c) 1.98 GHz; (d) 2.76 GHz; (e) 3.8 GHz; (f) 5 GHz

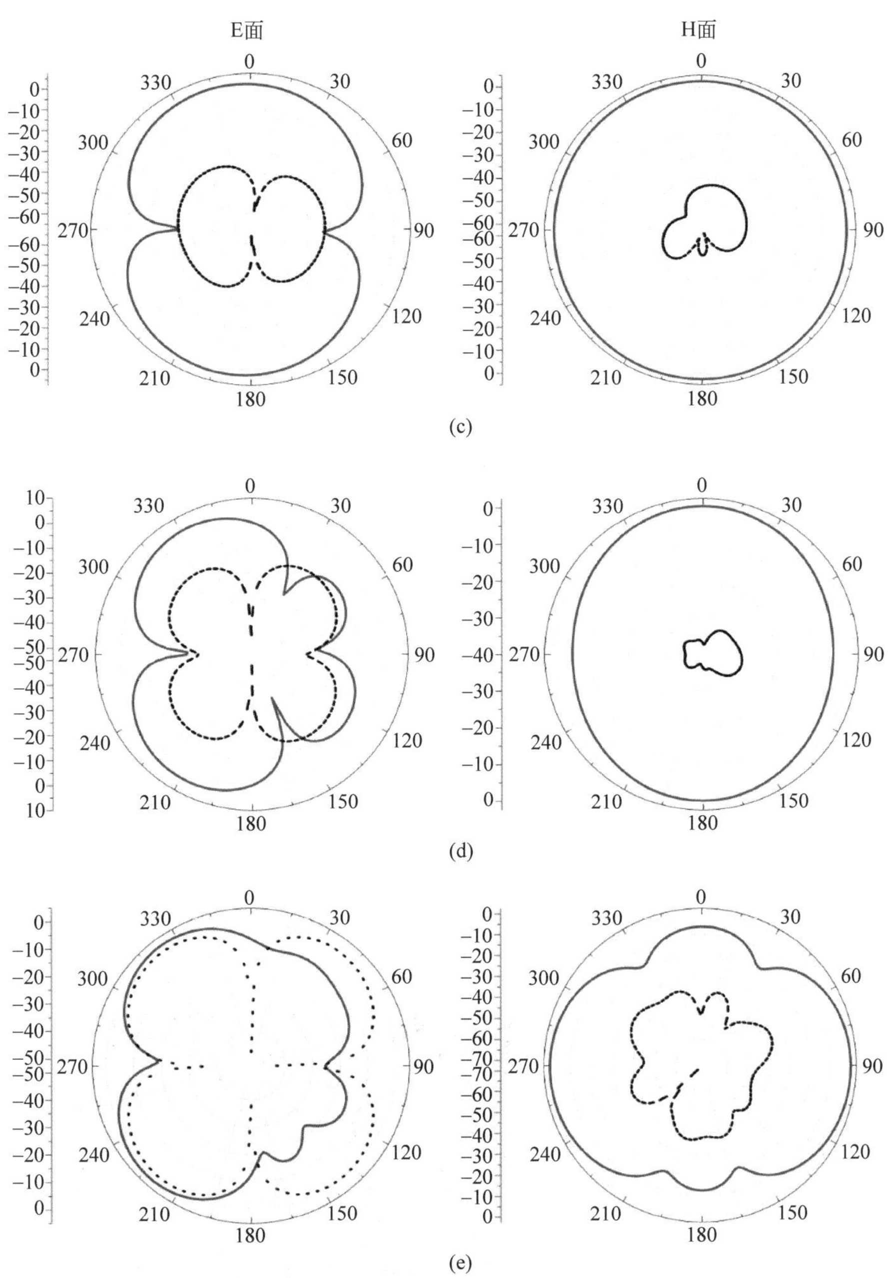

图 11.2.12　(续)

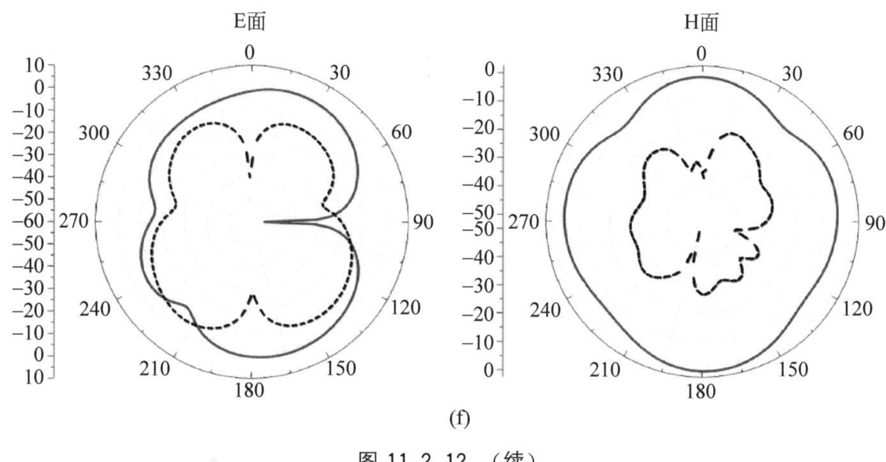

(f)

图 11.2.12 （续）

可以明显地看到，对于整个频段范围来说，天线保持了较好的辐射特性，E 面和 H 面全向性较好，几乎没有零点。在低频段，天线具有较小的交叉极化特性；随着频率的升高，天线的全向性仍然保持得较好，旁瓣逐渐产生，但是零点仍不明显，而交叉极化增加明显，如 2.76 GHz、3.8 GHz 和 5 GHz 频点处的 E 面里交叉极化明显变大。

11.2.4 Koch 雪花＋Sierpinski 三角垫组合型分形天线测试与分析

制作的 Koch＋Sierpinski 组合型分形天线实物见图 11.2.13。天线基材为 1.6 mm 厚的 G10/FR4 介质板，天线辐射体与接地板为 30 μm 厚的覆铜层。该天线利用北京邮电大学 SATIMO 公司 SG24 天线全波暗室系统和安捷伦矢量网络分析仪 N5230C 进行测试。

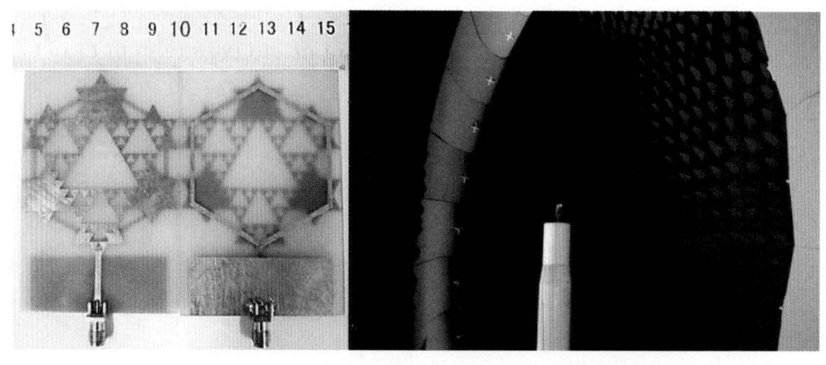

图 11.2.13 组合型分形天线原型及暗室测试装置

从整个测试频段范围来看，测试结果与仿真结果整体吻合，谐振频点相差很小，－10 dB 带宽有些变化，见图 11.2.14。

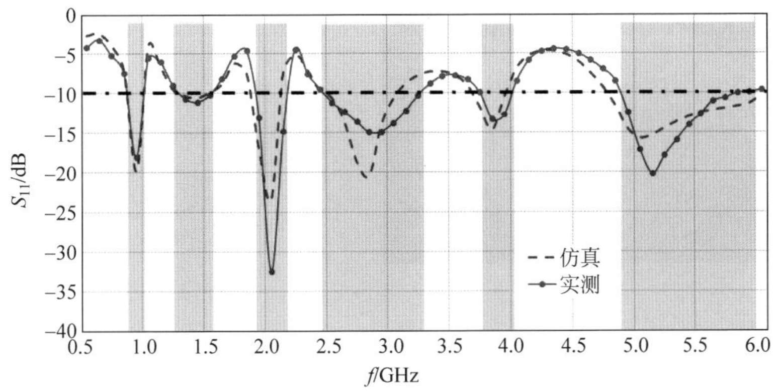

图 11.2.14　组合型分形天线回波损耗实测与仿真对比

表 11.2.3 给出了天线可覆盖的现有无线通信频段。其中，天线－10 dB 频段带宽分别为 12.2%(0.85～0.96 GHz)，23.2%(1.22～1.54 GHz)，13.1%(1.86～2.12 GHz)，29.9%(2.4～3.22 GHz)，7.3%(3.69.3.97 GHz)和 21.2%(4.84～5.98 GHz)。这些频段可覆盖 2G、3G、4G-LTE、5G 移动通信系统和 WiFi、蓝牙及卫星导航等无线应用，与仿真结果一致(见表 11.2.3)。

表 11.2.3　Koch 雪花＋Sierpinski 三角垫分形组合型天线实测频段覆盖

频段	带宽	商用频段覆盖
1	0.85～0.96 GHz (12.2%)	GSM900(880～960 MHz)，CDMA2000(885～960 MHz)
2	1.22～1.54 GHz (23.2%)	TD-LTE (B-TrunC) (1.447～1.467 GHz)
3	1.86～2.12 GHz (13.1%)	LTE33-37(1.9～2.025 GHz)，TD-SCDMA(1.88～2.025 GHz)
4	2.4～3.22 GHz (29.9%)	ISM2.4G(2.4～2.4835 GHz)，Bluetooth，GPS，COMPASS，GLONASS，GALILEO，WLAN(802.11b/g/n:2.4～2.48 GHz)
5	3.69～3.97 GHz (7.3%)	LTE42/43(3.4～3.8 GHz)，WiMAX(3.3～3.8 GHz)
6	4.84～5.98 GHz (21.1%)	WLAN(802.11a/n:5.15～5.35 GHz)，5G(5725～5825 MHz)

在 0.93 GHz、1.98 GHz、2.76 GHz、3.8 GHz、5 GHz 频点中心谐振点处实测和仿真的 E/H 面方向图及天线实测 3D 辐射方向图，见图 11.2.15，其中红色表示 E 面方向图，蓝色表示 H 面方向图；实线表示实测值，虚线表示仿真值。

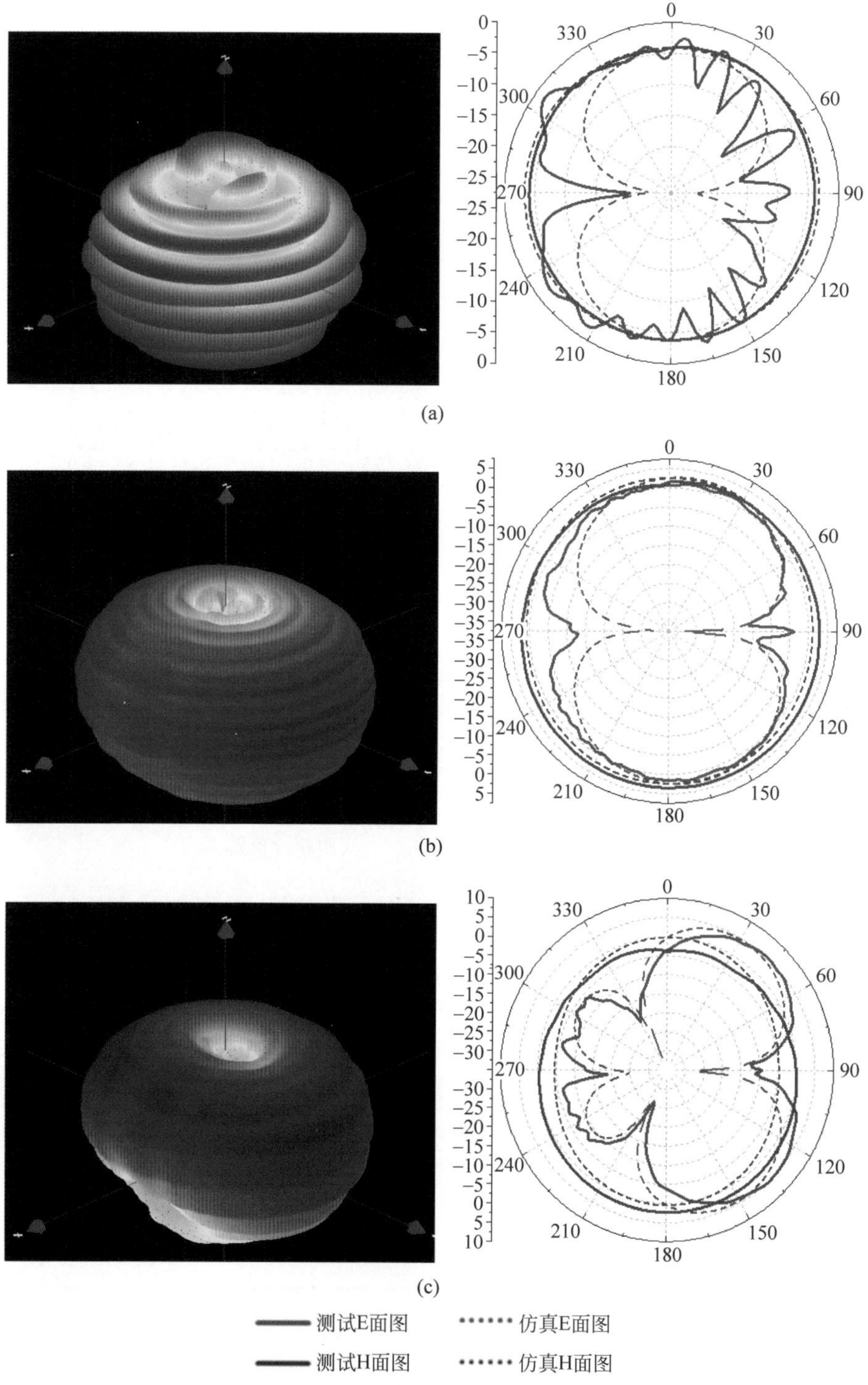

图 11.2.15　组合型分形天线的测试与仿真 3D 与 E/H 方向图

(a) 0.93 GHz; (b) 1.98 GHz; (c) 2.76 GHz; (d) 3.8 GHz; (e) 5 GHz

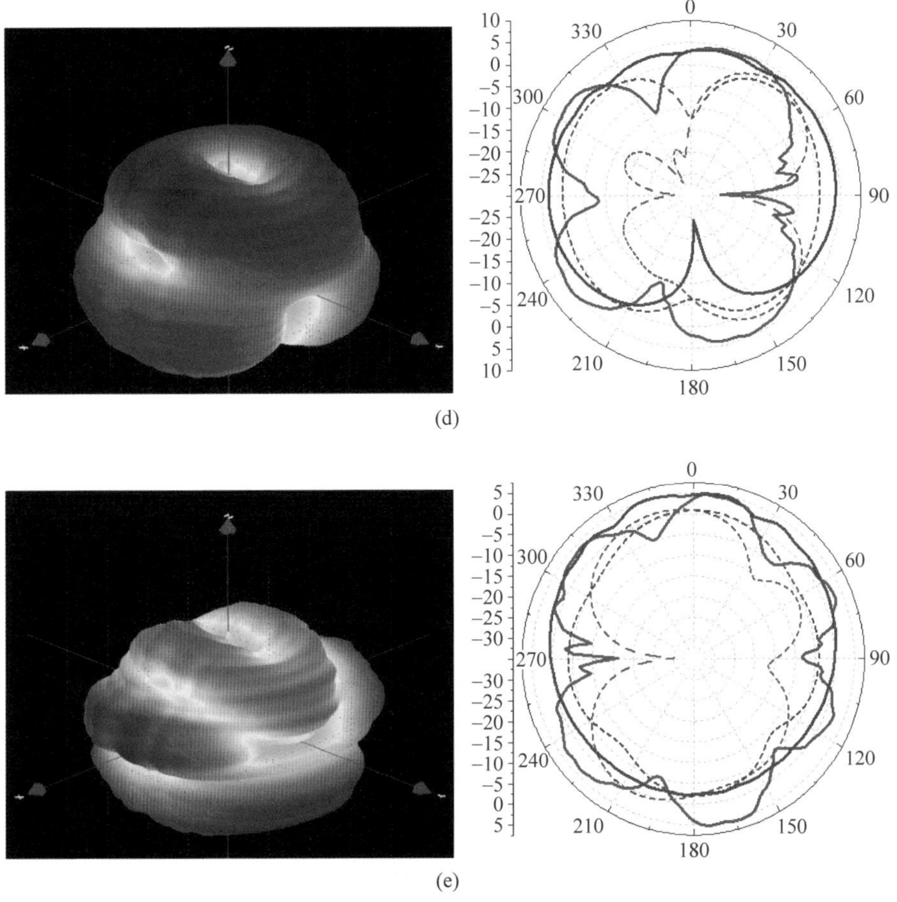

(d)

(e)

图 11.2.15 （续）

通过与仿真图形对比，可以看到，在不同的谐振频点处，天线的实测辐射图形与仿真图形基本一致，具有较好的全向覆盖特性，随着频率的升高，旁瓣逐渐出现，但是零点仍未出现，满足实际通信要求。但是，由于天线制作精度、接口偏差和测试环境等因素，还存在一些误差。

天线实测与仿真的增益见图 11.2.16，可以看出该天线在 0.93 GHz，1.98 GHz，2.76 GHz，3.8 GHz 和 5 GHz 频点下对应的峰值增益约为 1.39 dBi，2.53 dBi，4.25 dBi，4.43 dBi 和 4.94 dBi，仿真结果比较接近，适用于无线移动通信。

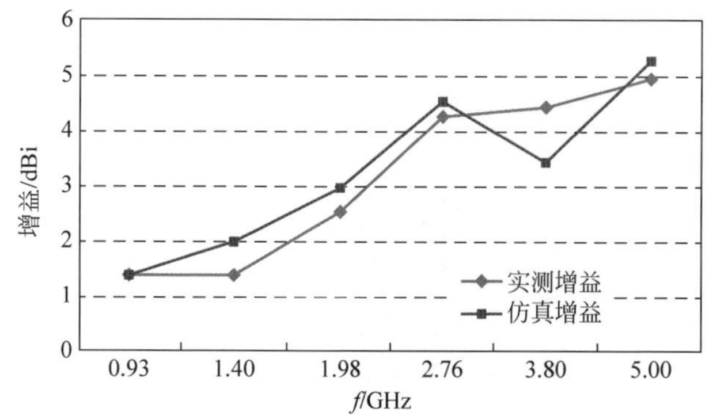

图 11.2.16 组合型分形天线测试与仿真增益

11.3 改进型多频带小型化 Koch 雪花分形天线

11.3.1 多频带 Koch 雪花分形天线的结构

该天线采用了 2 次迭代分形 Koch 雪花辐射体，辐射体内部采用 1 次分形 Koch 雪花进行开槽。为了实现多频带响应，提高带外抑制和扩展带宽，在天线辐射体介质板背面加了一个六角形谐振环，当正面辐射体有电流经过时起到耦合作用，进而扰乱电流流向，从而产生多个谐振频点，同时采用 50 Ω 共面波导结构馈电。介质板为介电常数 $\varepsilon_r=4.4$、介质损耗角正切 $\tan\delta=0.02$ 的聚四氟乙烯玻璃布板(G10/FR4)材料。天线的整体长度 $L=72$ mm，宽度 $W=42$ mm，厚度 $H=1.6$ mm。天线的结构与尺寸参数见图 11.3.1 和表 11.3.1。

表 11.3.1 多频段 Koch 雪花分形天线尺寸参数 mm

尺寸参数	L	L_1	L_2	L_3	L_4	W	W_1	W_2
单位	72	25	37.7	12.6	12.1	42	1	10
尺寸参数	W_3	W_4	W_5	W_6	W_5	W_8	H	
单位	0.5	3.9	17	16	6.3	1	1.6	

11.3.2 多频带 Koch 雪花分形天线仿真结果与参数分析

(1) 天线回波损耗特性分析

天线的模型结构与演化过程见图 11.3.1 和图 11.3.2(其中橙色是铜辐射体部分，绿色为共面波导结构接地板，淡蓝色为介质材料)，并对不同状态下天线的仿真

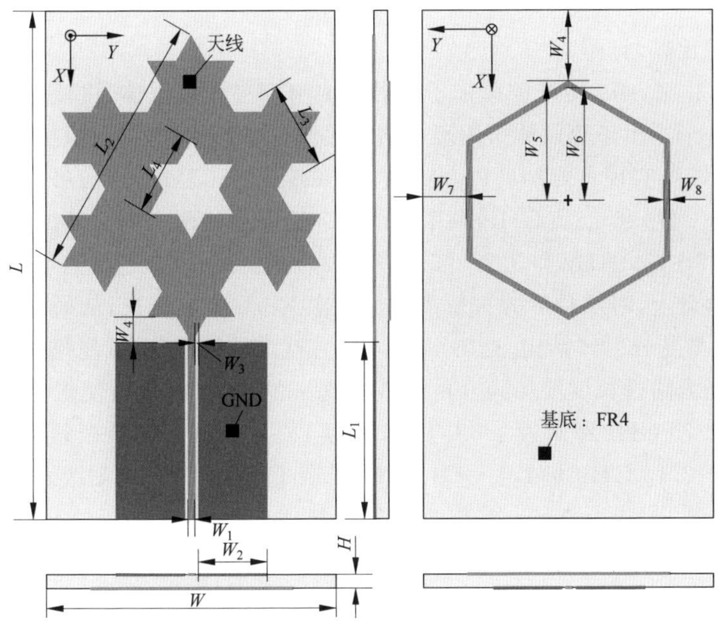

图 11.3.1　多频段 Koch 雪花分形天线模型结构

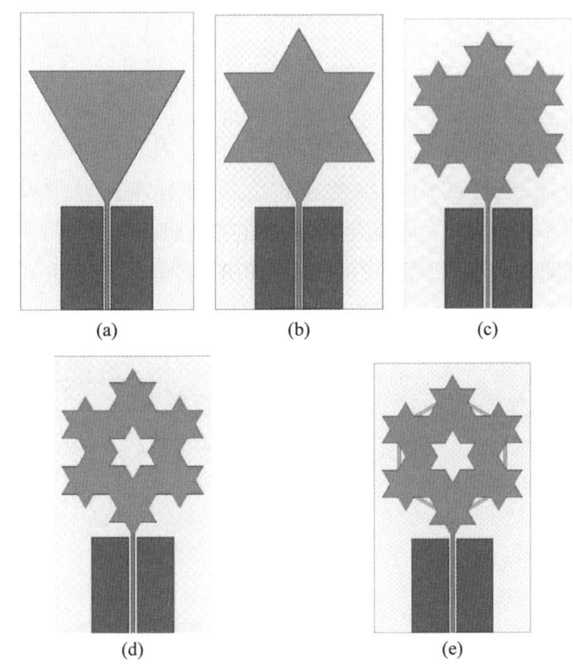

图 11.3.2　多频段 Koch 雪花分形天线的迭代过程

(a) 0 次迭代；(b) 1 次迭代；(c) 2 次迭代；(d) 2 次迭代内嵌 1 次迭代缝隙；
(e) 2 次迭代内嵌 1 次迭代缝隙和六边形谐振环

性能进行了比较,见图 11.3.3。

图 11.3.2(a)中,传统的单极子辐射体变为倒三角辐射体,将该基本几何形状称为 0 阶分形。由于辐射体采用渐变结构逐渐变宽,天线的特性阻抗逐渐降低,容易与 50 Ω 馈线实现良好的匹配,从而扩展频带宽度。经过仿真,可以看到天线出现了以 1.6 GHz 和 4.75 GHz,频率上约为 3 倍关系的两个中心谐振频点,而带宽分别为 1.45～1.9 GHz 和 3.75～5.65 GHz,见图 3.3.3(蓝色两点划线)。

在此基础上,对三角形的每条边进行 1 次 Koch 分形迭代,从而形成六角形结构的 Koch 雪花辐射体结构,见图 11.3.2(b),这样的结构改变,使得流经天线辐射体表面的电流路径长度增加到 0 阶迭代状态下的 4/3 倍,从而使得第二个中心谐振频点由 4.75 GHz 降低为 3.65 GHz,约为 4/3 倍关系。两谐振频点处的带宽分别为 1.45～2.15 GHz 和 2.7～4.1 GHz,见图 11.3.3(紫色点划线)。

在此基础上,进行 Koch 雪花 2 次分形迭代,见图 11.3.2(c),这样的结构改变,使得辐射体在整体宽度和高度不变的情况下,而流经天线辐射体表面的电流路径长度增加到 1 阶 Koch 雪花状态时的 4/3 倍,这也使得辐射体外延的枝节毛刺更多,相互间影响比较明显,天线阻抗更加匹配,带宽进一步扩展为 1.45～4.15 GHz。其中,中心谐振频点 1.65 GHz 处的回波损耗比 1 次 Koch 雪花分形状态的－14.2 dB 降低为－17.4 dB,降低了 3.2 dB;中心谐振频点 3.6 GHz 处的回波损耗比 1 次 Koch 雪花分形状态的－19.5 dB 降低为－24 dB,降低了 4.5 dB,见图 11.3.3(绿色长虚线)。

接下来,在 2 次 Koch 雪花分形中心用小尺寸的 1 次 Koch 雪花分形进行开槽,见图 11.3.2(d)。这样的结构改变使得天线辐射体在外围尺寸长度不变的情况下,形成了环形结构,增加了内部电流流动的路径长度。从仿真回波损耗曲线可以看出,中心谐振频率降到了 3.1 GHz,而此处的回波损耗达到了－44.5 dB,其－10 dB 带宽为 1.35～3.8 GHz,见图 11.3.3(黑色短虚线)。

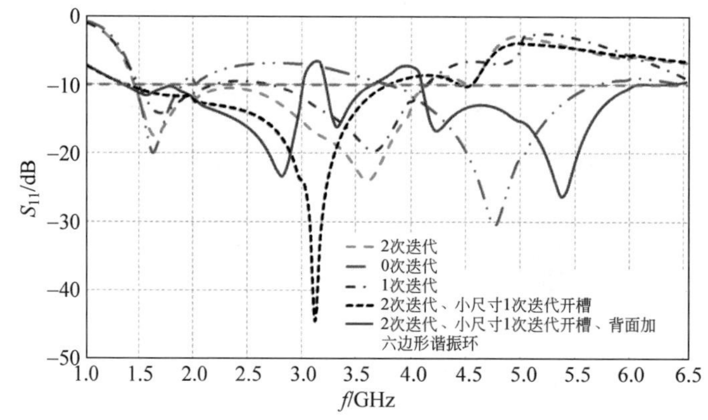

图 11.3.3　多频段 Koch 雪花分形天线不同迭代次数的仿真回波损耗

最后，在整个辐射体背面添加了一个同心六边形谐振环，贯穿了 Koch 雪花的六个角，见图 11.3.2(e)。天线的加环设计很大程度上改变了天线表面电流的路径，很好地改善了天线的性能，形成了三个独立的宽频带。其中，在 2.8 GHz、3.3 GHz、4.2 GHz 和 5.35 GHz 四个谐振频率处回波损耗分别为 −23.3 dB、−16.2 dB、−16.7 dB 和 −26.3 dB，见图 11.3.3(红色实线)。随着分形阶次的增加，天线的辐射阻抗增加，谐振频率逐渐降低，并趋向于某一有限值。

天线 −10 dB 频段带宽分别为 76.5%(1.34～3 GHz)，可覆盖 DCS1800 (1710～1820 MHz)，TD-SCDMA (1880～2025 MHz)，WCDMA (1920～2170 MHz)，CDMA2000(1920～2125 MHz)，LTE33-41(1900～2690 MHz)，Bluetooth (2400～2483.5 MHz)，WLAN(802.11b/g/n:2.4～2.48 GHz)，GPS(L1、L4 频段)、北斗(B1 频段)、格洛纳斯(L1 频段)、伽利略(E1、E2 频段)等卫星导航系统；11.8%(3.2～3.6 GHz)，可覆盖 LTE42/43 和 WiMAX 系统；38.1%(4.08～6 GHz)，可覆盖无线局域网(802.11a/n)和 5G 移动通信系统，如表 11.3.2 所示。

表 11.3.2　多频段 Koch 雪花分形天线覆盖的商业频段

频段	−10 dB 带宽	商用频段覆盖
1	1.34～3 GHz (76.5%)	DCS1800 (1710～1820 MHz)，TD-SCDMA (1880～2025 MHz，2300～2400 MHz)，WCDMA (1920～2170 MHz，1755～1880 MHz)，CDMA2000(1920～2125 MHz)，LTE33-41 (1900～2690 MHz)，Bluetooth (2400～2483.5 MHz)，GPS(L1，L4)，BDS (B1)，GLONASS(L1)，GALILEO(E1，E2)，WLAN (802.11b/g/n:2.4～2.48 GHz)
2	3.2～3.6 GHz (11.8%)	LTE42/43(3.4～3.8 GHz)，WiMAX(3.3～3.8 GHz)
3	4.08～6 GHz (38.1%)	WLAN(802.11a/n:5.15～5.35 GHz)，5G(5725～5825 MHz)

(2) 天线表面电流分布

图 11.3.4 为天线在 2.8 GHz、3.3 GHz、4.2 GHz 和 5.35 GHz 中心谐振频率处的表面电流幅值和矢量分布。

可以清楚地看到，通过分形结构形成的枝节，使得天线辐射表面的电流路径变得更长，同时谐振环上也出现了较强的电流分布。对于 2.8 GHz 谐振中心频段，天线辐射体外边缘有更多的电流，随着工作频率的升高，电流在辐射体内部枝节上更加集中，同时外缘电流强度增加；对于 5.35 GHz 谐振中心频带，电流在辐射体边缘达到相对最大值。

(3) 天线的增益与方向特性

仿真的 3D 增益和 E/H 面内交叉极化见图 11.3.5 和图 11.3.6，其中红色实

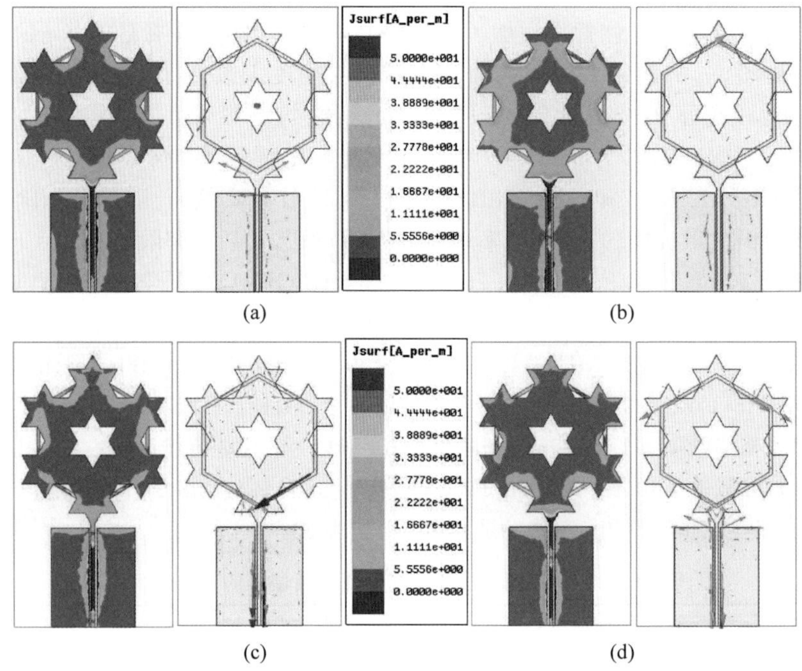

图 11.3.4　多频段 Koch 雪花分形天线的电流幅值和矢量分布

(a) 2.8 GHz；(b) 3.3 GHz；(c) 4.2 GHz；(d) 5.35 GHz

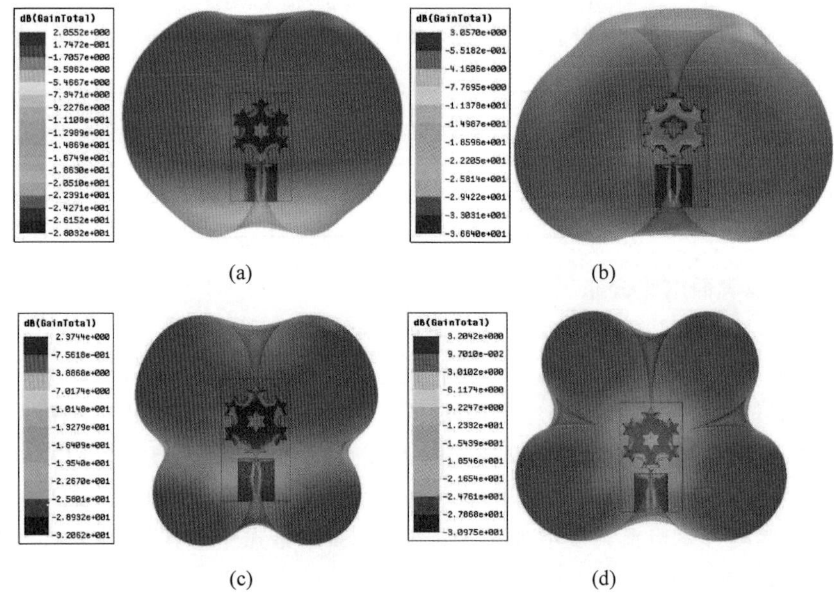

图 11.3.5　多频段 Koch 雪花分形天线的 3D 增益图

(a) 2.8 GHz；(b) 3.3 GHz；(c) 4.2 GHz；(d) 5.35 GHz

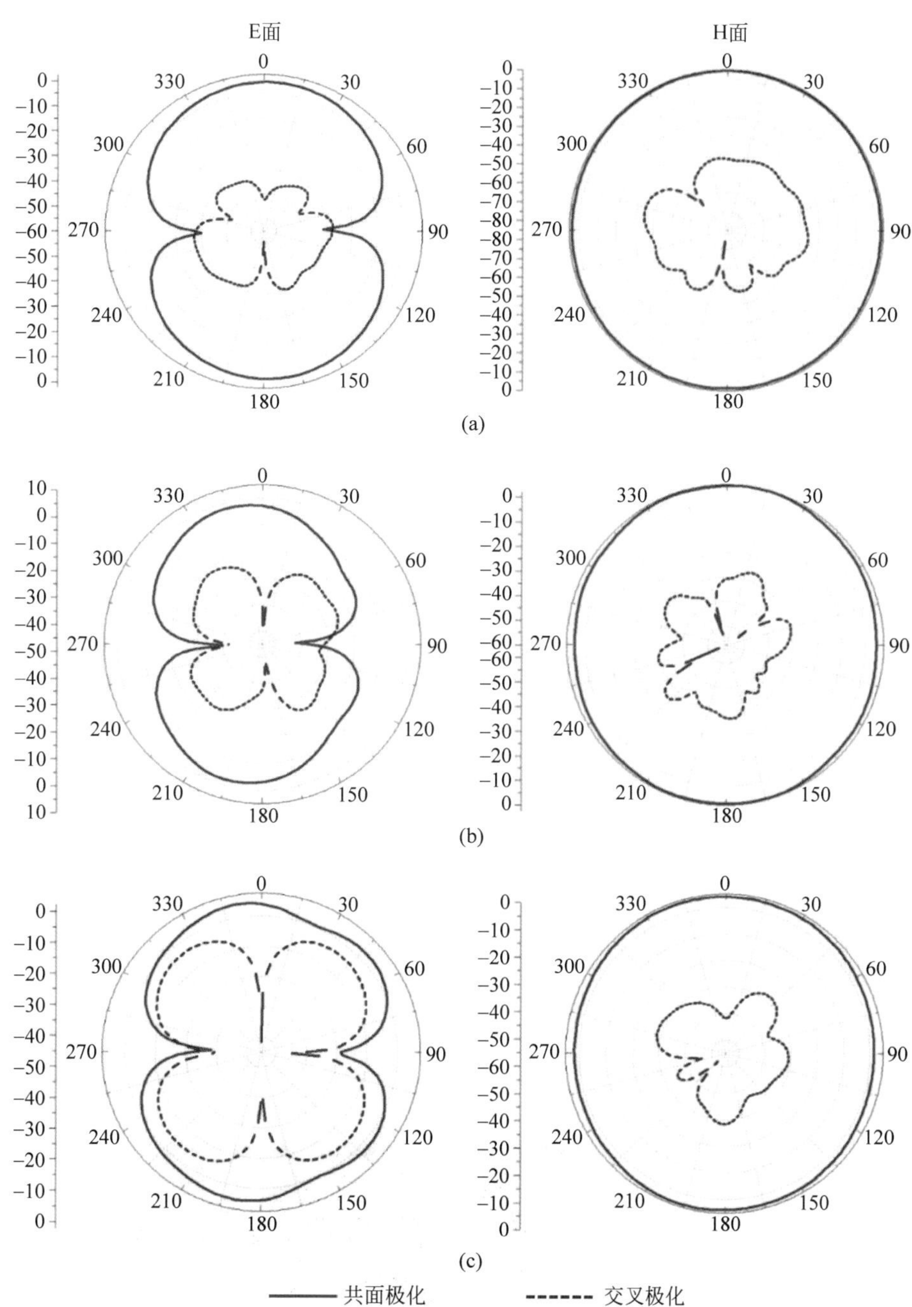

图 11.3.6　多频段 Koch 雪花分形天线 E/H 面交叉极化

(a) 2.8 GHz；(b) 3.3 GHz；(c) 4.2 GHz；(d) 5.35 GHz

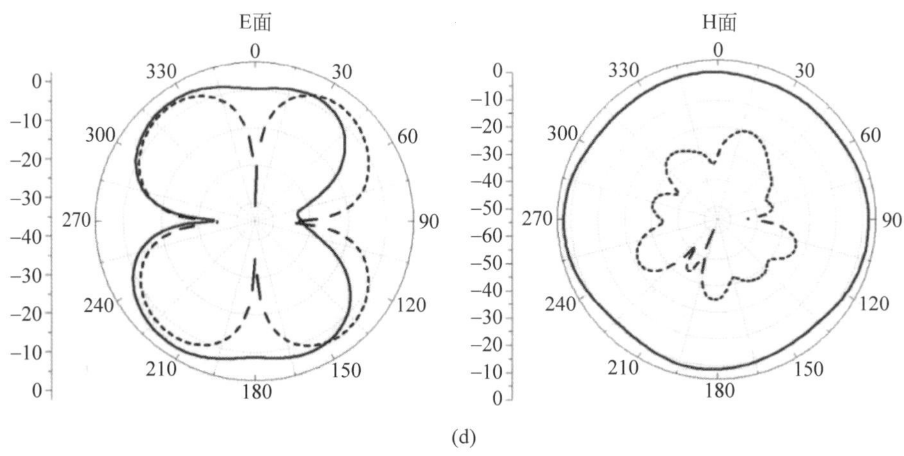

(d)

图 11.3.6 （续）

线表示主极化，蓝色虚线表示交叉极化。在中心谐振频率分别为 2.8 GHz，3.3 GHz，4.2 GHz 和 5.35 GHz 处，天线的增益分别为 2.1 dBi，3.1 dBi，2.4 dBi 和 3.2 dBi。

在低频段，天线的方向图接近全向辐射，随着频率升高，出现了较多的旁瓣电平和副瓣。对于整个频段范围来说，天线保持了较好的辐射特性，几乎没有零点出现。

在低频段，天线具有较小的交叉极化特性；随着频率的升高，天线的全向性仍然保持得较好，但交叉极化增加明显，如 4.2 GHz 和 5.35 GHz 频点处的 E 面里交叉极化明显变大。

11.3.3 多频带 Koch 雪花分形天线测试结果与性能分析

制作的 Koch 雪花分形天线实物前后视图见图 11.3.7。天线介质基材为 1.6 mm 厚的 G10/FR4 介质板，天线辐射体与接地板为 30 μm 厚的覆铜层。该天线利用北京邮电大学 SATIMO 公司 SG24 天线全波暗室系统和安捷伦矢量网络分析仪 N5230C 进行测试。

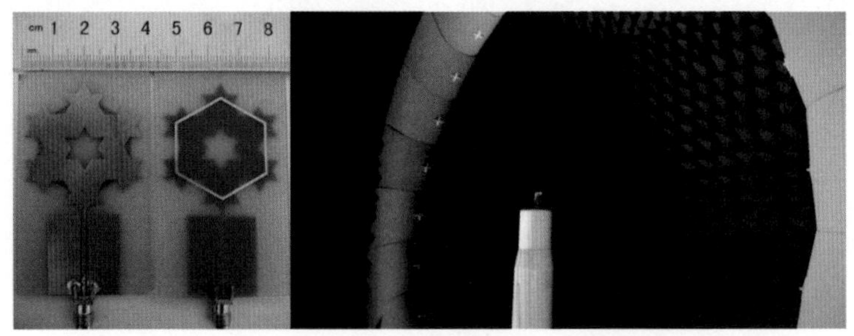

图 11.3.7 多频段 Koch 雪花分形天线实物及暗室测试装置

测量的回波损耗和仿真结果比较后可以看出，中心谐振频率与带宽出现了一定的偏移，整体上保持了较好的一致性，见图 11.3.8。

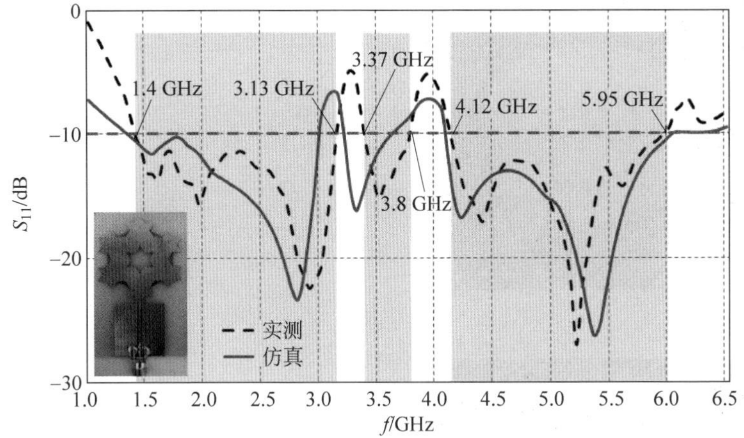

图 11.3.8　多频段 Koch 雪花分形天线回波损耗实测与仿真对比

天线测试的带宽与仿真带宽较为匹配，如表 11.3.3 所示。其中，天线−10 dB 频段带宽分别为 1.4～3.13 GHz(76.4%)、3.37～3.8 GHz(12%)和 4.12～5.95 GHz(36.3%)。这些频段可覆盖 2G、3G、4G-LTE、5G 移动通信系统和 WiFi、蓝牙及卫星导航等无线应用，与仿真结果一致。

表 11.3.3　多频段 Koch 雪花分形天线实测频段覆盖

频段	带宽	商用频段覆盖
1	1.4～3.13 GHz (76.4%)	DCS1800 (1710～1820 MHz), TD-SCDMA (1880～2025 MHz, 2300～2400 MHz), WCDMA (1920～2170 MHz, 1755～1880 MHz), CDMA2000(1920～2125 MHz), LTE33-41 (1900～2690 MHz), Bluetooth (2400～2483.5 MHz), GPS(L1, L4), BDS (B1), GLONASS(L1), GALILEO(E1, E2), WLAN (802.11b/g/n:2.4～2.48 GHz)
2	3.37～3.8 GHz (12%)	LTE42/43(3.4～3.8 GHz),WiMAX(3.3～3.8 GHz)
3	4.12～5.95 GHz (36.3%)	WLAN(802.11a/n:5.15～5.35 GHz),5G(5725～5825 MHz)

天线在 2.9 GHz,3.5 GHz,4.4 GHz 和 5.2 GHz 中心谐振点处实测和仿真的 E/H 面方向图及天线实测 3D 辐射方向图，见图 11.3.9，其中红色表示 E 面方向图，蓝色表示 H 面方向图；实线表示实测值，虚线表示仿真值。

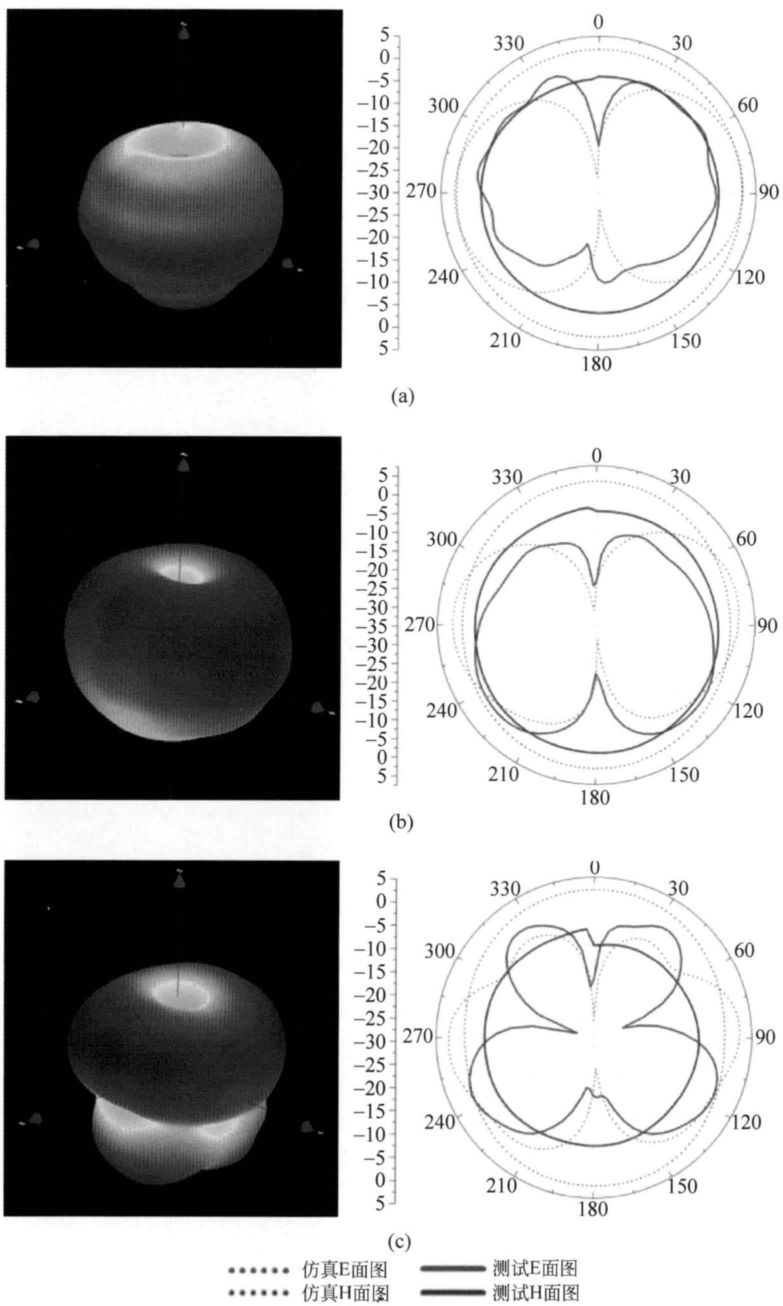

图 11.3.9 多频段 Koch 雪花分形天线测试与仿真的 3D 与 E/H 面方向图

(a) 2.9 GHz；(b) 3.5 GHz；(c) 4.4 GHz；(d) 5.2 GHz

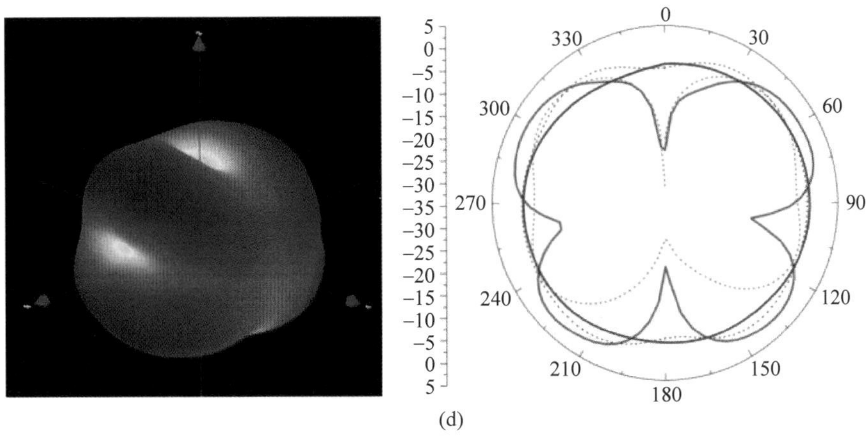

(d)

图 11.3.9 （续）

通过与仿真图形对比可以看到，在所有频带内天线具有良好的全向辐射特性，随着频率的升高，旁瓣逐渐出现，但是零点仍未出现，测量结果与仿真结果吻合良好。但是，由于天线制作精度、接口偏差和测试环境等因素，还存在一些误差。

天线实测与仿真的增益见图 11.3.10。在 1.8 GHz，2.4 GHz，2.9 GHz，3.5 GHz，3.8 GHz，4.4 GHz，5.2 GHz 和 5.8 GHz 频率处，天线增益分别为 0.86 dBi，1.46 dBi，2.35 dBi，2.7 dBi，2.27 dBi，2.66 dBi，2.72 dBi 和 2.7 dBi，与仿真结果接近，符合移动通信要求。

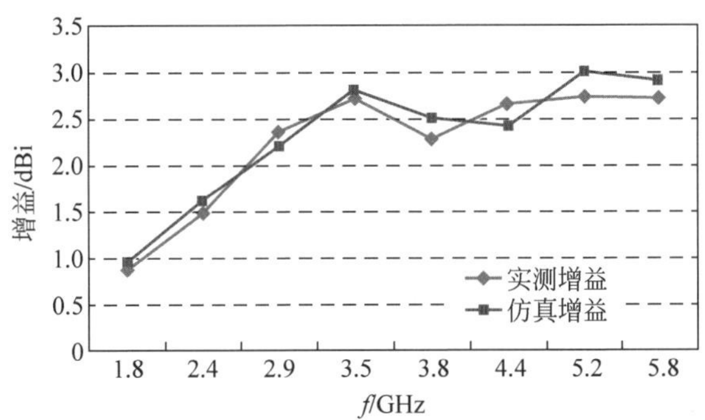

图 11.3.10　Koch 雪花分形天线测试与仿真增益

11.4　宽带 Koch 雪花分形天线

11.4.1　宽带 Koch 雪花分形天线的结构

宽带 Koch 雪花分形天线采用了 2 次迭代分形 Koch 雪花辐射体，辐射体内部采用1次分形Koch雪花进行开槽，为了扩展带宽，采用50Ω梯形结构的共面波导方式馈电。介质板为介电常数 $\varepsilon_r=4.4$、介质损耗角正切 $\tan\delta=0.02$ 的聚四氟乙烯玻璃布板(G10/FR4)材料。天线的整体长度 $L=72$ mm，宽度 $W=42$ mm，厚度 $H=1.6$ mm。天线的结构与尺寸参数见图11.4.1和表11.4.1。

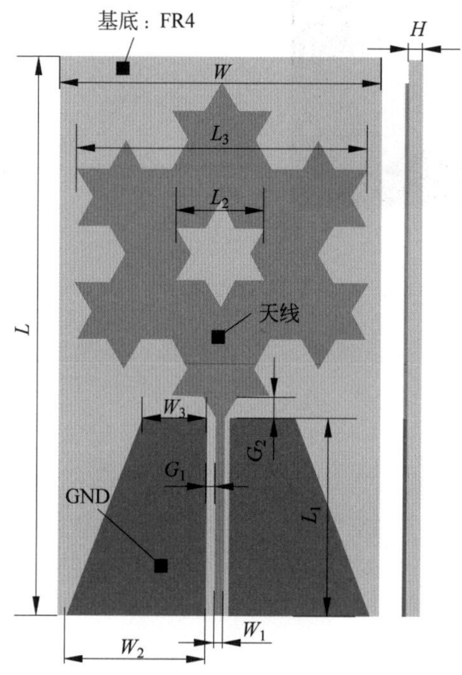

图11.4.1　超宽带Koch雪花分形天线模型结构

表11.4.1　超宽带Koch雪花分形天线尺寸参数　mm

尺寸参数	L	L_1	L_2	L_3	W	W_1
单位	72	25	13.4	37.7	42	1
尺寸参数	W_2	W_3	G_1	G_2	H	
单位	18.5	8.5	1	2.9	1.6	

11.4.2　宽带Koch雪花分形天线仿真结果与参数分析

(1) 天线回波损耗特性分析

天线的演化过程见图11.4.2(其中橙色是铜辐射体部分，绿色为铜接地板，分别覆于介质材料同侧，采用共面波导结构进行馈电)。

与图11.3.2(a)～(c)过程一样，图11.4.2(a)中，传统的单极子辐射体变为倒

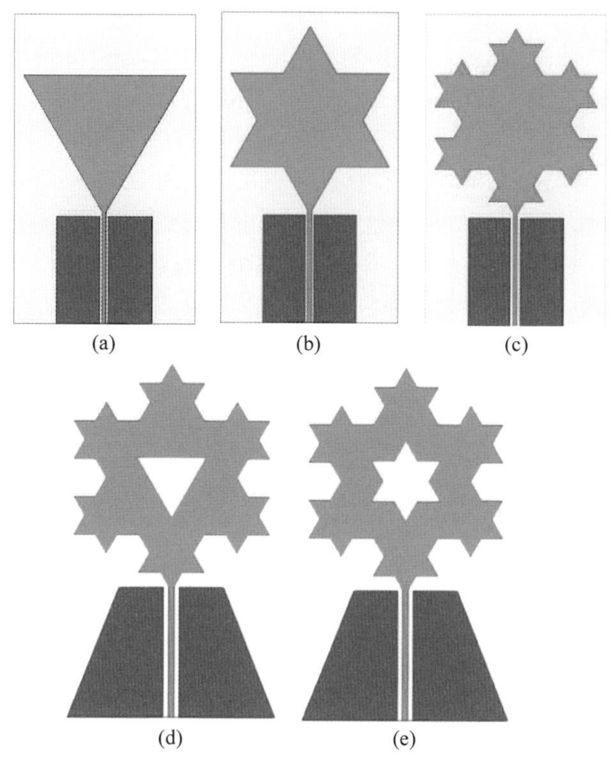

图 11.4.2　超宽带 Koch 雪花分形天线的迭代过程

(a) 0 次迭代；(b) 1 次迭代；(c) 2 次迭代；(d) 2 次迭代内嵌 0 次迭代缝隙；
(e) 2 次迭代内嵌 1 次迭代缝隙

三角辐射体，将该基本几何形状称为 0 阶分形。由于辐射体采用渐变结构逐渐变宽，天线的特性阻抗逐渐降低，容易与 50 Ω 馈线实现良好的匹配，从而扩展频带宽度。经过仿真，可以看到天线出现了以 1.6 GHz 和 4.75 GHz，频率上约为 3 倍关系的两个中心谐振频点，而带宽分别为 1.45～1.9 GHz 和 3.75～5.65 GHz，见图 11.4.3(蓝色虚×线)；在此基础上，对三角形的每条边进行 1 次 Koch 分形迭代，从而形成六角形结构的 Koch 雪花辐射体结构，见图 11.4.2(b)，这样的结构改变，使得流经天线辐射体表面的电流路径长度增加到 0 阶迭代状态下的 4/3 倍，从而使得第二个中心谐振频点由 4.75 GHz 降低为 3.65 GHz，约为 4/3 倍关系。两谐振频点处的带宽分别为 1.45～2.15 GHz 和 2.7～4.1 GHz，见图 11.4.3(紫色点划线)；然后，进行 Koch 雪花 2 次分形迭代，见图 11.4.2(c)，这样的结构改变，使得辐射体在整体宽度和高度不变的情况下，而流经天线辐射体表面的电流路径长度增加到 1 阶 Koch 雪花状态时的 4/3 倍，这也使得辐射体外延的枝节毛刺更多，相互间影响比较明显，天线阻抗更加匹配，带宽进一步扩展为 1.45～

4.15 GHz。其中,中心谐振频点 1.65 GHz 处的回波损耗比 1 次 Koch 雪花分形状态的－14.2 dB 降低为－17.4 dB,降低了 3.2 dB;中心谐振频点 3.6 GHz 处的回波损耗比 1 次 Koch 雪花分形状态的－19.5 dB 降低为－24 dB,降低了 4.5 dB,见图 3.29(绿色▲实线)。

接下来,在 2 次 Koch 雪花分形中心用小尺寸的 0 次 Koch 雪花分形(即倒三角形)进行开槽,见图 11.4.2(d)。这样的结构改变使得天线辐射体在外围尺寸长度不变的情况下,形成了环形结构,增加了内部电流流动的路径长度,同时接地板由矩形变为梯形结构,进一步改善了阻抗特性。此时－10 dB 带宽为 1.52～4.61 GHz,中心谐振频率分别为 1.85 GHz、3.35 GHz 和 3.85 GHz,其对应的回波损耗分别为－19.2 dB、－26.7 dB 和－24.7 dB,见图 11.4.3(黑色虚线)。

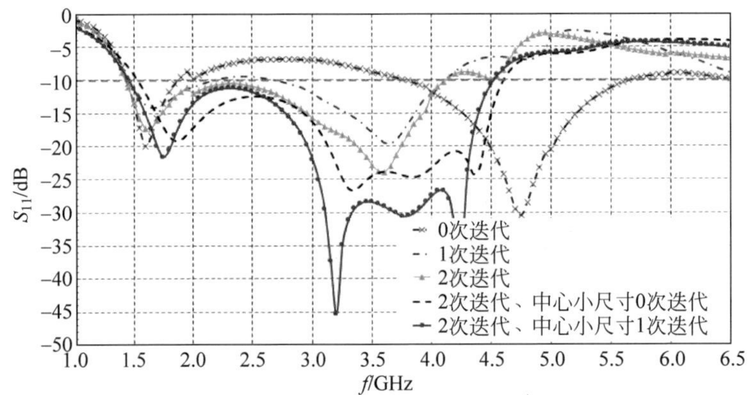

图 11.4.3　超宽带 Koch 雪花分形天线不同迭代次数的仿真回波损耗

最后,将 0 次 Koch 雪花分形(倒三角形)开槽改为 1 次 Koch 雪花分形开槽,见图 11.4.2(e),从而进一步改善了天线的阻抗特性,中心谐振频点的回波损耗变得更低,带宽更宽。此时的－10 dB 带宽为 1.47～4.52 GHz(绝对带宽为 3.1：1),在 1.75 GHz,3.2 GHz 和 4.25 GHz 处回波损耗分别为－21.6 dB,45.3 dB 和－35.2 dB,下降非常明显,见图 11.4.3(红色实线)。随着分形阶次的增加,天线的辐射阻抗增加,谐振频率逐渐降低,并趋向于某一有限值。

该天线在超宽频带内覆盖了十余个移动应用频段,分别为 GPS(L1：1575 MHz,L4：1841 MHz)、北斗(B1：1561 MHz)、格洛纳斯(L1：1602 MHz)、伽利略(E1：1590 MHz, E2：1561 MHz)等卫星导航系统,DCS1800(1710～1820 MHz),TD-SCDMA(1880～2025 MHz),WCDMA(1920～2170 MHz),CDMA2000(1920～2125 MHz),LTE33-41(1900～2690 MHz),LTE42/43(3.4～3.8 GHz),Bluetooth(2400～2483.5 MHz),WLAN(802.11b/g/n：2.4～2.48 GHz)和 WiMAX(3.3～3.8 GHz)等移动通信系统,见表 11.4.2。

表 11.4.2　超宽带 Koch 雪花分形天线覆盖的商用频段

−10 dB 带宽	商用频段覆盖
1.47～4.52 GHz (3.1：1)	GPS(L1：1575 MHz，L4：1841 MHz)，北斗(B1：1561 MHz)，格洛纳斯(L1：1602 MHz)，伽利略(E1：1590 MHz，E2：1561 MHz)，DCS1800(1710～1820 MHz)，TD-SCDMA(1880～2025 MHz，2300～2400 MHz)，WCDMA(1920～2170 MHz，1755～1880 MHz)，CDMA2000(1920～2125 MHz)，LTE33-41(1900～2690 MHz)，LTE42/43(3.4～3.8 GHz)，蓝牙(2400～2483.5 MHz)，WLAN(802.11b/g/n:2.4～2.48 GHz)，WiMAX(3.3～3.8 GHz)

(2) 天线表面电流分布

图 11.4.4 为天线在 1.75 GHz、3.2 GHz 和 4.25 GHz 中心谐振频率处的表面电流幅值和矢量分布。

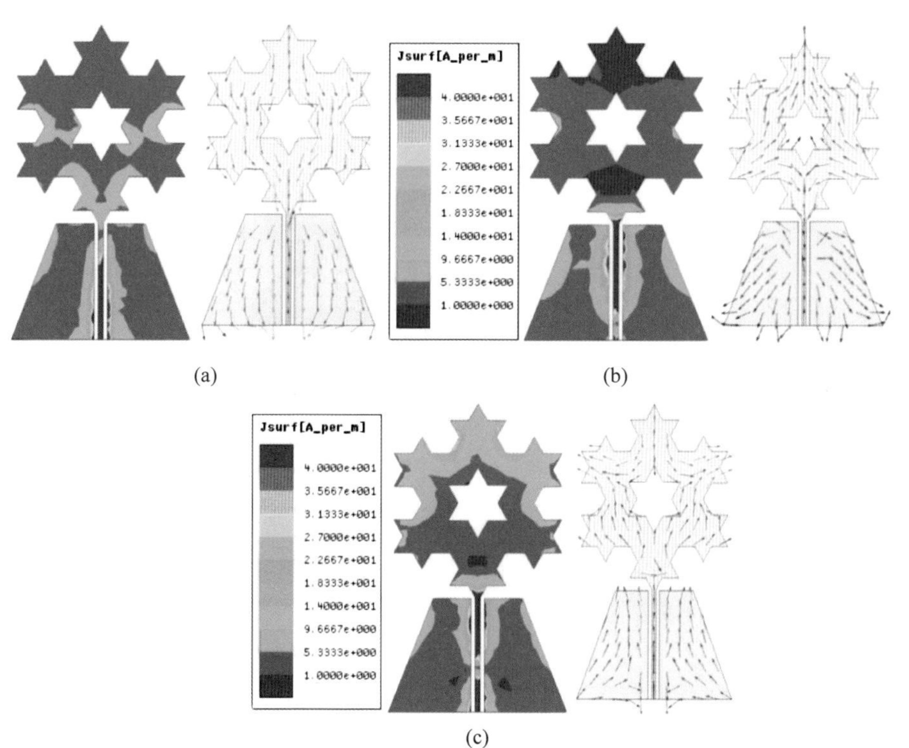

图 11.4.4　超宽带 Koch 雪花分形天线的电流振幅和矢量分布

(a) 1.75 GHz；(b) 3.2 GHz；(c) 4.25 GHz

可以清楚地看到，通过分形结构形成的枝节，使得天线辐射表面的电流路径变得更长。对于 1.75 GHz 谐振中心频段，天线辐射体外边缘有更多的电流，随着工作频率的升高，电流在辐射体内部缝隙更加集中，同时外缘电流强度增加；对于 4.25 GHz 谐振中心频带，电流在辐射体边缘达到相对最大值。

(3) 天线的增益与方向特性

仿真的 3D 增益和 E/H 面内交叉极化见图 11.4.5、图 11.4.6，其中红色实线表示主极化，蓝色虚线表示交叉极化。在中心谐振频率分别为 1.75 GHz，3.2 GHz 和 4.25 GHz 处，天线的增益分别为 2.4 dBi，3.1 dBi 和 2.3 dBi。

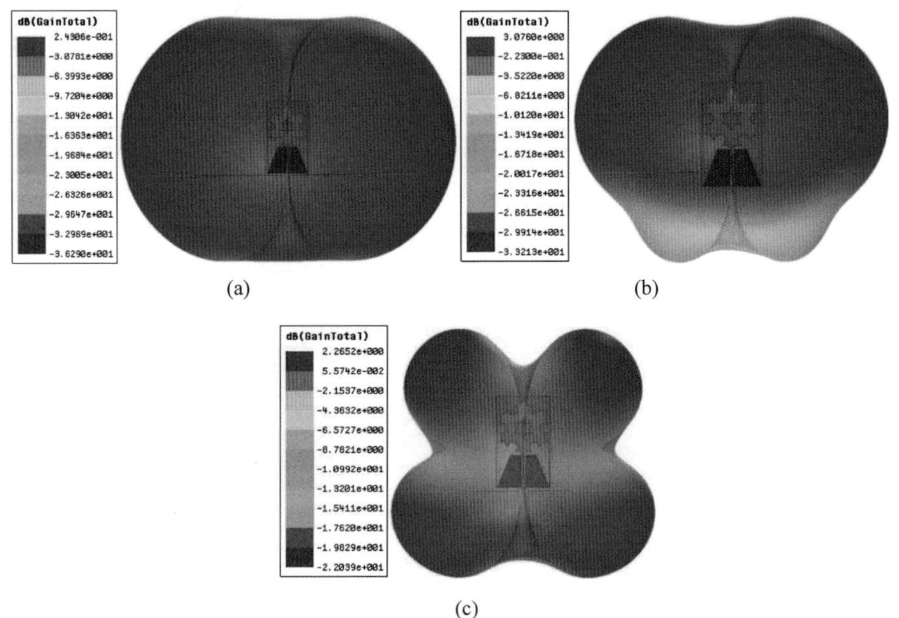

图 11.4.5　超宽带 Koch 雪花分形天线的 3D 增益图

(a) 1.75 GHz；(b) 3.2 GHz；(c) 4.25 GHz

在低频段，天线的方向图接近全向辐射，随着频率升高，出现了较多的旁瓣电平和副瓣。对于整个频段范围来说，天线保持了较好的辐射特性，几乎没有零点出现。

在低频段，天线具有较小的交叉极化特性；随着频率的升高，天线的全向性仍然保持得较好，但交叉极化增加明显，如 3.2 GHz 和 4.25 GHz 频点处的 E 面里交叉极化明显变大。

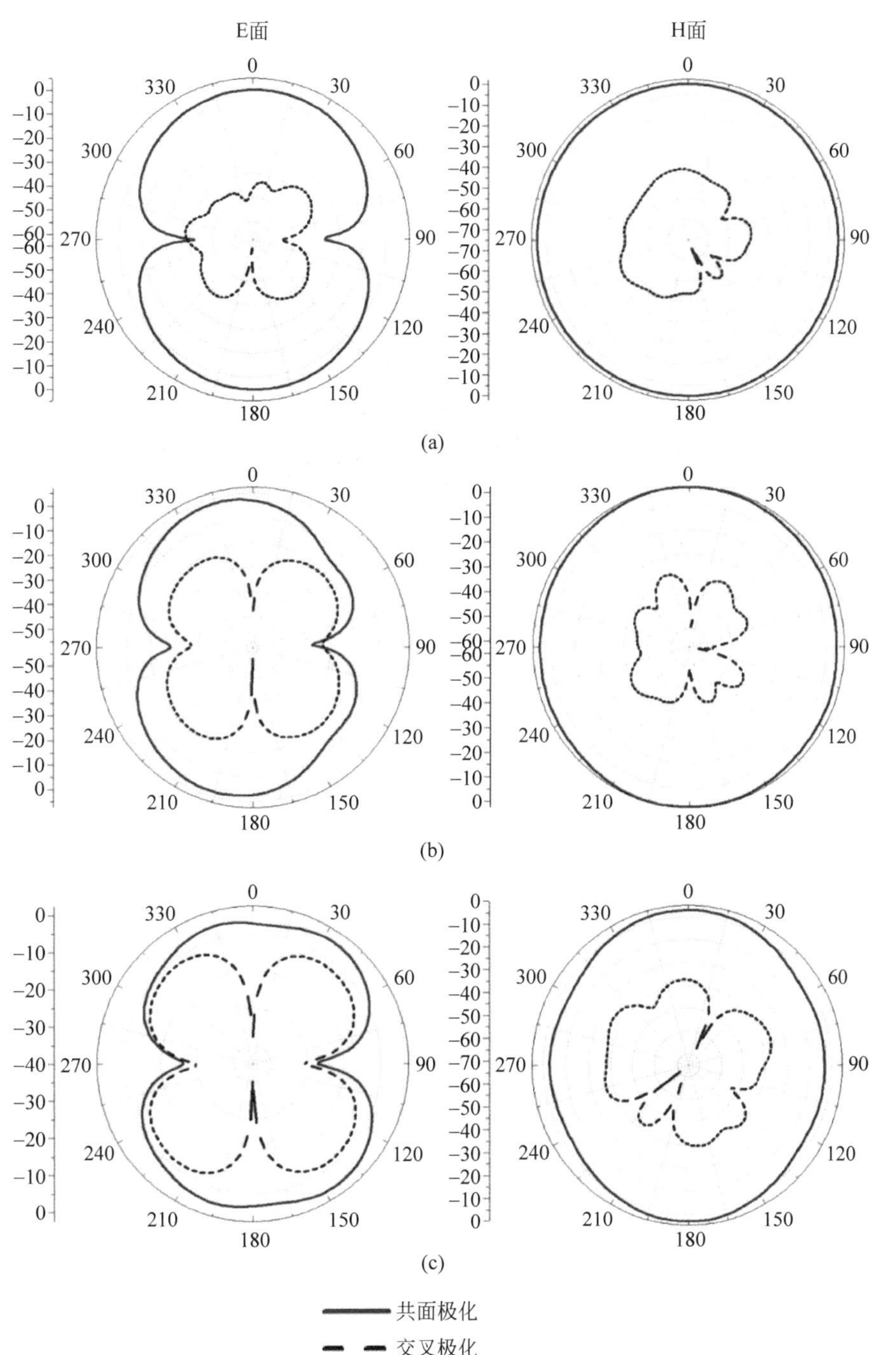

图 11.4.6　超宽带 Koch 雪花分形天线 E/H 面交叉极化

(a) 1.75 GHz；(b) 3.2 GHz；(c) 4.25 GHz

11.4.3　宽带 Koch 雪花分形天线测试结果与性能分析

制作的 Koch 雪花分形天线实物前后视图见图 11.4.7。天线介质基材为 1.6 mm 厚的 G10/FR4 介质板，天线辐射体与接地板为 30 μm 厚的覆铜层。该天线利用北京邮电大学 SATIMO 公司 SG24 天线全波暗室系统和安捷伦矢量网络分析仪 N5230C 进行测试。

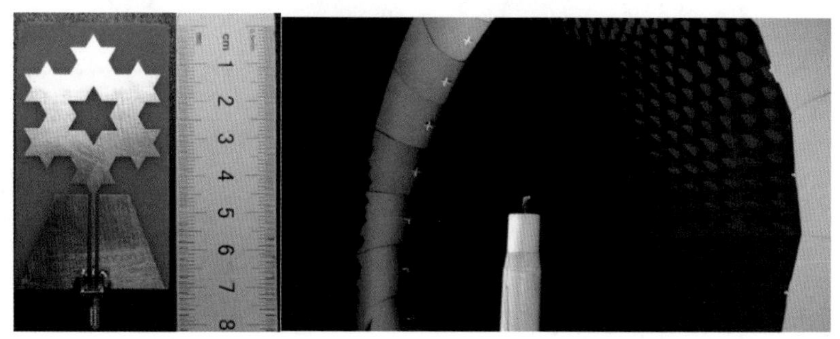

图 11.4.7　超宽带 Koch 雪花分形天线原型及暗室测试装置

测量的回波损耗和仿真结果比较后，中心谐振频率与带宽出现了一定的偏移，整体上保持了较好的一致性，见图 11.4.8。

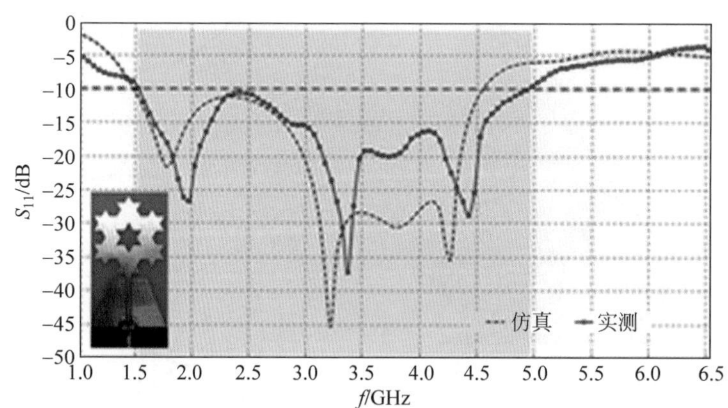

图 11.4.8　超宽带 Koch 雪花分形天线回波损耗实测与仿真对比

天线测试的带宽与仿真带宽较为匹配，见表 11.4.3。其中，天线－10 dB 频段带宽分别为 1.5～4.9 GHz，绝对带宽达到 3.3∶1，使得天线可覆盖 2G、3G、4G-LTE、移动通信系统和 WiFi、蓝牙及卫星导航等无线移动应用，与仿真结果一致。

表 11.4.3　超宽带 Koch 雪花分形天线实测频段覆盖

−10 dB 带宽	商用频段覆盖
1.5～4.9 GHz (3.3：1)	GPS(L1：1575 MHz，L4：1841 MHz)，北斗(B1：1561 MHz)，GLONASS(L1：1602 MHz)，伽利略(E1：1590 MHz，E2:1561 MHz)，DCS1800 (1710～1820 MHz)，TD-SCDMA (1880～2025 MHz，2300～2400 MHz)，WCDMA (1920～2170 MHz，1755～1880 MHz)，CDMA2000(1920～2125 MHz)，LTE33-41 (1900～2690 MHz)，LTE42/43(3.4～3.8 GHz)，蓝牙(2400～2483.5 MHz)，WLAN (802.11b/g/n:2.4～2.48 GHz)，WiMAX(3.3～3.8 GHz)

天线在 1.95 GHz，3.35 GHz 和 4.4 GHz 中心谐振点处，实测和仿真的 E/H 面方向图及天线实测 3D 辐射方向图，见图 11.4.9，其中红色表示 E 面方向图，蓝色表示 H 面方向图；实线表示实测值，虚线表示仿真值。

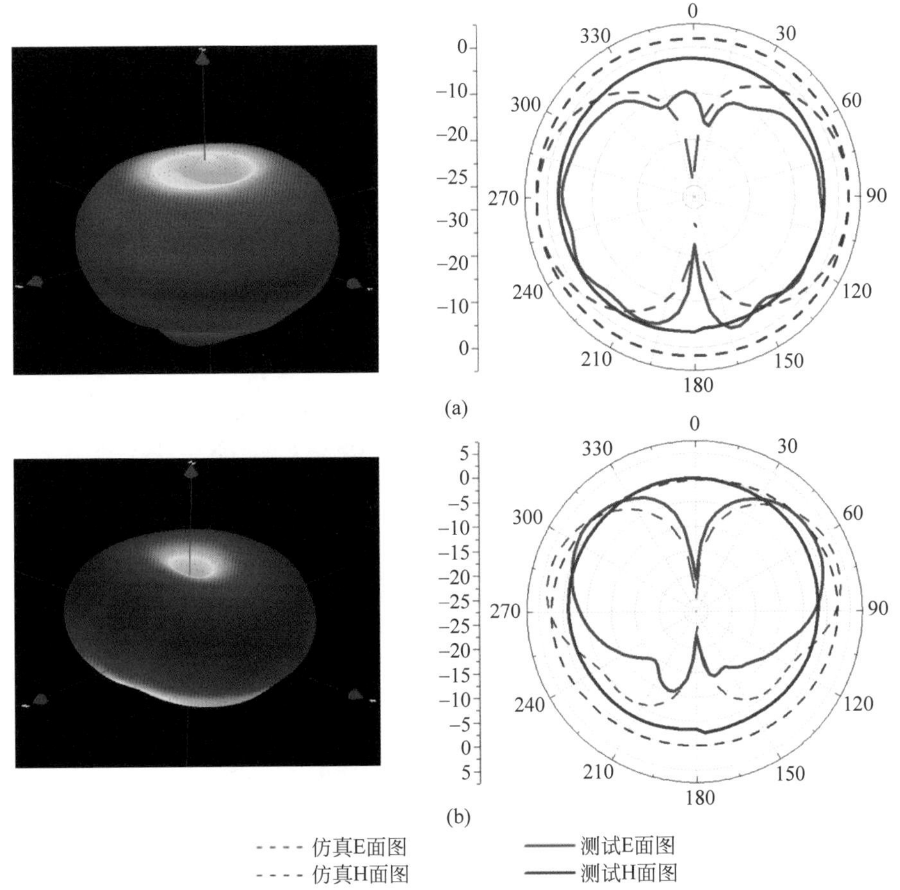

图 11.4.9　超宽带 Koch 雪花分形天线测试与仿真的 3D 与 E/H 面方向图

(a) 1.95 GHz；(b) 3.35 GHz；(c) 4.4 GHz

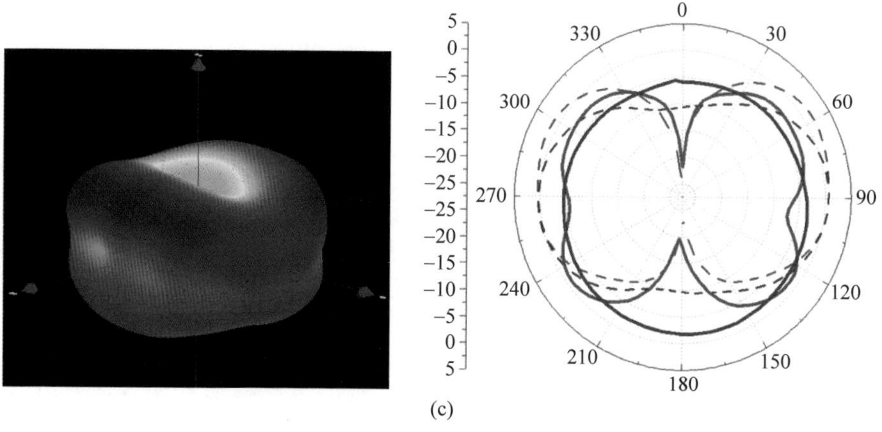

(c)

图 11.4.9 （续）

通过与仿真图形对比可以看到，在整个宽频带内天线具有良好的全向辐射特性，随着频率的升高，旁瓣逐渐出现，但是零点仍未出现，测量结果与仿真结果吻合良好。但是，由于天线制作精度、接口偏差和测试环境等因素，还存在一些误差。

天线实测的增益与效率见图 11.4.10。天线实测的增益约为－1.7～2.35 dBi，天线效率在 31%～64%间变化，符合移动通信要求。

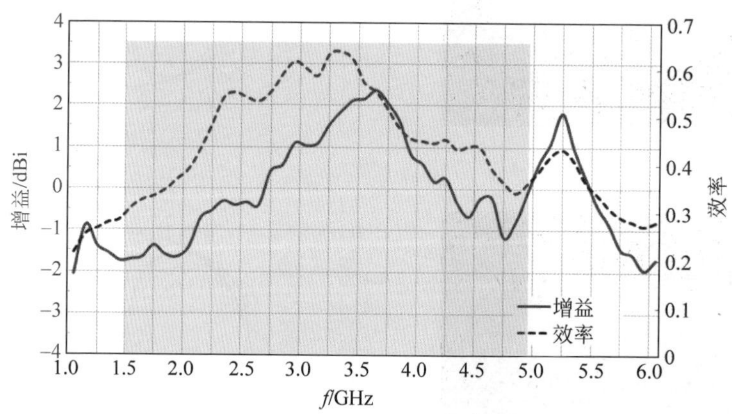

图 11.4.10 超宽带 Koch 雪花分形天线增益与效率测试曲线

11.5 多频段 Koch 雪花分形缝隙天线

11.5.1 多频段 Koch 雪花分形缝隙天线的原理结构

该天线采用了 11.4 节中用到的 Koch 雪花分形结构，并进行了 3 次迭代分形后，对正六边形辐射体进行同心掏空，从而形成了一个环形结构。通过环内侧 3 阶 Koch 雪花分形和环外侧六边形的作用，改变辐射体内部的电流流向实现多频段覆盖和天线结构的小型化。其中，内环周长由于进行了 Koch 雪花 3 次迭代分形，所以内边缘周长为 $3\times(4/3)^3\times L_3=3\times(4/3)^3\times 26.69=189.9$ mm，外边缘周长为 $6\times 2\sqrt{3}/3\times L_4=145$ mm，内周长大于外周长。这样，在环形结构的内部空间内，电流流经的路径反而变长了，就像人体肠胃内表面的褶皱结构增加了肠胃的内部表面积一样，可以使天线在更小的尺寸下获得更低的工作频率。天线采用 50 Ω 微带结构馈线，介质板为介电常数 $\varepsilon_r=4.4$、厚度 $H=1.6$ mm、介电常数 $\varepsilon_\gamma=4.4$、介质损耗角正切 $\tan\delta=0.02$ 的聚四氟乙烯玻璃布板(G10/FR4)材料。天线物理尺寸大小为 88.5 mm×58 mm×1.6 mm，天线的结构与尺寸参数见图 11.5.1 和表 11.5.1。

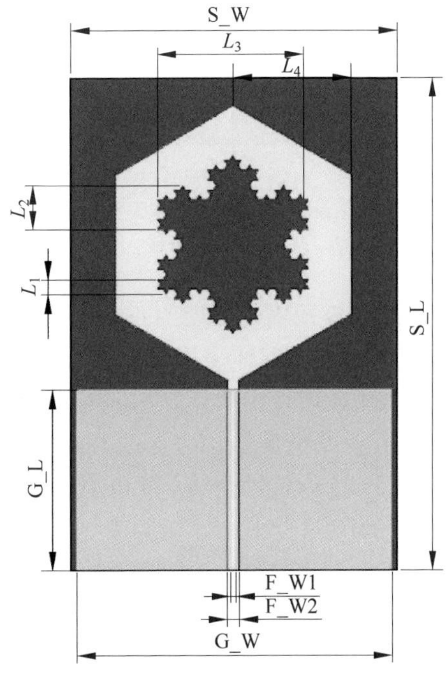

图 11.5.1　Koch 雪花分形缝隙天线模型结构

表 11.5.1　天线 Koch 雪花分形缝隙天线尺寸参数　　mm

尺寸参数	S_L	S_W	G_W	F_W1	F_W2
单位	88.5	60	58	1	2
尺寸参数	G_L	L_1	L_2	L_3	L_4
单位	32.5	2.67	8	26.69	21.65

11.5.2 多频段 Koch 雪花分形缝隙天线仿真结果与参数分析

(1) 天线回波损耗特性分析

该分形结构天线辐射体生成过程见图 11.5.2(其中黄色是铜辐射体部分,黄绿色为背面铜接地板,分别覆于深绿色介质材料两侧),并对不同状态下天线的仿真性能进行了比较,见图 11.5.3。

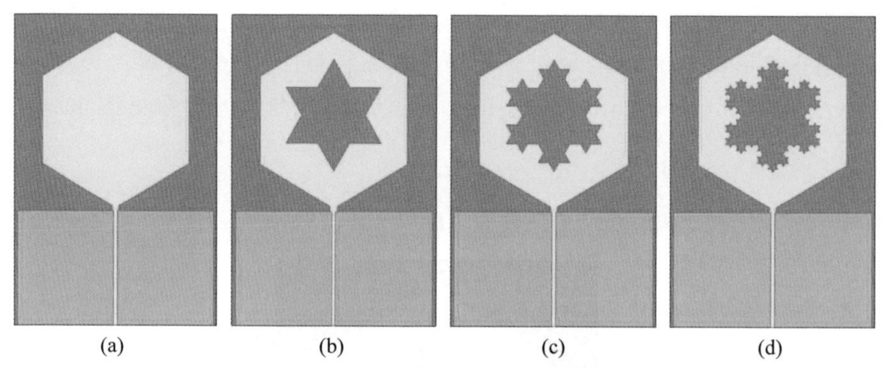

图 11.5.2 Koch 雪花分形缝隙天线的演进过程

(a) 0 阶; (b) 1 阶; (c) 2 阶; (d) 3 阶

图 11.5.2(a)中,传统的单极子辐射体变为正六边形辐射体,馈线采用阶跃结构变宽,与六边形顶角相连。由于辐射体采用 120°夹角渐变结构逐渐变宽,天线的特性阻抗逐渐降低,容易与 50 Ω 馈线实现良好的匹配,从而扩展频带宽度; 另外,辐射体与接地板之间形成 30°夹角缝隙结构也促进了多频宽带谐振特性的产生,将该基本几何形状称为 0 阶分形。经过仿真,可以看到天线出现了 1.75 GHz, 2.7 GHz,3.8 GHz 和 5.6 GHz 四个中心谐振频率,频率分别约为 0.9 GHz 的 2 倍,3 倍,4 倍和 6 倍关系,见图 11.5.3(蓝色虚线)。

在此基础上,在六边形辐射体内嵌一个 1 阶 Koch 分形缝隙,见图 11.5.2(b); 以此类推,内嵌的 1 阶 Koch 分形缝隙变为 2 阶 Koch 分形缝隙和 3 阶 Koch 分形缝隙,见图 11.5.2(c)和(d)。回波损耗仿真曲线分别为图 11.5.3 中的紫色点状线、绿色点划线和红色实线。

最终天线的 S_{11} 回波损耗曲线如图 11.5.4 所示,四个中心谐振频点 1.65 GHz, 2.69 GHz,3.78 GHz 和 5.5 GHz 处反射损耗分别为 −13.9 dB, −27.2 dB, −31.8 dB 和 −14.5 dB。−10 dB 频段带宽分别为 1.49~1.87 GHz(22.6%),可覆盖 DCS1800 (1710~1820 MHz),WCDMA (1755~1880 MHz), GPS(L1, L4),北斗(B1),GLONASS(L1), 伽利略(E1, E2); 2.44~2.90 GHz(17.2%),可覆盖

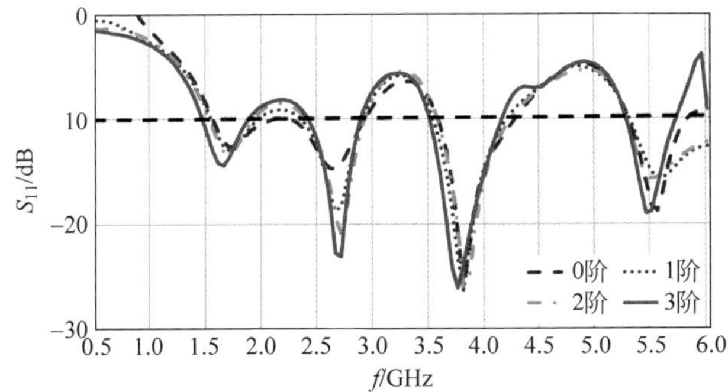

图 11.5.3　Koch 雪花分形缝隙天线不同迭代演进过程的回波损耗

WLAN (802.11b/g/n:2.4～2.48 GHz); 3.52～4.15 GHz(16.4%)，可覆盖 LTE42/43 (3.4～3.8 GHz); 5.29～6 GHz(12.6%)，可覆盖 WLAN (802.11 a/n:5.15～5.35 GHz)等无线通信系统，如表 11.5.2 所示。

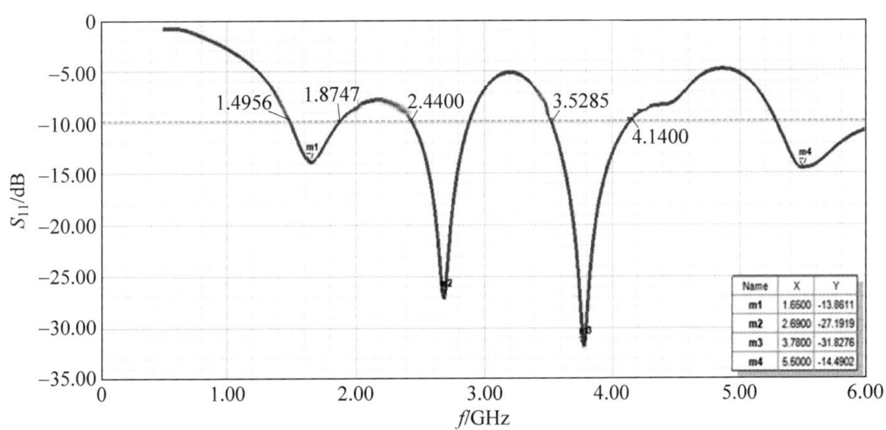

图 11.5.4　Koch 雪花分形缝隙天线回波损耗图

表 11.5.2　Koch 雪花分形缝隙天线的可覆盖频段

频段	带宽	商用频段覆盖
1	1.49～1.87 GHz (22.6%)	DCS1800 (1710～1820 MHz), WCDMA (1755～1880 MHz), GPS(L1, L4), BDS(B1), GLONASS(L1), GALILEO(E1, E2)
2	2.44～2.90 GHz (17.2%)	WLAN(802.11b/g/n:2.4～2.48 GHz)
3	3.52～4.15 GHz (16.4%)	LTE42/43 (3.4～3.8 GHz)
4	5.29～6 GHz (12.6%)	WLAN(802.11 a/n:5.15～5.35 GHz)

(2) 天线表面电流分布

图 11.5.5 为天线在 1.65 GHz,2.69 GHz,3.78 GHz 和 5.5 GHz 中心谐振频率处的表面电流幅值和矢量分布。

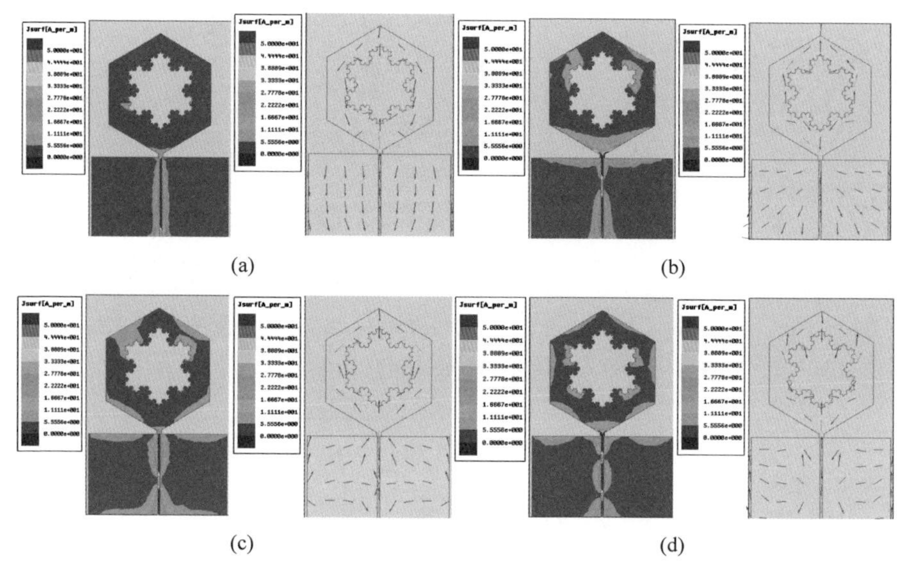

图 11.5.5 Koch 雪花分形缝隙天线表面电流幅值和矢量分布

(a) 1.65 GHz; (b) 2.69 GHz; (c) 3.78 GHz; (d) 5.5 GHz

可以清楚地看到,通过分形结构缝隙形成的内部枝节,使得天线辐射表面的电流路径变得更长。对于 1.65 GHz 谐振频点,天线辐射体外边缘有更多的电流,随着工作频率的升高,电流在辐射体内部枝节上更加集中,同时外缘电流强度增加;对于 5.5 GHz 谐振中心频带,电流在辐射体边缘达到相对最大值。

(3) 天线的增益与方向特性

仿真的 3D 增益和 E/H 方向图,见图 11.5.6,其中红色实线表示 E 面方向图,蓝色虚线表示 H 面方向图。在中心谐振频率为 1.65 GHz,2.69 GHz,3.78 GHz 和 5.5 GHz 处天线增益分别为 2.8 dBi,4.9 dBi,4 dBi 和 5.7 dBi。同时可以看出,E 面和 H 面在低频段具有很好的全向辐射特性。

在低频段,天线的方向图接近全向辐射,随着频率升高,出现了较多的旁瓣电平和副瓣。对于整个频段范围来说,天线保持了较好的辐射特性,几乎没有零点出现。

E/H 面内交叉极化见图 11.5.7,其中红色实线表示主极化,蓝色虚线表示交叉极化。在低频段,天线具有较小的交叉极化特性;随着频率的升高,天线的全向性仍然保持得较好,但交叉极化增加明显,如 3.8 GHz 和 5.5 GHz 频点处的 E 面交叉极化明显变大。

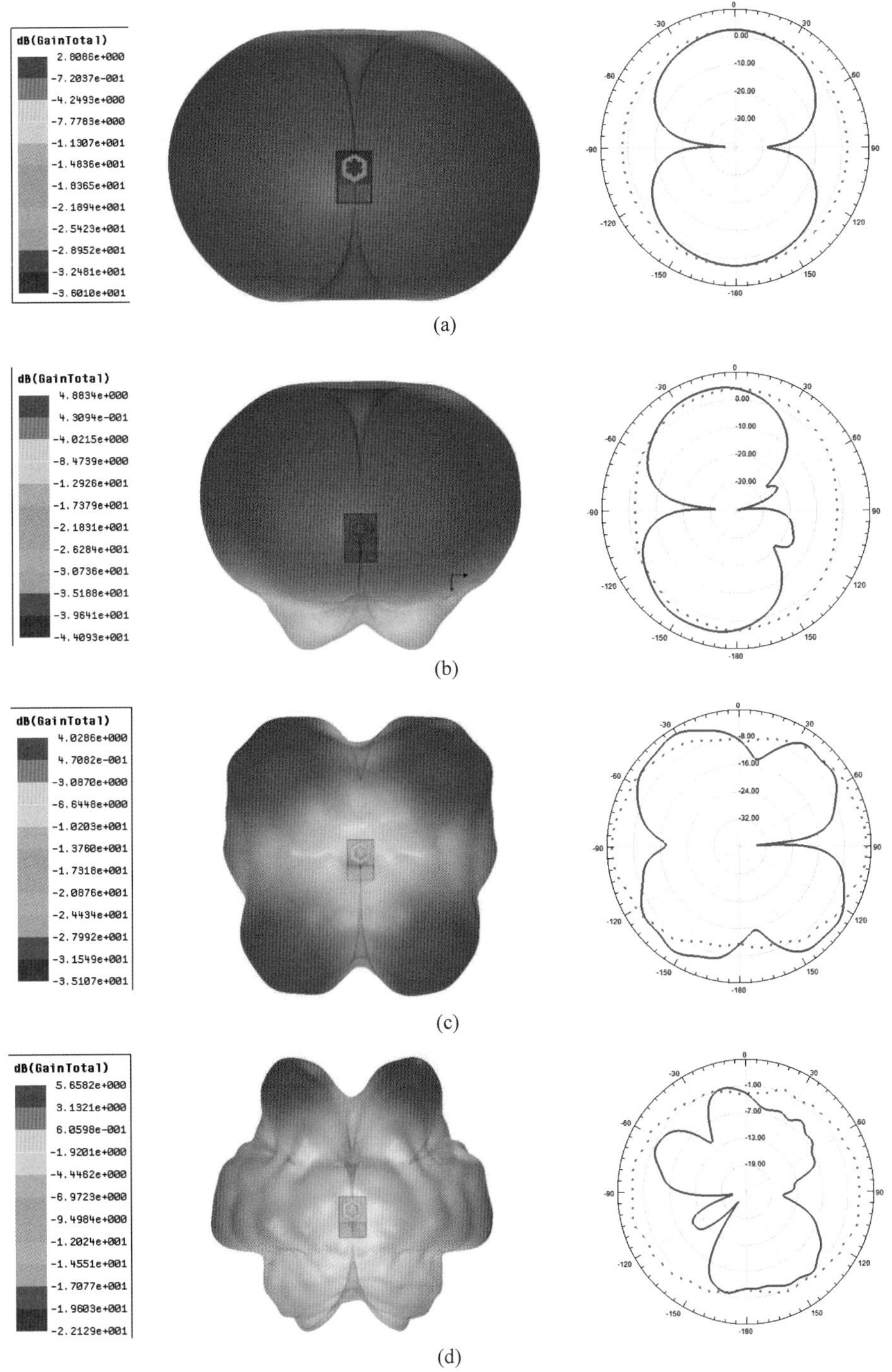

图 11.5.6　Koch 雪花分形缝隙天线的方向图增益及 E/H 方向图

(a) 1.65 GHz；(b) 2.69 GHz；(c) 3.78 GHz；(d) 5.5 GHz

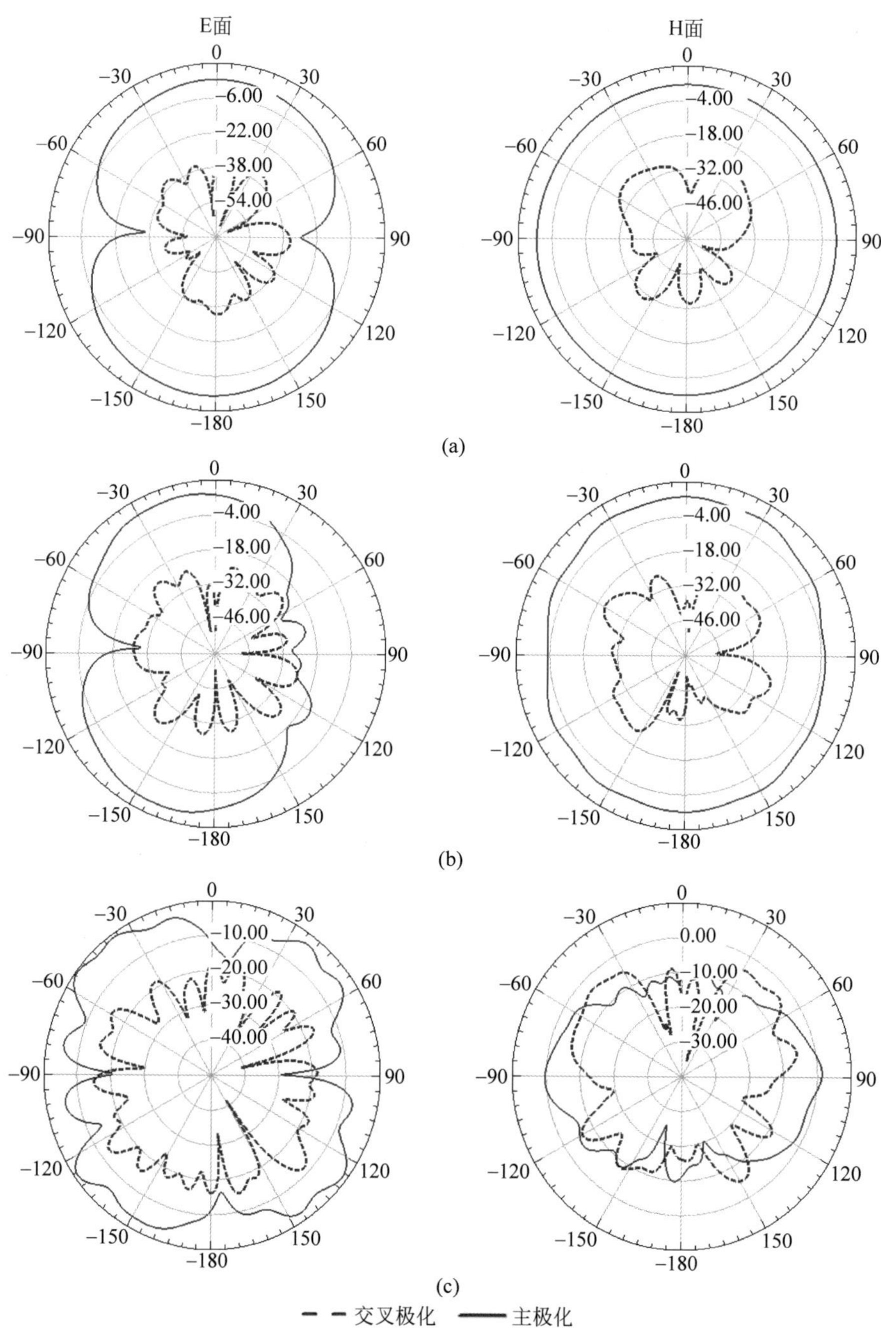

图 11.5.7 Koch 雪花分形缝隙天线 E 面、H 面交叉极化

(a) 1.7 GHz；(b) 2.7 GHz；(c) 3.8 GHz；(d) 5.5 GHz

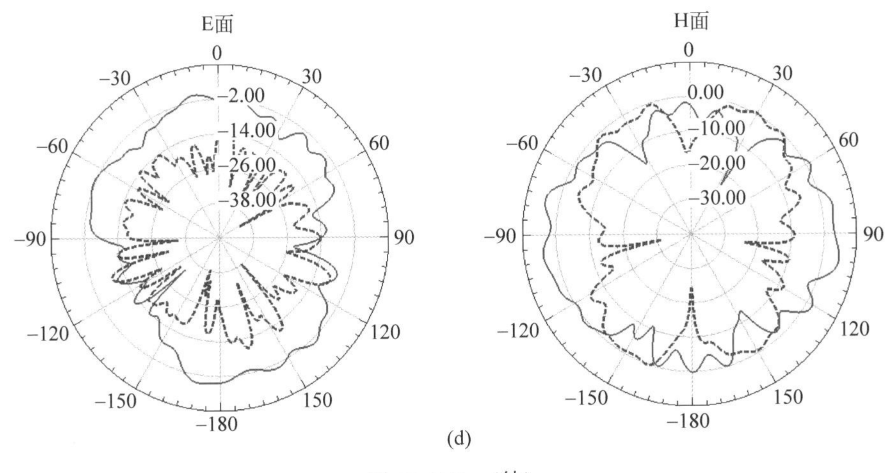

图 11.5.7 （续）

11.5.3 多频段 Koch 雪花分形缝隙天线测试结果与性能分析

多频段 Koch 雪花分形缝隙天线实物前后视图见图 11.5.8。天线介质基材为 1.6 mm 厚的 G10/FR4 介质板，天线辐射体与接地板为 30 μm 厚的覆铜层。该天线利用北京邮电大学 SATIMO 公司 SG24 天线全波暗室系统和安捷伦矢量网络分析仪 N5230C 进行测试。

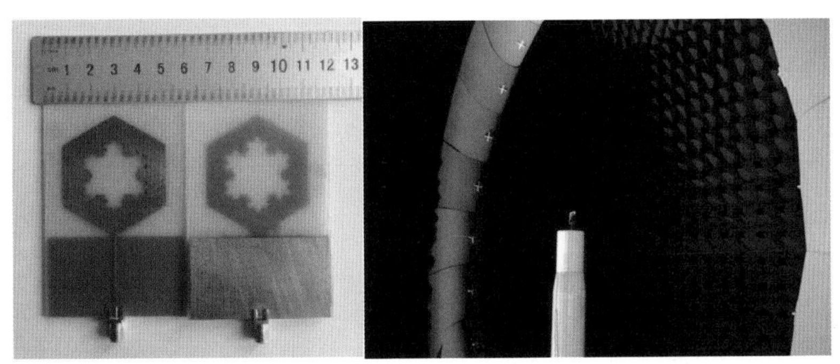

图 11.5.8 Koch 雪花分形缝隙天线实物及暗室测试装置

测量的回波损耗和仿真结果比较后可以看出，中心谐振频率与带宽出现了一定的偏移，整体上保持了较好的一致性，见图 11.5.9。

天线测试的带宽与仿真带宽较为匹配。其中，天线－10 dB 频段带宽分别为 1.6～2.05 GHz(24.7%)，2.4～2.95 GHz(20.6%)，3.5～4.05 GHz(14.6%)和 5.15～6 GHz(15.2%)。这些频段可覆盖 2G、3G、4G-LTE 移动通信系统和 WiFi、蓝牙及卫星导航等无线应用，与仿真结果一致，见表 11.5.3。

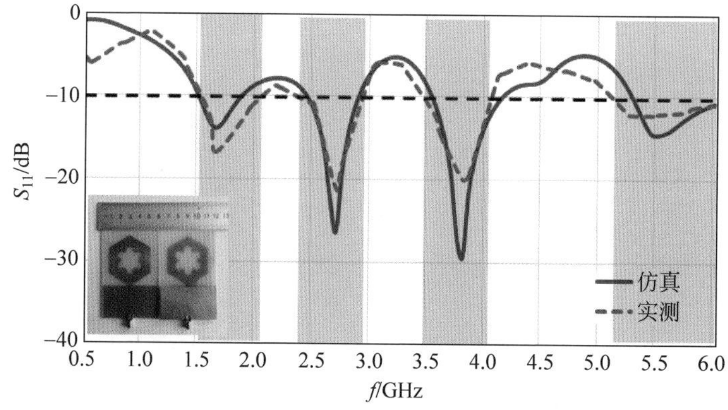

图 11.5.9　Koch 雪花分形缝隙天线实测值与仿真值对比

表 11.5.3　Koch 雪花分形缝隙天线实测频段覆盖

频段	带宽	商用频段覆盖
1	1.6～2.05 GHz (24.7%)	DCS1800（1710～1820 MHz），TD-SCDMA（1880～2025 MHz，2300～2400 MHz），WCDMA（1920～2170 MHz，1755～1880 MHz），CDMA2000(1920～2125 MHz)，LTE33-41（1900～2690 MHz），蓝牙(2400～2483.5 MHz)，GPS(L1，L4)，北斗(B1)，GLONASS(L1)，GALILEO(E1，E2)，WLAN（802.11b/g/n：2.4～2.48 GHz)
2	2.4～2.95 GHz (20.6%)	WLAN(802.11b/g/n:2.4～2.48 GHz)
3	3.5～4.05 GHz (14.6%)	LTE42/43 (3.4～3.8 GHz)N
4	5.15～6 GHz (15.2%)	WLAN(802.11a/n:5.15～5.35 GHz)

天线在 1.7 GHz，2.7 GHz，3.8 GHz 和 5.5 GHz 中心谐振频点处实测的 3D 方向图见图 11.5.10。

通过与仿真图形对比可以看到，在所有频段内天线具有良好的全向辐射特性，随着频率的升高，旁瓣逐渐出现，但是零点仍未出现，测量结果与仿真结果吻合良好。但是，由于天线制作精度、接口偏差和测试环境等因素，仍存在一些误差。

天线实测增益与效率见图 11.5.11，在 1.6～2.05 GHz 频段内，效率在 51%～74%范围内变化，增益在 0.21～3.69 dBi 范围内变化；2.4～2.95 GHz 频段内，效率在 75%～98%范围内变化，增益在 3.47～7.79 dBi 范围内变化；3.5～4.05 GHz 频段内，效率在 62%～80%范围内变化，增益在 3.84～5.57 dBi 范围内变化；5.15～6 GHz 频段内，效率在 63%～79%范围内变化，增益在 2.93～4.93 dBi 范围内变化，符合移动通信要求。

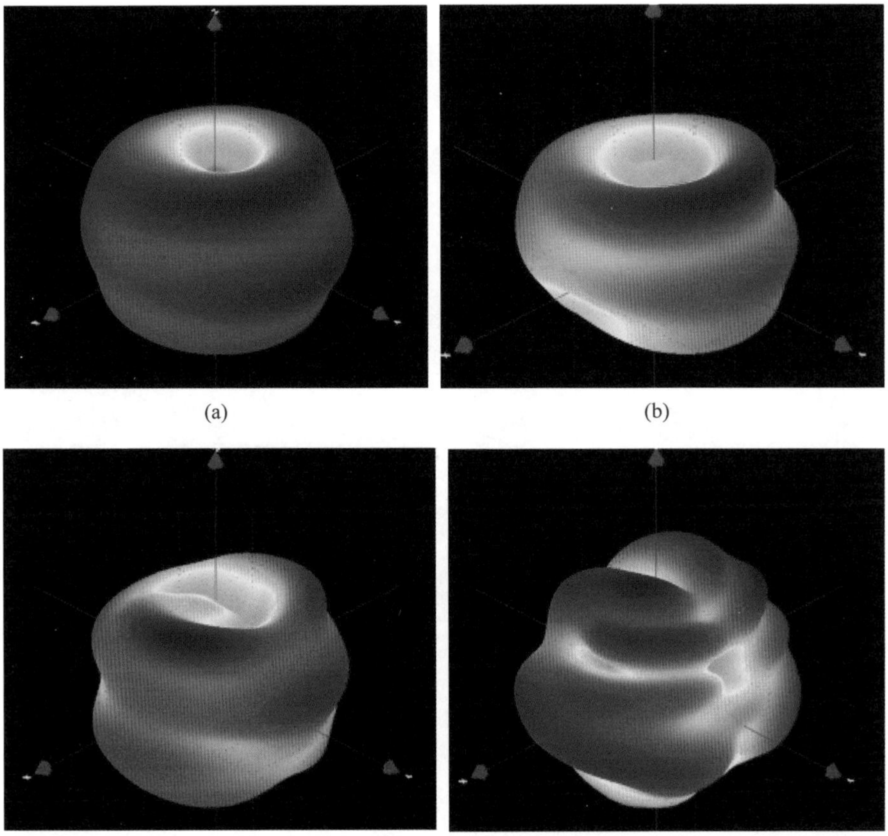

(a)　(b)

(c)　(d)

图 11.5.10　Koch 雪花分形缝隙天线的测试与仿真 3D 方向图

(a) 1.7 GHz；(b) 2.7 GHz；(c) 3.8 GHz；(d) 5.5 GHz

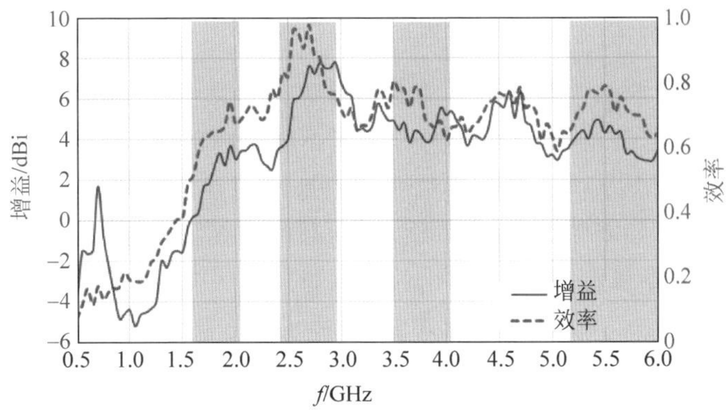

图 11.5.11　Koch 雪花分形缝隙天线测试的增益与效率

11.6 多频段 W 形花瓣分形天线的设计与仿真

11.6.1 W 形花瓣分形天线的原理结构

该天线的辐射体结构是对自然界的花朵(见图 11.6.1)的一种仿生变形。

图 11.6.1 自然界的花朵

通过对正六边形辐射体的每条边裁剪掉若干等腰三角形后，形成了 2 次迭代的 W 形仿花瓣分形结构，并在中心被一个更小的六边形裁剪。从而在辐射体整体尺寸大小不变的情况下增加了外部边缘和内部边缘电流的路径长度，从而可以产生更低的谐振频率和多频段响应，采用 50 Ω 共面波导结构馈线。其中棕色是铜辐射体部分，绿色为铜接地板，分别覆于蓝色介质材料同侧。介质板为介电常数 $\varepsilon_r=4.4$、厚度 $H=1.6$ mm、介质损耗角正切 $\tan\delta=0.02$ 的聚四氟乙烯玻璃布板(G10/FR4)材料。天线的整体长度 $J_1=98$ mm，宽带 $J_2=56$ mm。天线的结构与尺寸参数见图 11.6.2 和表 11.6.1。

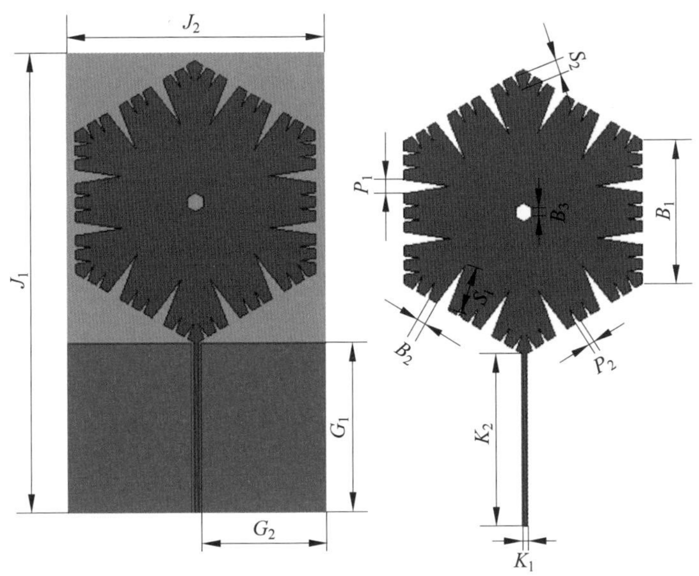

图 11.6.2　W 形仿花瓣分形天线模型结构

表 11.6.1　W 形仿花瓣分形天线尺寸参数　　mm

尺寸参数	J_1	J_2	G_1	G_2	K_1	K_2	B_1
单位	98	56	36	27	1	36.3	30
尺寸参数	B_2	B_3	P_1	P_2	S_1	S_2	
单位	2	2	3	1	10.1	3.4	

11.6.2　W 形花瓣分形天线仿真结果与参数分析

(1) 天线回波损耗特性分析

天线的演化过程见图 11.6.3。可将六边形的一条侧边看作一等腰梯形，即为 0 次迭代，见图(a)；对此梯形的长边底部用两个相等的等腰三角形进行裁剪，剩余的结构就像英文字母“W”，形成了 1 次迭代结构，见图(b)；以此类推，在被两个等腰三角形裁剪后剩余的短边处，继续用两个更小的等腰三角形进行二次裁剪，这样每条短边又出现了更小的英文字母“W”形，形成了 2 次迭代结构，见图(c)，从而增加了电流在边缘路径流经的长度。

另外，由于与第 3 章中的分形天线一样，这些自相似结构产生的电流路径变化，以及“W”形花瓣与花瓣之间产生的耦合作用会产生不同的频率谐振点。天线的反射损耗曲线见图 11.6.4。

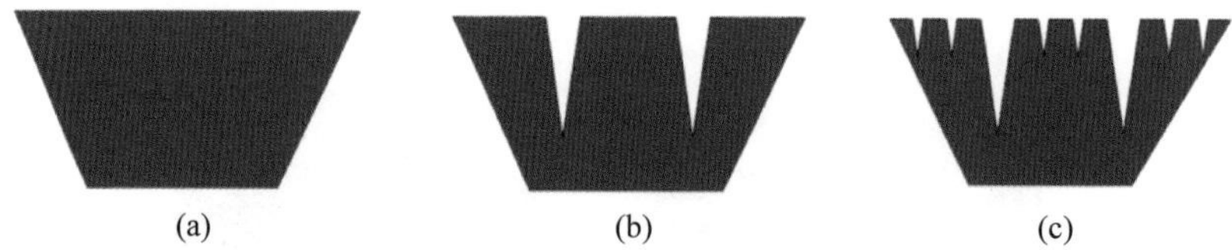

图 11.6.3 天线辐射体边缘的迭代过程

(a) 0 次迭代；(b) 1 次迭代；(c) 2 次迭代

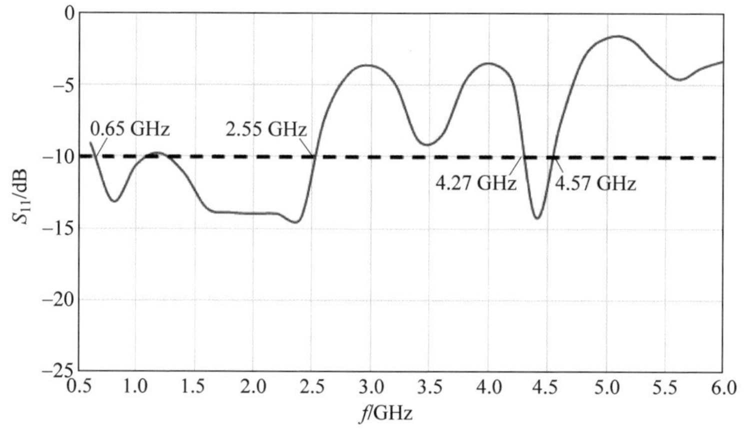

图 11.6.4 W 形仿花瓣分形天线反射损耗

由该曲线可知，天线工作于两个频段，其−10 dB 带宽分别为 0.65～2.55 GHz (118.75%)和 4.27～4.57 GHz(6.8%)。其中，中心谐振频率为 0.8 GHz 处的反射损耗为−13.1 dB，1.8 GHz 处的反射损耗为−13.9 dB，2.4 GHz 处的反射损耗为−14.3 dB，4.4 GHz 处的反射损耗为−14.2 dB。这些频段可以覆盖 2G，3G，4G，WiFi，蓝牙，卫星导航，WiMAX 和卫星接收等无线移动应用，见表 11.6.2。

表 11.6.2 W 形仿花瓣分形天线所覆盖的商用频段

频段	−10 dB 带宽	商用频段覆盖
1	0.65～2.55 GHz (118.75%)	GSM900 (880～960 MHz)，TD-SCDMA (1880～2025 MHz，2300～2400 MHz)，WCDMA (1920～2170 MHz，1755～1880 MHz)，CDMA2000(1920～2125 MHz)，LTE33-40(1900～2570 MHz)，蓝牙(2400～2483.5 MHz)，GPS(L1，L4)，BDS(B1)，GLONASS(L1)，伽利略(E1，E2)，WLAN (802.11b/g/n:2.4～2.48 GHz)
2	4.27～4.57 GHz (6.8%)	卫星 C 频段

(2) 天线表面电流分布

工作于 0.8 GHz、1.8 GHz、2.4 GHz 和 4.4 GHz 中心频率下的天线辐射体上的电流幅度与矢量合成分布见图 11.6.5。

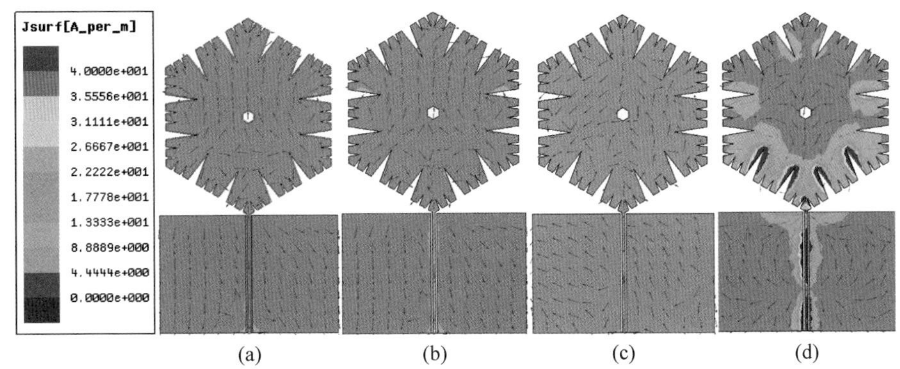

图 11.6.5　W 形仿花瓣分形天线电流幅值与矢量合成分布图

(a) 0.8 GHz；(b) 1.8 GHz；(c) 2.4 GHz；(d) 4.4 GHz

由图 11.6.5 可知，天线表面电流充满了分形形成的外部边缘褶皱结构，使天线辐射体表面的电流路径变得更长。对于 0.8 GHz 频点，电流主要集中在天线辐射体的底部，随着频率的升高，辐射体的外沿电流变得更强，对于 4.4 GHz 频点，波长变短，辐射体外沿电流最强。

(3) 天线的增益与方向特性

仿真的 3D 增益和 E/H 交叉极化见图 11.6.6 和图 11.6.7，其中红色实线表示主极化，蓝色虚线表示交叉极化。在中心谐振频率分别为 0.8 GHz，1.8 GHz，2.4 GHz 和 4.4 GHz 处，天线的增益分别为 −3.99 dBi，2.2 dBi，3.6 dBi 和 2.9 dBi。

在低频段，天线的方向图接近全向辐射，随着频率升高，出现了较多的旁瓣电平和副瓣。对于整个频段范围来说，天线保持了较好的辐射特性，几乎没有零点出现。

在低频段，天线具有较小的交叉极化特性；随着频率的升高，天线的全向性仍然保持得较好，但交叉极化增加明显，如 4.4 GHz 频点处的 E 面和 H 面的交叉极化明显变大。

11.6.3　W 形花瓣分形天线测试结果与性能分析

制作的 W 形仿花瓣分形天线实物见图 11.6.8。天线介质基材为 1.6 mm 厚的 G10/FR4 介质板，天线辐射体与接地板为 30 μm 厚的覆铜层。该天线性能测试采用通用测试公司的 Dart-5000 天线全波暗室系统进行测试。

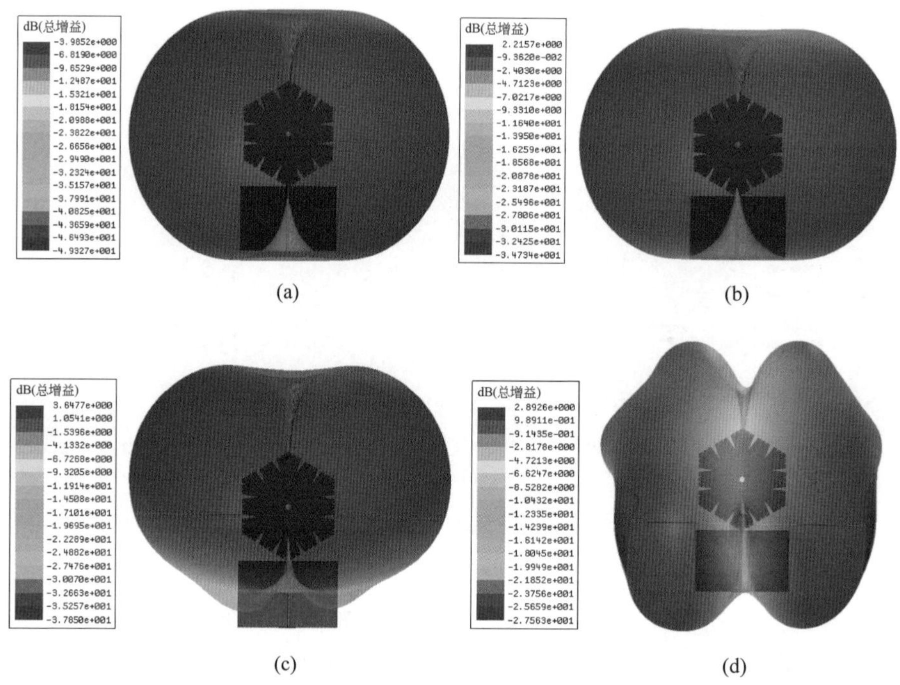

图 11.6.6 W 形仿花瓣分形天线 3D 增益图

(a) 0.8 GHz；(b) 1.8 GHz；(c) 2.4 GHz；(d) 4.4 GHz

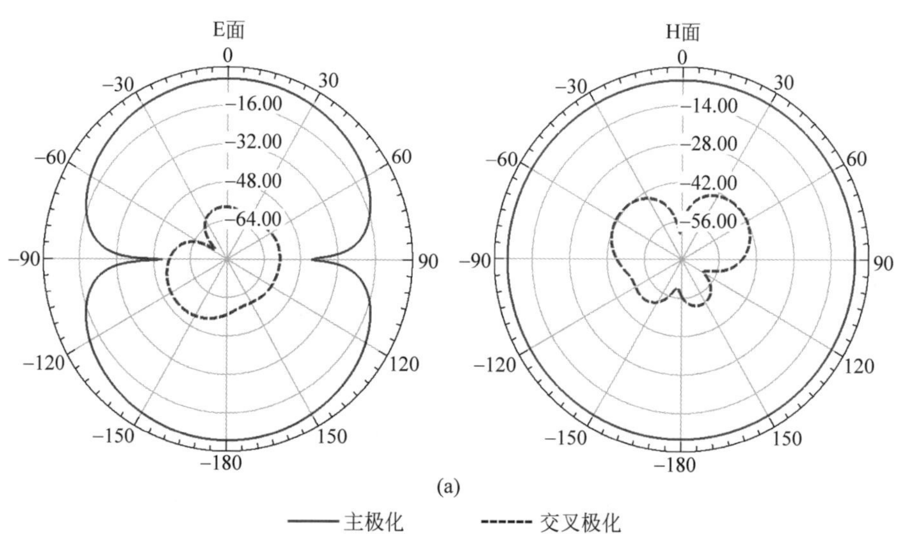

图 11.6.7 W 形仿花瓣分形天线 E/H 面交叉极化

(a) 0.8 GHz；(b) 1.8 GHz；(c) 2.4 GHz；(d) 4.4 GHz

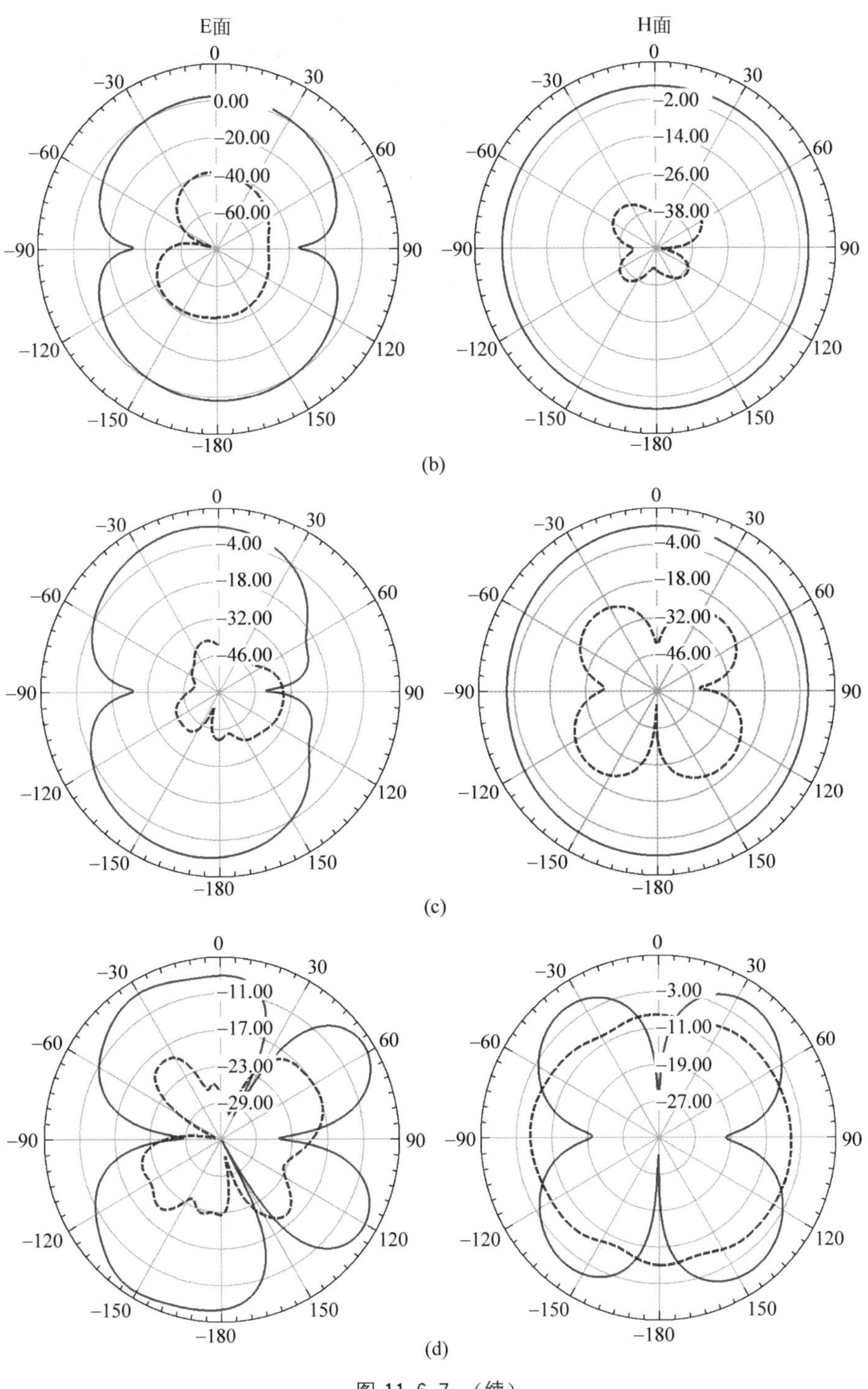
E面
H面
0
30
60
90
120
150
-180
-150
-120
-90
-60
-30
0.00
-20.00
-40.00
-60.00
-2.00
-14.00
-26.00
-38.00
(b)
-4.00
-18.00
-32.00
-46.00
(c)
-11.00
-17.00
-23.00
-29.00
-3.00
-11.00
-19.00
-27.00
(d)

图 11.6.7 （续）

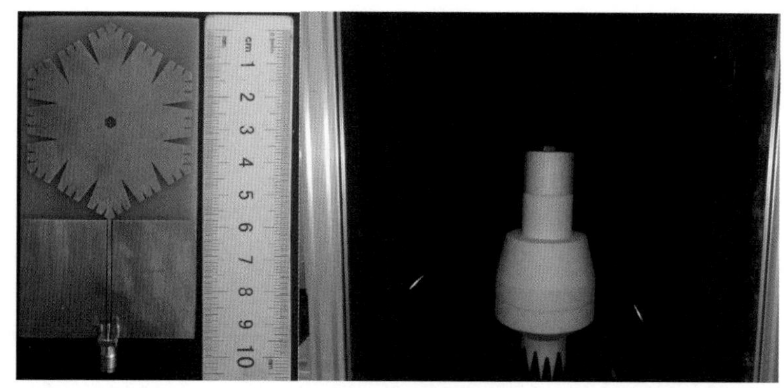

图 11.6.8　W 形仿花瓣分形天线实物及暗室测试装置

测量的回波损耗和仿真结果比较后，中心谐振频率与带宽出现了一定的偏移，整体上保持了较好的一致性，见图 11.6.9。

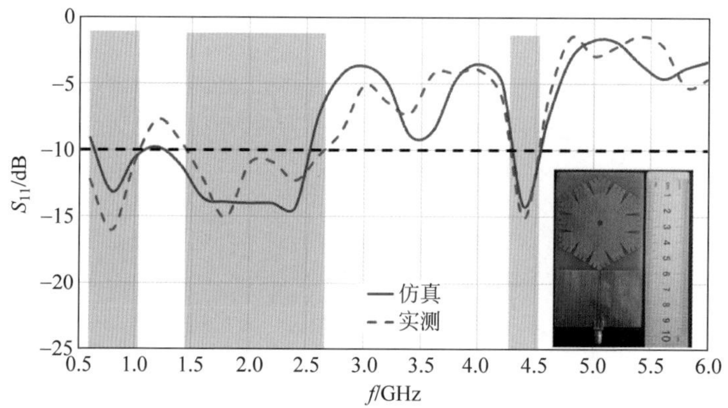

图 11.6.9　W 形仿花瓣分形天线实测与仿真对比

天线实测带宽与仿真带宽较为匹配，见表 11.6.3。其中，天线−10 dB 频段带宽分别为 0.6～1.05 GHz(54.5%)，1.45～2.65 GHz(58.5%)和 4.25～4.55 GHz(6.8%)。这些频段可覆盖 2G、3G、4G-LTE 移动通信系统和 WiFi、蓝牙及卫星导航和接收等无线应用，与仿真结果一致。

表 11.6.3　W 形仿花瓣分形天线实测频段覆盖

频段	带宽	商用频道覆盖
1	0.6～1.05 GHz (54.5%)	GSM900 (880～960 MHz)

续表

频段	带宽	商用频道覆盖
2	1.45～2.65 GHz (58.5%)	DCS1800（1710～1820 MHz），TD-SCDMA（1880～2025 MHz，2300～2400 MHz），WCDMA（1920～2170 MHz，1755～1880 MHz），CDMA2000(1920～2125 MHz)，LTE33-40（1900～2570 MHz)，蓝牙(2400～2483.5 MHz)，GPS(L1，L4)，北斗(B1)，GLONASS(L1)，伽利略(E1，E2)，WLAN（802.11b/g/n:2.4～2.48 GHz)
3	4.25～4.55 GHz (6.8%)	卫星 C 波段

天线在 2.1 GHz 和 3.5 GHz 中心谐振点处实测 3D 辐射方向图，见图 11.6.10。通过与仿真图形对比可以看到，在所有频带内天线具有良好的全向辐射特性，随着频率的升高，旁瓣逐渐出现，但是零点仍未出现，测量结果与仿真结果吻合良好。

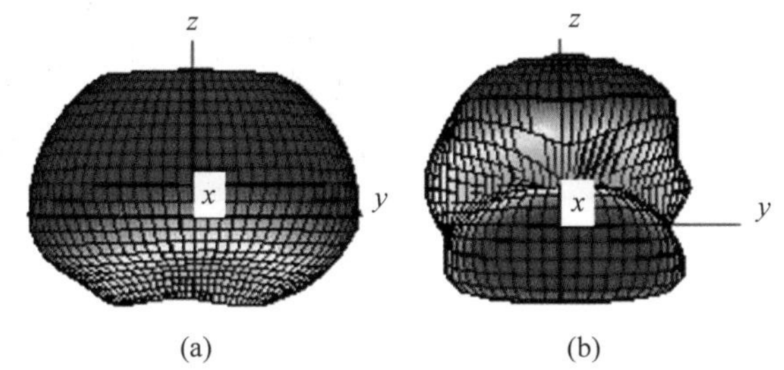

图 11.6.10　W 形仿花瓣分形天线 3D 增益图

(a) 2.1 GHz；(b) 3.5 GHz

天线实测增益和效率见图 11.6.11。该天线在 2.1 GHz 处峰值增益为 2.4 dBi，效率为 77.8%；3.5 GHz 处峰值增益为 1.9 dBi，效率为 44.9%，符合移动通信要求。

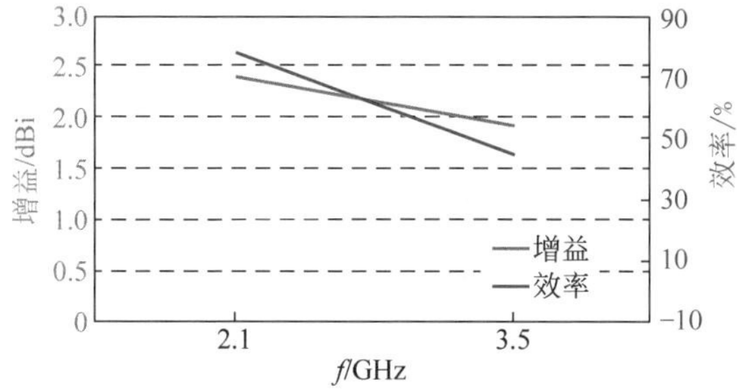

图 11.6.11　W 形仿花瓣分形天线测试的增益与效率

11.7 二叉型树枝仿生结构分形天线

11.7.1 二叉型树枝仿生结构分形天线的结构

该天线将自然界的树枝分叉几何结构应用到天线工程，并且以二叉型分枝为基础结构，在每个分叉的基础上再次进行二叉型分枝分形，经过两次迭代分形后的结构作为天线辐射体，介绍了一种全新的树枝仿生结构分形微带天线。该天线的结构借鉴了自然界的二叉型树枝结构(见图 11.7.1)。

图 11.7.1 自然界中的二叉型树枝

天线的结构如图 11.7.2 所示，该天线辐射体采用 2 次二叉树分形结构，通过对天线辐射体枝节尺寸的优化，以改变微带天线金属表面电流流向，从而实现多频段覆盖。辐射的形状是以张角为 90°的 V 字形为基础，取其最外边长 L_7+L_4 的

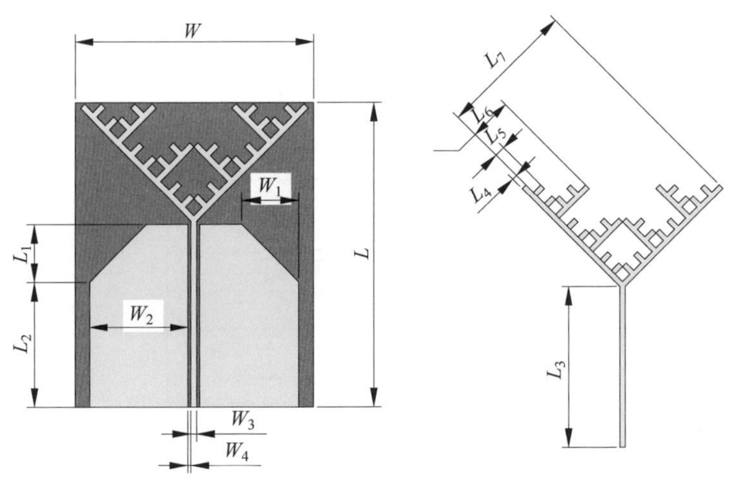

图 11.7.2 二叉型树枝仿生结构分形天线模型结构

1/3 进行 1 阶分形，辐射体导带的宽度 L_4 为 1 mm，再取其 1/9 长度进行 2 阶分形，导带宽度还是 1 mm，天线尺寸参数如表 11.7.1 所示。为实现结构小型化，采用 50 Ω 梯形结构共面波导结构馈线。介质板为介电常数 $\varepsilon_r=4.4$、厚度 $H=1.6$ mm、介质损耗角正切 $\tan\delta=0.02$ 的聚四氟乙烯玻璃布板(G10/FR4)材料，天线大小为 50 mm×40 mm×1.6 mm。

表 11.7.1　二叉型树枝仿生结构分形天线尺寸参数　　mm

尺寸参数	W	W_1	W_2	W_3	W_4	L	L_1
单位	40	9.5	16.5	1	0.5	50	9.5
尺寸参数	L_2	L_3	L_4	L_5	L_6	L_7	
单位	20.5	30.5	1	2	8	26	

11.7.2　二叉型树枝仿生结构分形天线仿真结果与参数分析

(1) 天线回波损耗特性分析

天线辐射体的分形演变过程如图 11.7.3 所示(其中橙色是铜辐射体部分和共面波导结构接地板，绿色为介质材料)，并对不同状态下天线的仿真性能进行了比较。

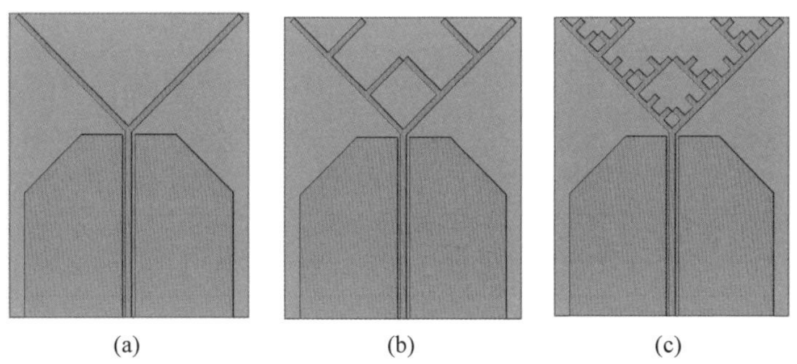

(a)　(b)　(c)

图 11.7.3　二叉型树枝仿生结构分形天线辐射体演变过程

(a) 1 阶分形树枝；(b) 2 阶分形树枝；(c) 3 阶分形树枝

图 11.7.4 为该天线的回波损耗 S_{11} 曲线。对于具有 1 阶分形树枝型辐射体来说，天线的中心谐振频点为 2.1 GHz 和 3.2 GHz，回波损耗分别为−16.1 dB 和−12.3 dB，且频带较窄；对于具有 2 阶分形树枝型辐射体，天线的中心谐振频点为 2.07 GHz 和 4.97 GHz，回波损耗分别为−17.1 dB 和−20.3 dB；对于具有 3 阶分形树枝型辐射体，天线的中心谐振频点为 2.1 GHz 和 4.97 GHz，回波损耗分别为−20.5 dB 和−44.7 dB，频带宽度分别为 500 MHz 和 550 MHz。

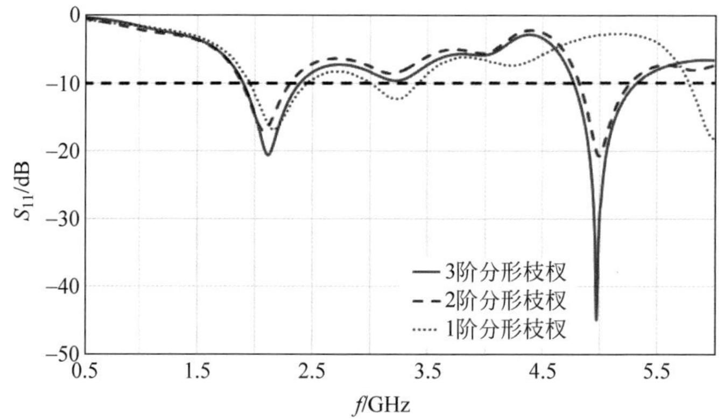

图 11.7.4 二叉型树枝仿生分形不同迭代次数下回波损耗曲线

天线−10 dB 频段带宽分别为 23.3%(1.9～2.4 GHz),可覆盖 TD-SCDMA(1880～2025 MHz,2300～2400 MHz),WCDMA(1920～2170 MHz),CDMA2000(1920～2125 MHz),蓝牙(2400～2483.5 MHz),LTE33-40 (1900～2400 MHz)等移动通信系统;10.9%(4.75～5.3 GHz),可覆盖 WLAN(802.11a/n:5.15～5.35 GHz)通信系统,见表 11.7.2。

表 11.7.2 二叉型树枝仿生分形天线覆盖的频段

频段	带宽	商用频段覆盖
1	1.9 ～ 2.4 GHz (23.3%)	TD-SCDMA (1880～2025 MHz, 2300～2400 MHz), WCDMA (1920～2170 MHz), CDMA2000(1920～2125 MHz),蓝牙(2400～2483.5 MHz), LTE33-40 (1900～2400 MHz)
2	4.75 ～ 5.3 GHz (10.9%)	WLAN(802.11a/n:5.15～5.35 GHz)

(2) 天线表面电流分布

图 11.7.5 为天线在 2.1 GHz 和 4.97 GHz 谐振频率处的表面电流幅值和矢量合成分布图。天线表面的分形枝节结构,使得天线辐射表面的电流路径变得更长。对于低频段,天线表面电流主要集中在辐射体底部,随着工作频率的升高,电流向辐射体外延扩展,枝节上也出现了较强的电流分布。

(3) 天线的增益与方向特性

仿真的 3D 增益和 E/H 面内的交叉极化见图 11.7.6 和图 11.7.7,其中红色实线表示主极化,蓝色虚线表示交叉极化。在中心谐振 2.1 GHz 和 4.97 GHz 处的天线增益分别为 2.38 dBi 和 3.13 dBi。

在整个频道内,天线的方向图接近全向辐射。随着频率升高,出现了较多的旁

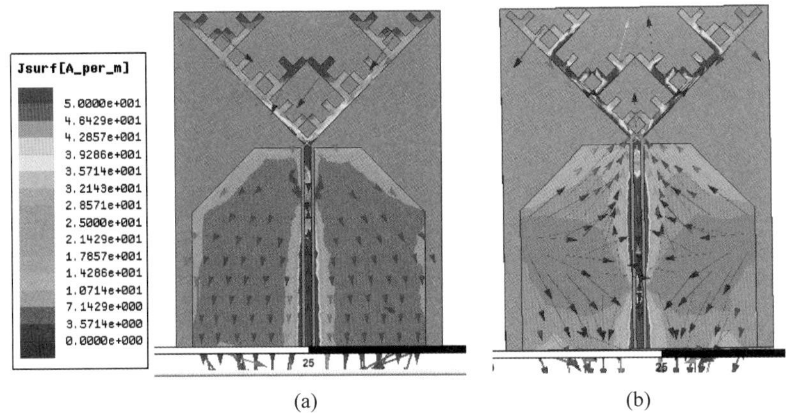

(a)　(b)

图 11.7.5　二叉型树枝仿生分形天线的电流幅值和矢量分布

(a) 2.1 GHz; (b) 4.97 GHz

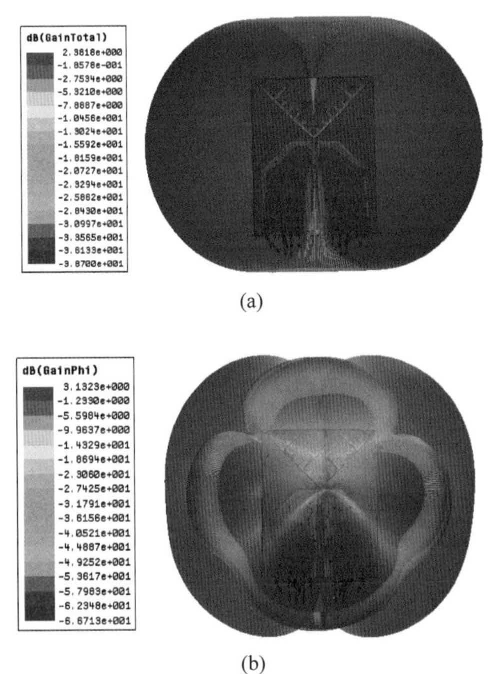

(a)

(b)

图 11.7.6　二叉型树枝仿生分形天线 3D 增益图

(a) 2.1 GHz; (b) 4.97 GHz

瓣电平和副瓣,但是天线保持了较好的辐射特性,没有零点出现。

在低频段,天线具有较小的交叉极化特性; 随着频率的升高,天线的全向性仍

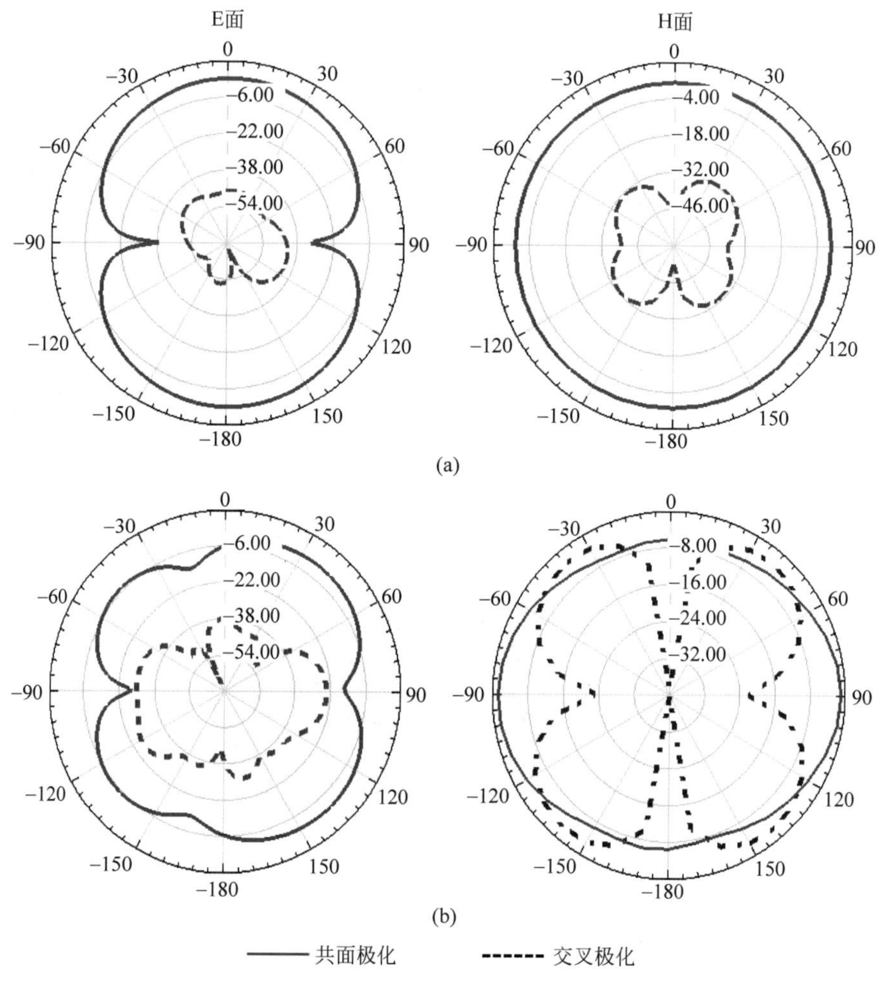

图 11.7.7 二叉型树枝仿生分形天线 E/H 面交叉极化

(a) 2.1 GHz; (b) 5 GHz;

然保持得较好,但交叉极化增加明显,如 5 GHz 频点处的 E 面和 H 面中交叉极化明显变大。

11.7.3 二叉型树枝仿生结构分形天线测试结果与性能分析

制作的 3 阶二叉型树枝仿生分形天线实物见图 11.7.8。天线介质基材为 1.6 mm 厚的 G10/FR4 介质板,天线辐射体与接地板为 30 μm 厚的覆铜层。该天线利用北京邮电大学 SATIMO 公司 SG24 天线全波暗室系统和安捷伦矢量网络分析仪 N5230C 进行测试。

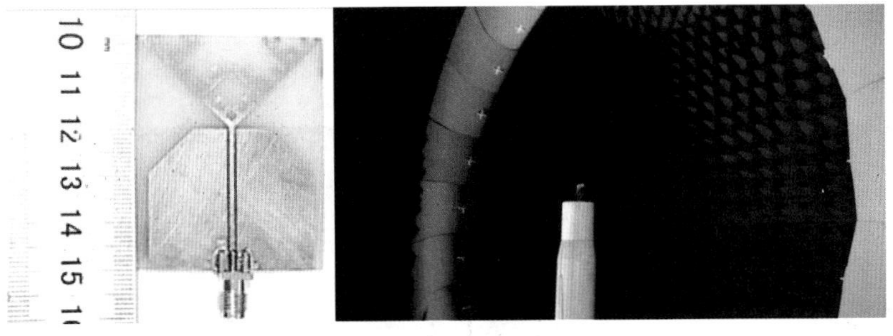

图 11.7.8　二叉型树枝仿生分形天线实物

测量的回波损耗和仿真结果比较后，观察到较好的一致性，见图 11.7.9。但是，由于天线制作精度、接口偏差和测试环境等因素，还存在一些误差。

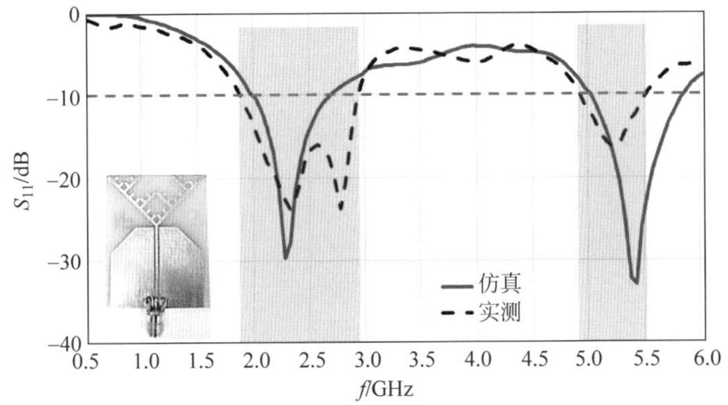

图 11.7.9　二叉型树枝仿生分形天线实测值与仿真值对比

天线实测带宽与仿真带宽较为匹配。该天线实测的 −10 dB 带宽为 1.85～2.9 GHz 和 4.9～5.5 GHz，其中在中心谐振频点 2.3 GHz 处的回波损耗为 −23.8 dB，2.75 GHz 处的回波损耗为 −23.8 dB，5.2 GHz 处的回波损耗为 −16.3 dB。表 11.7.3 给出天线工作时的可覆盖现有国际通信制式频段，常用的有 TD-SCDMA、WCDMA、LTE33-41、蓝牙、LTE、WLAN 等无线应用。

表 11.7.3　二叉型树枝仿生分形天线实测频段

频段	带宽	商用频段覆盖
1	1.85～2.9 GHz (70%)	TD-SCDMA (1880～2025 MHz, 2300～2400 MHz), WCDMA (1920～2170 MHz), CDMA2000(1920～2125 MHz), LTE33-41 (1900～2690 MHz), 蓝牙(2400～2483.5 MHz), WLAN (802.11b/g/n:2.4～2.48 GHz)
2	4.9～5.5 GHz (16.32%)	WLAN(802.11a/n:5.15～5.35 GHz)

图 11.7.10 为天线在 2.35 GHz 和 5.2 GHz 中心谐振点处,实测的 3D 辐射方向图。

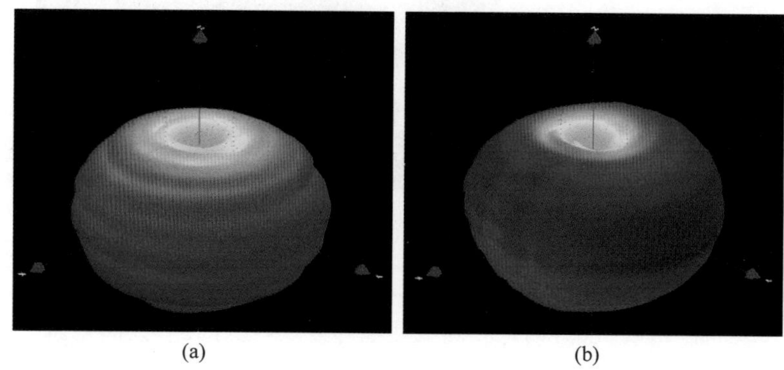

图 11.7.10 二叉型树枝仿生分形天线实测立体方向图
(a) 2.35 GHz; (b) 5.2 GHz

通过与仿真图形对比可以看到,在所有频带内天线具有良好的全向辐射特性,随着频率的升高,旁瓣逐渐出现,但是零点仍未出现,测量结果与仿真结果吻合良好。

第 12 章

几种多频段小型化缝隙天线及阵列的设计

多频段小型化缝隙阵列天线的结构设计和仿真与验证是光子天线理论与关键技术的又一重要研究内容。通过借鉴三角形、矩形、窗花等人类活动创造形成的分形结构，介绍了多种缝隙分形结构的天线设计，通过仿真和实验测试表明这些普通的缝隙图形结构也蕴含了惊人的科学秘密：这些结构也代表了多频段小型化高增益天线的结构并能在光子天线的应用与研究中发挥重要作用。

12.1 多频段三角形缝隙阵列天线

12.1.1 三角形缝隙阵列天线的结构

该设计将中国古典窗花结构(见图 12.1.1)用于天线的结构设计。天线辐射体采用倒三角形结构，内部具有 14 个单元三角形缝隙阵列，为了实现宽带覆盖，采用共面波导结构馈电方式。采用介电常数 $\varepsilon_r=4.4$、厚度 $H=1.6$ mm、介质损耗角正切 $\tan\delta=0.02$ 的聚四氟乙烯玻璃布板(FR4)作为介质板材料(其中紫色为铜辐射体和共面波导结构接地板，淡蓝色为介质材料)，天线尺寸为 60 mm×55 mm×1.6 mm，天线的结构与尺寸参数见图 12.1.2 和表 12.1.1。

表 12.1.1 仿窗花结构三角形缝隙阵列天线尺寸参数 mm

尺寸参数	H_1	N	FL	FW
单位	30.5	1.11	25	1
尺寸参数	GAP	GNDW	H	
单位	1	55	35	

注：N 为对辐射体整体的长度变化倍数。

图 12.1.1　中国古典窗花

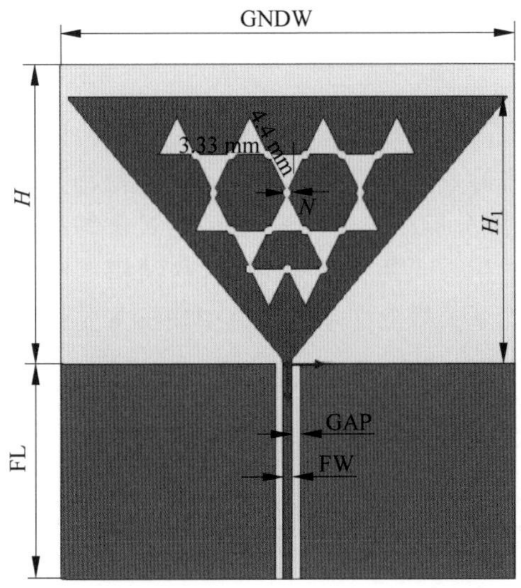

图 12.1.2　仿窗花结构三角形缝隙阵列天线模型结构

12.1.2　三角形缝隙阵列天线仿真结果与参数分析

(1) 天线回波损耗特性分析

由天线仿真回波损耗曲线图 12.1.3 可以看出，天线工作于 4 个频段，中心谐振频率 2.4 GHz 处回波损耗为－18.3 dB，3.3 GHz 处回波损耗为－29.8 dB，4.4 GHz 处回波损耗为－15.7 dB，5.5 GHz 处回波损耗为－27.2 dB。－10 dB 带宽分别为 2.2～2.6 GHz(16.7%)，3.2～3.38 GHz(5.5%)，4.2～4.65 GHz(10.2%)和 5.18～5.8 GHz(11.3%)，可覆盖 D-SCDMA(2300～2400 MHz)，LTE33-41(1900～2690 MHz)，ISM2.4G(2400～2483.5 MHz)，蓝牙，WLAN(802.11b/g/n:2.4～2.48 GHz)/(802.11 a/n:5.15～5.35 GHz)和卫星接收等通信系统，见表 12.1.2。

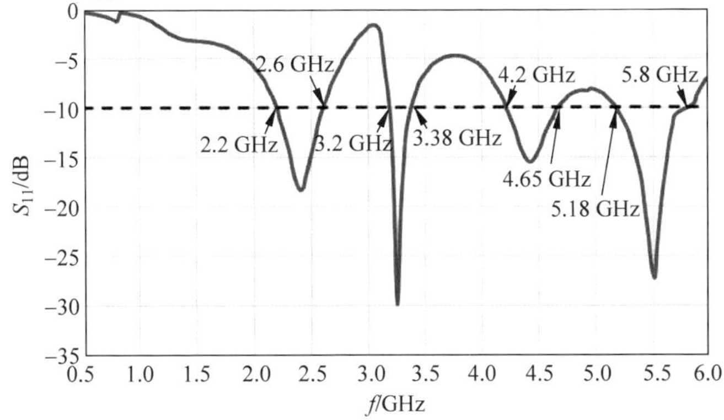

图 12.1.3　仿窗花结构三角形缝隙阵列天线仿真回波损耗

表 12.1.2　仿窗花结构三角形缝隙阵列天线频段覆盖

频段	带宽	商用频段覆盖
1	2.2～2.6 GHz (16.7%)	TD-SCDMA(2300～2400 MHz),LTE33-41(1900～2690 MHz),ISM2.4G(2400～2 483.5 MHz),蓝牙,WLAN(802.11b/g/n:2.4～2.48 GHz)
2	3.2～3.38 GHz (5.5%)	无
3	4.2～4.65 GHz (10.2%)	卫星 C 波段
4	5.18～5.8 GHz (11.3%)	WLAN(802.11a/n:5.15～5.35 GHz)

(2) 天线表面电流分布

图 12.1.4 为天线在 2.4 GHz,3.3 GHz,4.4 GHz 和 5.5 GHz 谐振频率处的表面电流幅值和矢量分布合成图。

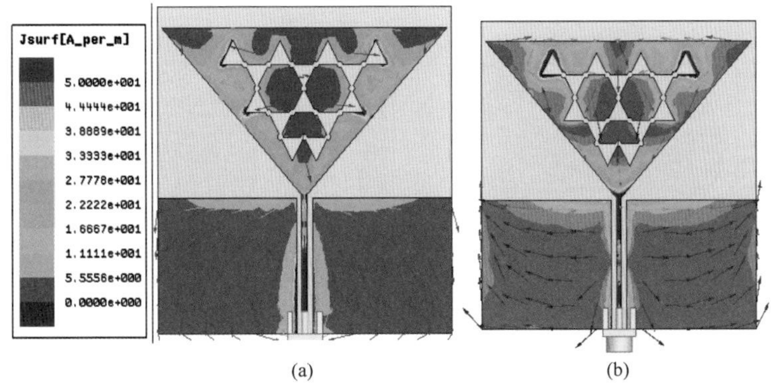

图 12.1.4　仿窗花结构三角形缝隙阵列天线表面电流幅值与矢量合成分布图

(a) 2.4 GHz; (b) 3.3 GHz; (c) 4.4 GHz; (d) 5.5 GHz

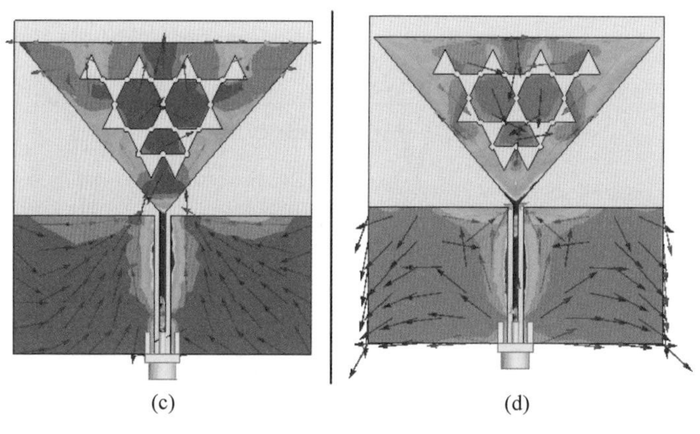

图 12.1.4 （续）

天线表面电流集中分布在微带传输线上，电流由传输线流向三角形辐射贴片，沿三角形两条边，逐渐向上半部分扩散。当频率从 2.4 GHz，经过 3.3 GHz 变化到 5.5 GHz，表面电流分布随着频率的增高会先向辐射体上部扩散，当频率高于一定值后，表面电流会向辐射体边沿部分扩散。

(3) 天线的增益与方向特性

仿真的 3D 增益和 E/H 面内的交叉极化见图 12.1.5 和图 12.1.6，其中红色

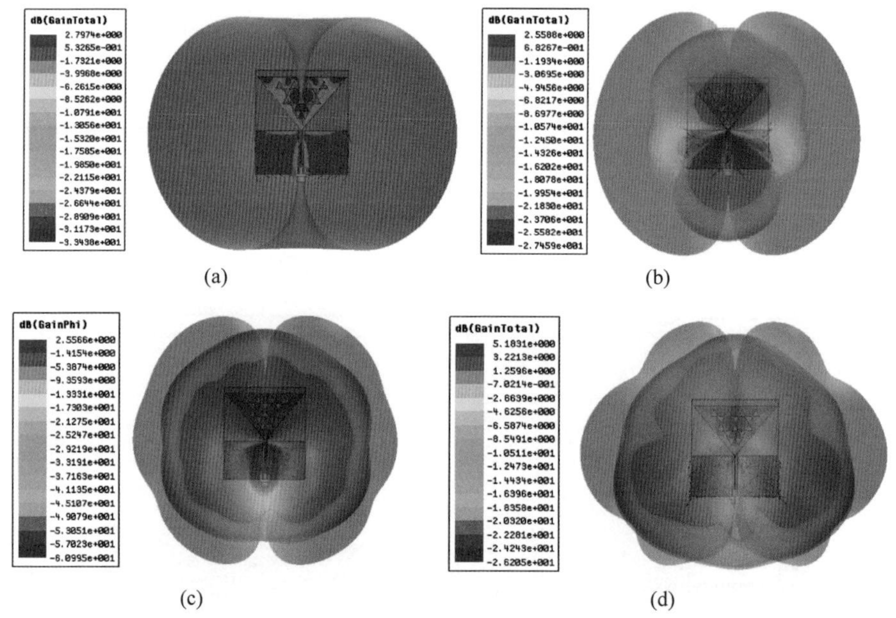

图 12.1.5 仿窗花结构三角形缝隙阵列天线 3D 增益图

(a) 2.4 GHz；(b) 3.3 GHz；(c) 4.4 GHz；(d) 5.5 GHz

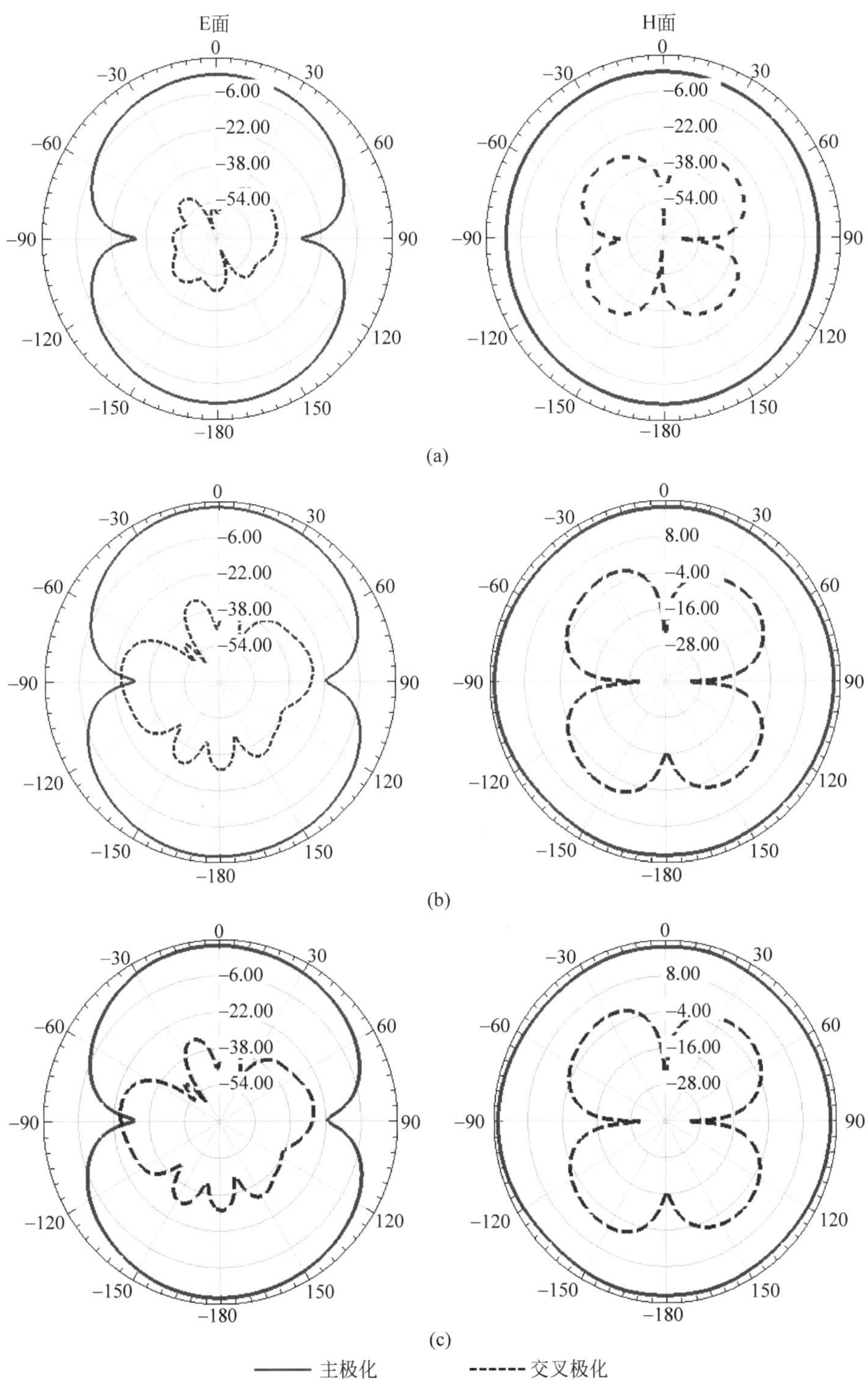

图 12.1.6　仿窗花结构三角形缝隙阵列天线 E/H 面交叉极化

(a) 2.4 GHz；(b) 3.3 GHz；(c) 4.4 GHz；(d) 5.5 GHz

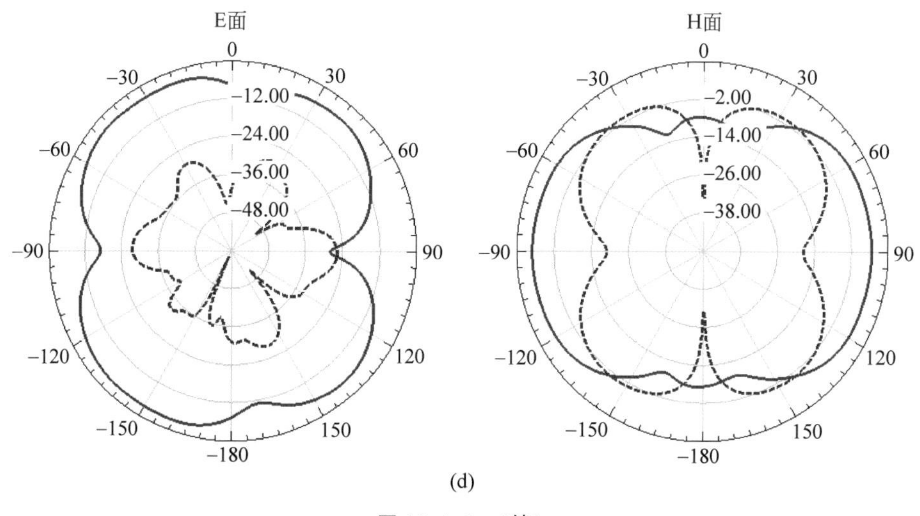

(d)

图 12.1.6 （续）

实线表示主极化，蓝色虚线表示交叉极化。在中心谐振频率分别为 2.4 GHz，3.3 GHz，4.4 GHz 和 5.5 GHz 谐振频率处的天线的增益分别为 2.8 dBi，2.6 dBi，2.6 dBi 和 5.2 dBi。

在低频段，天线的方向图接近全向辐射，随着频率的增高，天线波瓣数明显增多，主瓣宽度变窄。对于整个频段范围来说，天线保持了较好的辐射特性，几乎没有零点出现。

在低频段，天线在 E 面和 H 面交叉极化很小，天线具有较好的线极化特性；随着频率的升高，天线的全向性仍然保持得较好，但交叉极化增加明显，对于 5.5 GHz 频道来说，交叉极化明显，天线的圆极化特性比较明显。

12.1.3 三角形缝隙阵列天线测试结果与性能分析

制作的仿窗花结构三角形缝隙阵列天线实物见图 12.1.7。天线介质基材为 1.6 mm 厚的 G10/FR4 介质板，天线辐射体与接地板为 30 μm 厚的覆铜层。该天线利用北京邮电大学 SATIMO 公司 SG24 天线全波暗室系统和安捷伦矢量网络分析仪 N5230C 进行测试。

测量的回波损耗和仿真结果比较后，观察到较好的一致性，见图 12.1.8。但是，由于天线制作精度、接口偏差和测试环境等因素，还存在一些误差。

天线－10 dB 带宽与仿真带宽较为匹配，见表 12.1.3。其中，天线－10 dB 频段带宽分别为 2.23～2.65 GHz(17.2%)，3～3.52 GHz(16%)和 4～5.89 GHz(38.2%)。这些频段可覆盖 3G、4G、5G 移动通信系统和 WLAN、蓝牙、WiMAX 及卫星接收等无线通信应用，与仿真结果基本一致。

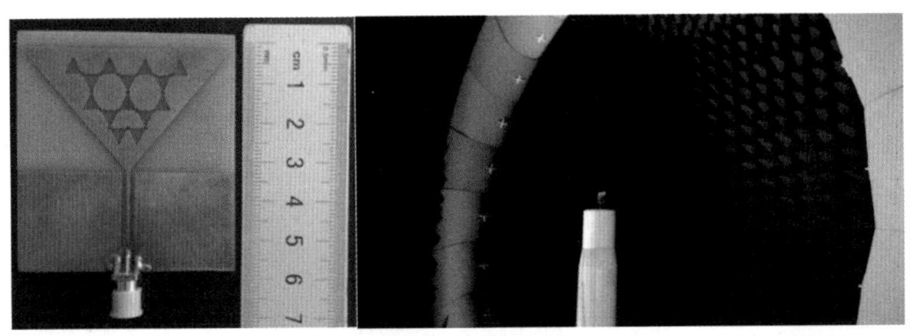

图 12.1.7　仿窗花结构三角形缝隙阵列天线原型及暗室测试装置

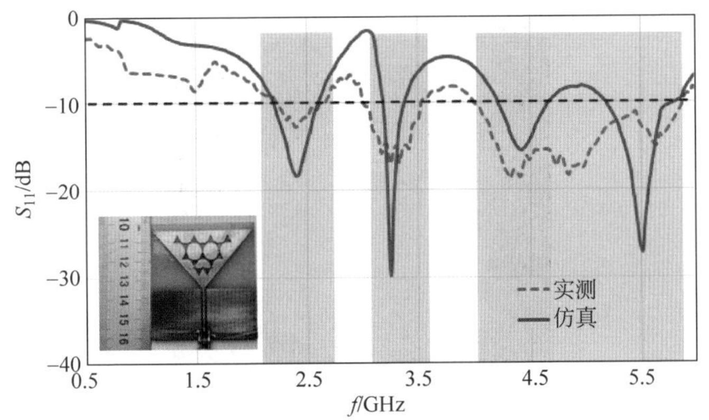

图 12.1.8　仿窗花结构三角形缝隙阵列天线回波损耗实测与仿真对比

表 12.1.3　仿窗花结构三角形缝隙阵列天线实测频段覆盖

频段	带宽	商用频段覆盖
1	2.23～2.65 GHz (17.2%)	TD-SCDMA(2300～2400 MHz),LTE33-41(1900～2690 MHz),蓝牙,WLAN(802.11b/g/n:2.4～2.48 GHz)
2	3～3.52 GHz (16%)	WiMAX (3.3～3.8 GHz)
3	4～5.89 GHz (38.2%)	C 频段, WLAN(802.11a/n: 5.15～5.35 GHz),5G(5725～5825 MHz)

图 12.1.9 为天线在 2.4 GHz,3.3 GHz 和 4.8 GHz 中心谐振点处天线实测 3D 辐射方向图。

通过与仿真图形对比可以看到,在所有频段内天线具有良好的全向辐射特性,随着频率的升高,旁瓣逐渐出现,但是零点仍未出现,测量结果与仿真结果吻合良好。但是,由于天线制作精度、接口偏差和测试环境等因素,还存在一些误差。

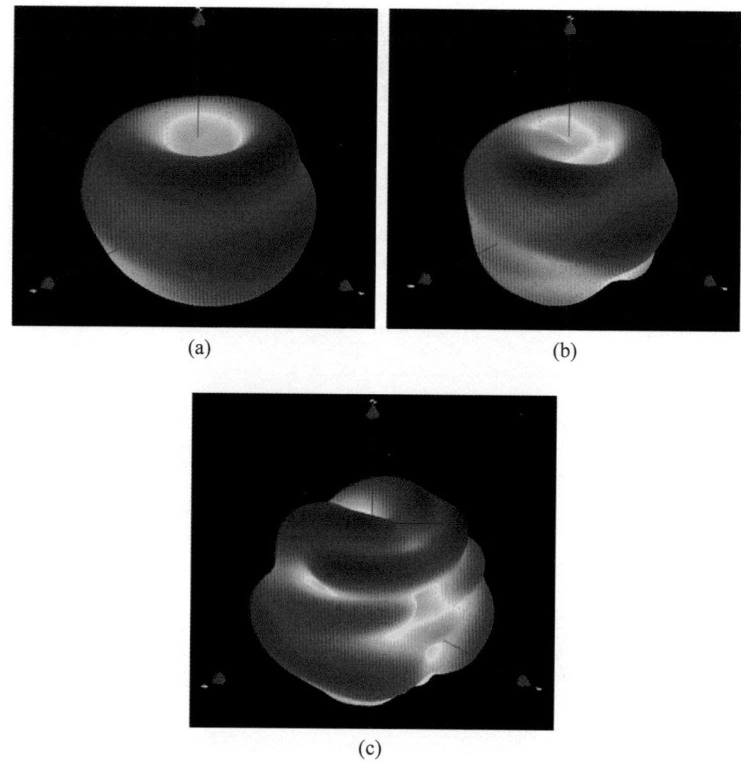

图 12.1.9 仿窗花结构三角形缝隙阵列天线实测 3D 方向图
(a) 2.4 GHz; (b) 3.3 GHz; (c) 4.8 GHz

12.2 多频段矩形缝隙环天线

12.2.1 多频段矩形缝隙环天线的结构

多频段矩形缝隙环天线辐射体为一圆形辐射体，其内部采用 4 个同心矩形开口缝隙环，类似于中国传统文化中的“回形纹”结构，采用微带线结构馈电方式，见图 12.2.1。通过对天线辐射主体缝隙的优化，以改变微带天线金属表面电流流向，从而实现多频段覆盖。为实现结构小型化，采用 50 Ω 微带结构馈线。介质板为介电常数 $\varepsilon_r=4.4$、厚度 $H=1.6$ mm、介质损耗角正切 $\tan\delta=0.02$ 的聚四氟乙烯玻璃布板(G10/FR4)材料。图中橙色是铜辐射体和接地板部分，分别覆于绿色介质材料两侧。天线的整体长度为 50 mm，宽带为 40 mm。天线的结构与尺寸参数见图 12.2.2 和表 12.2.1。

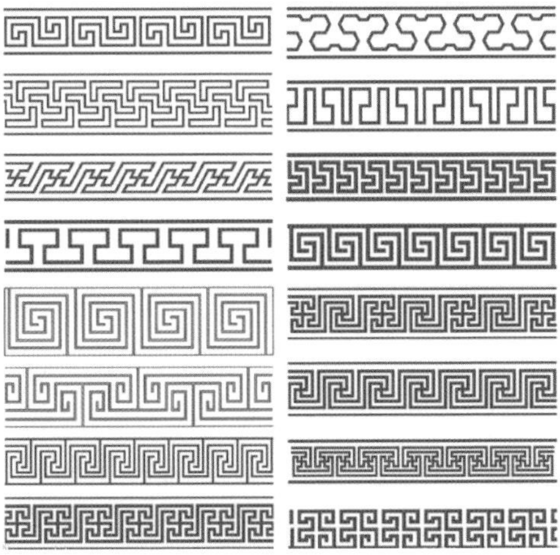

图 12.2.1　中国传统文化中的"回形纹"

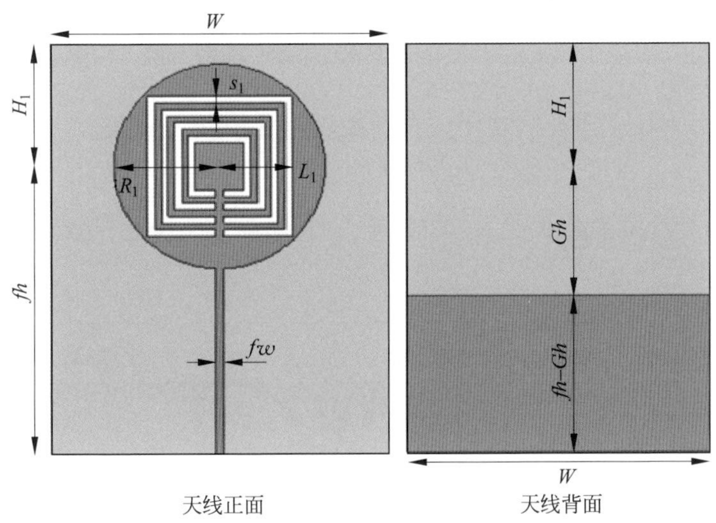

图 12.2.2　仿回形纹结构缝隙环天线模型结构

表 12.2.1　仿回形纹结构缝隙环天线尺寸参数　　mm

尺寸参数	R_1	L_1	s_1	fw
单位	12	5	0.8	1
尺寸参数	fh	H_1	W	Gh
单位	35	15	40	16

12.2.2 多频段矩形缝隙环天线仿真结果与参数分析

(1) 天线回波损耗特性分析

天线辐射体生成过程见图 12.2.3(其中橙色是铜辐射体部分,灰色为铜接地板,分别覆于绿色介质材料两侧)。在圆形辐射体作内接正方环形缝隙,将该基本几何形状称为 1 阶分形,见图 12.2.3(a);继续在内接正方环形缝隙外侧再次套接正方环形缝隙,构成 2 阶分形,见图 12.2.3(b);以此类推,构成 3 阶和 4 阶分形,见图 12.2.3(c)和(d)。

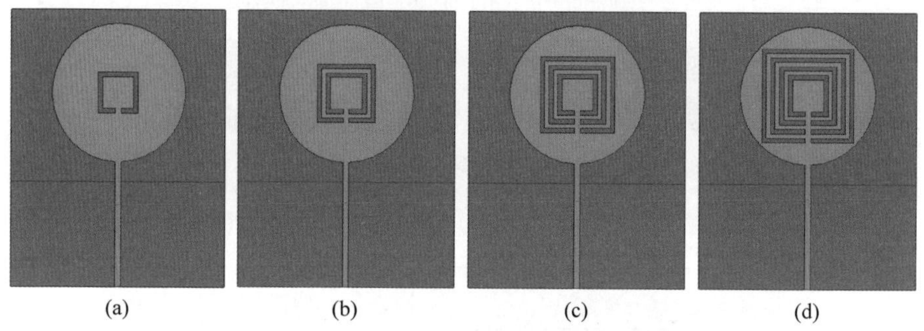

图 12.2.3 仿回形纹结构缝隙环天线各阶次演进过程

(a) 1 阶分形;(b) 2 阶分形;(c) 3 阶分形;(d) 4 阶分形

天线回波损耗见图 12.2.4,天线中心谐振频率 2.8 GHz,其对应的回波损耗为−32.9 dB。

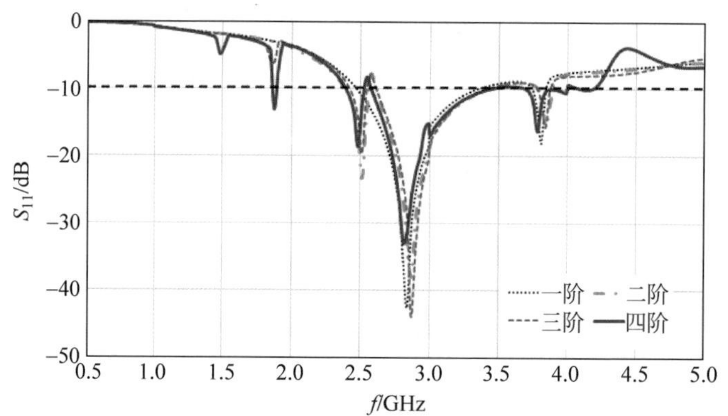

图 12.2.4 仿回形纹结构缝隙环天线回波损耗

天线−10 dB 带宽为 2.39～4.21 GHz(55.2%),该频段覆盖了包括 4G,WLAN,蓝牙和 WiMAX 等商用频段,见表 12.2.2。

表 12.2.2　天线频段覆盖

带宽	商用频段覆盖
2.39～4.21 GHz (55.2%)	LTE42/43 (3.4～3.8 GHz)，蓝牙，WLAN(802.11b/g/n：2.4～2.48 GHz)，WiMAX(3.3～3.8 GHz)

(2) 天线表面电流分布

工作于 2.5 GHz，2.8 GHz 和 3.8 GHz 中心频率下的天线辐射体上的电流幅度与矢量合成分布如图 12.2.5 所示。

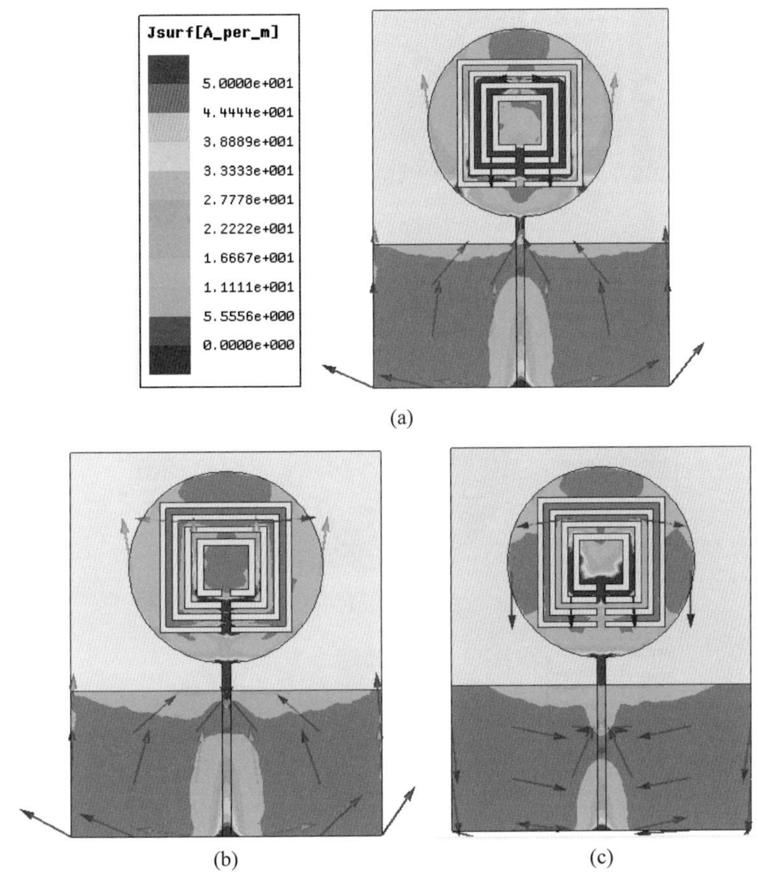

图 12.2.5　仿回形纹结构缝隙环天线表面电流振幅和矢量合成分布

(a) 2.5 GHz；(b) 2.8 GHz；(c) 3.8 GHz

可以清楚地看到，天线表面缝隙之间的枝节充实的天线辐射表面的电流路径变得更长，同时谐振环上也出现了较强的电流分布。不同的谐振频点对应的波长，使得辐射体上的电流强度位置出现明显的变化。

(3) 天线的增益与方向特性

天线在 2.5 GHz、2.8 GHz 和 3.8 GHz 中心频率下的 3D 增益和 E/H 面内的交叉极化见图 12.2.6 和图 12.2.7，其中红色实线表示主极化，蓝色虚线表示交叉极化。在中心谐振频率分别为 2.5 GHz，2.8 GHz 和 3.8 GHz 处，天线的增益分别为 2.3 dBi，2.6 dBi 和 3.2 dBi。

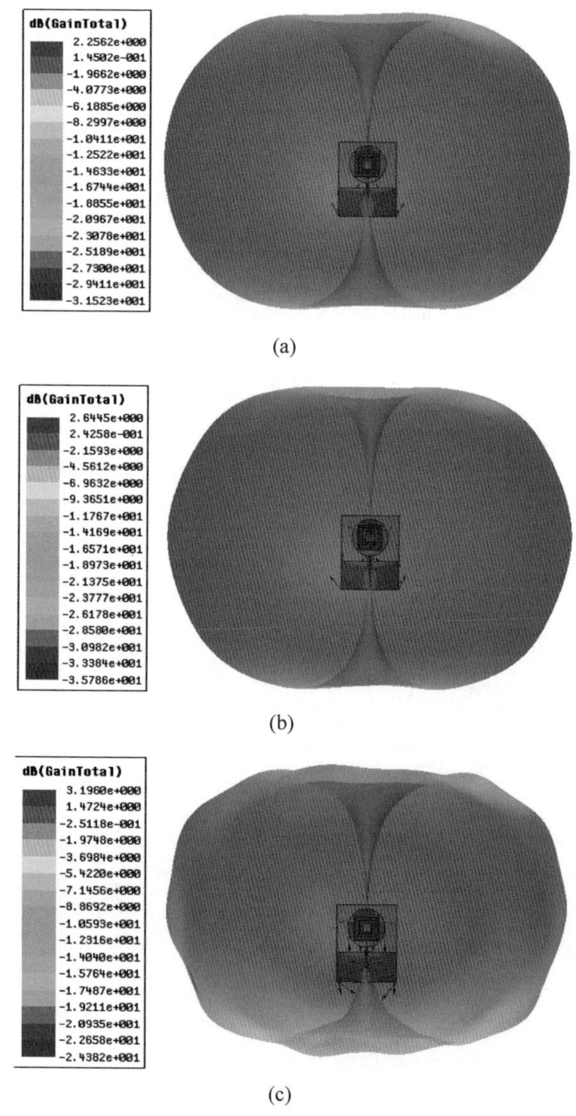

图 12.2.6 仿回形纹结构缝隙环天线 3D 增益图

(a) 2.5 GHz；(b) 2.8 GHz；(c) 3.8 GHz

在低频段，天线的方向图接近全向辐射，随着频率升高，出现了较多的旁瓣电平和副瓣。对于整个频段范围来说，天线保持了较好的辐射特性，几乎没有零点出现。

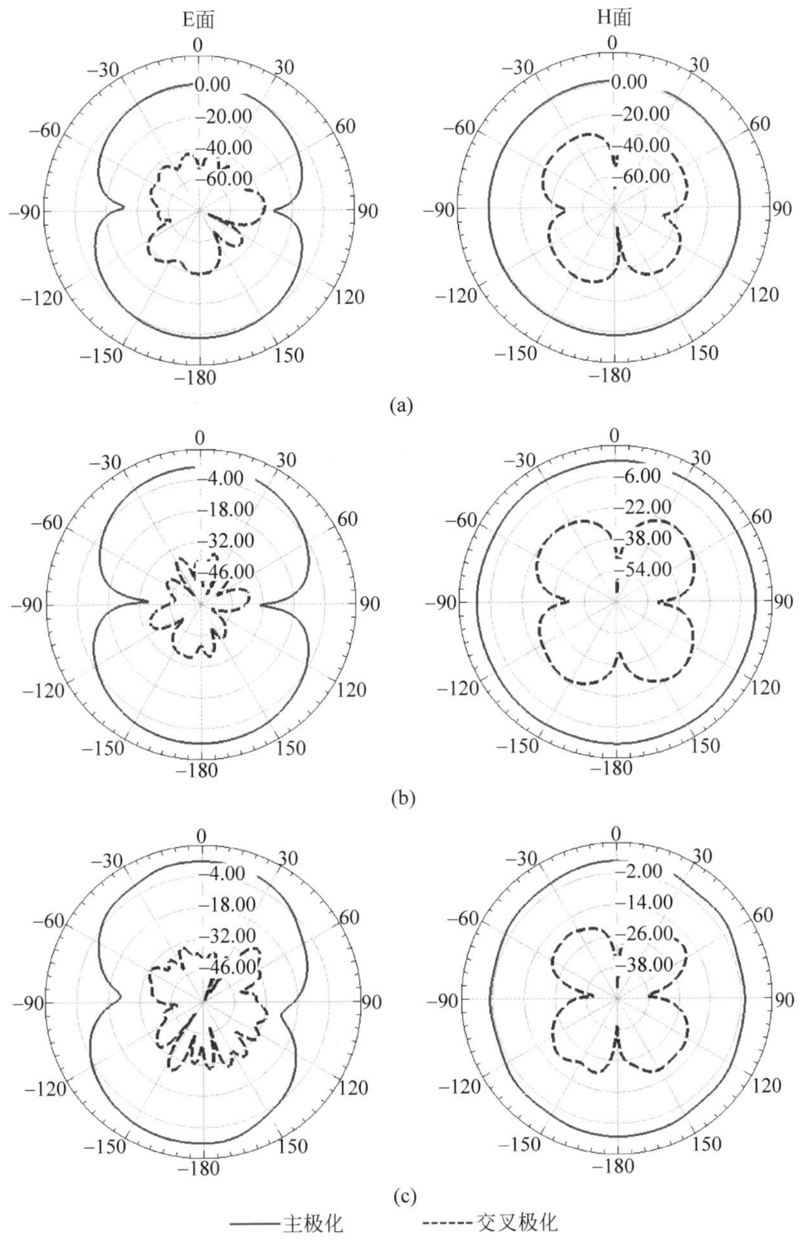

图 12.2.7　仿回形纹结构缝隙环天线 E/H 面交叉极化

(a) 2.5 GHz；(b) 2.8 GHz；(c) 3.8 GHz

在整个频段范围内，天线均具有较小的交叉极化特性，同时，天线的全向性较好，零点不明显。

12.2.3 多频段矩形缝隙环天线测试结果与性能分析

多频段仿回形纹结构缝隙环天线实物见图 12.2.8。天线介质基材为 1.6 mm 厚的 G10/FR4 介质板，天线辐射体与接地板为 30 μm 厚的覆铜层。该天线利用北京邮电大学 SATIMO 公司 SG24 天线全波暗室系统和安捷伦矢量网络分析仪 N5230C 进行测试。测试及仿真结果见图 12.2.9 仿回形纹结构缝隙环天线回波损耗测试与仿真对比。

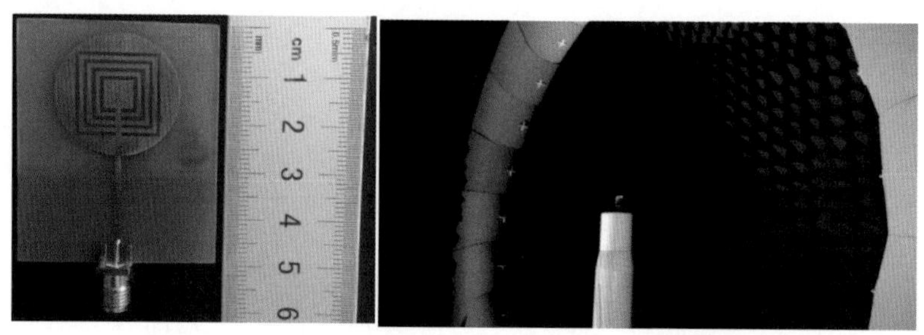

图 12.2.8　仿回形纹结构缝隙环天线原型与暗室测试环境

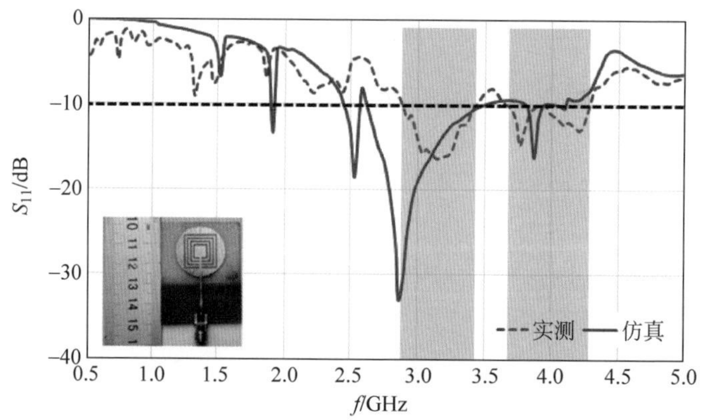

图 12.2.9　仿回形纹结构缝隙环天线回波损耗测试与仿真对比

由于天线制作精度、接口偏差和测试环境等因素，天线 −10 dB 实测带宽与仿真带宽及中心谐振频段有一定偏差，见表 12.2.3。其中，天线 −10 dB 频段带宽分别为 2.88～3.44 GHz(17.7%)和 3.65～4.29 GHz(16.1%)。这些频段可覆盖 LTE 和 WiMAX 等无线通信应用。

表 12.2.3　仿回形纹结构缝隙环天线实测频段覆盖

带宽	商用频段覆盖
2.88～3.44 GHz(17.7%)	WiMAX(3.3～3.8 GHz)
3.65～4.29 GHz(16.1%)	LTE43(3.6～3.8 GHz)

图 12.2.10 为天线在 3.1 GHz,3.76 GHz 和 4.18 GHz 中心谐振点处,实测 3D 辐射方向图。

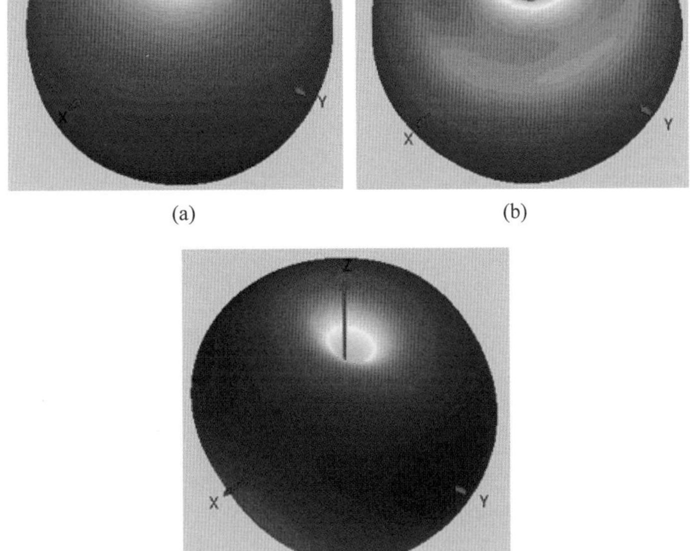

图 12.2.10　仿回形纹结构缝隙环天线测试 3D 方向图

(a) 3.1 GHz; (b) 3.76 GHz; (c) 4.18 GHz

通过与仿真图形对比可以看到,在所有频带内天线具有良好的全向辐射特性,随着频率的升高,旁瓣逐渐出现,但是零点仍未出现,测量结果与仿真结果吻合良好。

天线实测的增益和辐射效率见图 12.2.11。在 2.88～3.44 GHz 频段内天线增益为 1.45～4 dBi,天线效率在 61%～70%变化; 3.65～4.29 GHz 频段内天线增益为 1.33～4.83 dBi,天线效率在 62%～95%变化,满足相关移动通信系统要求。

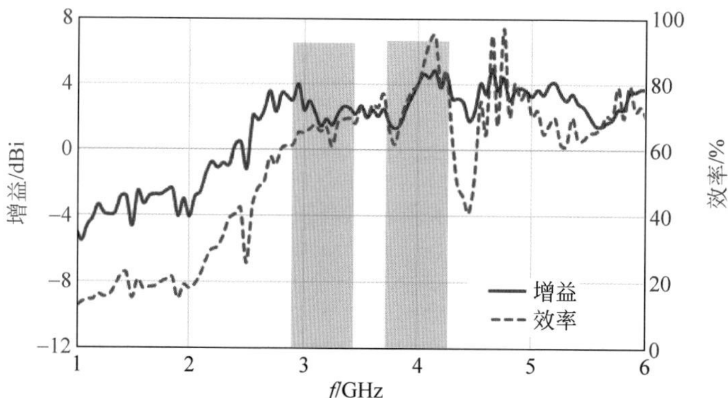

图 12.2.11　天线增益、效率实测曲线

第13章 总结和展望

光子天线涉及光子与电子，光波与电磁波，有线与无线，天线与系统，理论与技术，设计与仿真，测试与验证的方方面面。光子天线的理论与技术蕴含对立统一的思想：充分利用了光子和电子各自的优势，克服各自的缺点，达到对立统一，优势互补；充分利用了分形结构和阵列设计实现多频段和小型化的对立统一；充分利用了有线与无线各自的优势，实现了长距离传输与传输低损耗的对立统一。

13.1 内容总结

本书介绍了光子天线的原理及关键技术：首先对光子天线的研究背景及研究进展情况进行了调查了解。从美国、欧洲、日本以及国内全方位地对相关领域的研究现状做了详细的介绍说明。美国在光电子集成方面的研究最早，已经占据了主导地位；欧洲起步稍晚，但是欧洲各国政府非常重视，因此也得到了快速的发展；日本在亚洲地区关于硅基光电子技术方面的研究一直处于领先地位，也拥有很多研究机构；中国也已开展了前期研究并取得了一定的研究成果。之后，系统地研究并介绍了高频电磁波光子系统及微带阵列天线的相关理论基础知识，为后续光子天线的设计提供了理论依据，其中主要介绍了高频电磁波光子学的基本原理、光生高频电磁波的方法、计算电磁学数值方法和一些电磁仿真软件等。然后，以20 GHz的工作频率为例，根据微带阵列天线的结构特点和经验公式，设计了一款光子阵列天线，该天线由4个微带矩形辐射贴片、馈电网络和金属接地板组成，馈电网络由T型结功率分配器组成。经过反复调节天线尺寸的大小尽可能实现微带天线和50 Ω馈线在中心频率处的阻抗匹配，最终确定了天线的最优尺寸。加工制作了天线实物并在暗室做了实验测试。根据测试结果可以得出，实验结果与仿真结果基本一致。最后，基于所设计的光子阵列天线进行了系统设计，采用光外差法产生高频电磁波，经光纤传输后由所设计的光子天线发射并进行了系统测试，对光子天线及其系统的实际性能和理论性能进行了比较分析和误差分析。

光纤通信追求的目标是大容量、高速率、长距离的传输。在光纤上除了可以承载基带信号，还可以承载毫米波信号。毫米波频段拥有巨大的带宽，可用于未来的无线通信和空间通信，且能够提供大容量服务。然而毫米波信号由于频率很高，在自由空间传输时损耗很大，严重地影响了其传输距离。针对毫米波传输距离受限的问题，基于毫米波射频拉远的 RoF 技术应运而生。它将昂贵的本振信号源集中在中心基站，而基站只需要进行简单的光电转换以及射频信号收发，从而能够将数据以廉价的方式传送给用户，是未来宽带接入网的发展方向。高性价比的毫米波信号产生方法是 RoF 中的核心技术之一。相干光通信中的数字信号处理算法是相干光通信的主要研究方向之一，而其中的载波相位恢复算法又是数字信号处理算法的主要模块之一，载波相位恢复算法不仅需要具备良好的性能，还要具有较低的计算复杂度，以便后续的硬件实现。光纤无线一体化系统是一种基于射频信号透明传输的光子毫米波解调技术，接收端收到毫米波信号之后不是直接进行电域解调，而是将毫米波信号携带的信息调制到光信号上，再对光信号进行探测和处理，它解决了高频毫米波信号电域解调复杂的问题。在不便于铺设光纤的地方或应对突发事件可以用无线传输代替光纤传输实现补环或桥接，还可以在无线宏基站之间提供高速的无线回传服务。高频谱效率低成本的光纤无线一体化系统也是目前光通信中的研究热点。本书对 RoF 中基于单一外相位调制器的 16 QAM 矢量毫米波产生技术、相干光通信中的基于改进型 QPSK 分区的二阶载波相位恢复算法以及高频谱效率低成本的光纤无线一体化系统的理论和技术等进行了深入研究。主要研究成果如下：

(1) 针对 QPSK 调制格式的毫米波信号的频谱效率较低，且基于 MZM 产生的毫米波信号的光信噪比相对较低，稳定性也相对较差的问题，提出并实验论证了一种使用单一的 PM 并结合幅度和相位预编码技术产生光子倍频 16 QAM 矢量毫米波信号的方法，相位调制器被一个频率为 20 GHz 的 2 Gbaud 16 QAM 调制的预编码矢量信号驱动。将产生的 40 GHz 光射频信号在光纤中传输了 22 km，使用 PD 进行外差拍频后得到的频率为 40 GHz 的电矢量毫米波信号呈现规则 16 QAM 调制格式，且误码率低于 3.8×10^{-3} 的硬判决门槛。这是首次报道的基于单一相位调制器产生高阶 QAM 矢量毫米波信号。

(2) 针对现有的盲相位搜索算法计算复杂度过高的问题，介绍了一种基于改进型 QPSK 分区算法的二阶载波相位恢复算法，该算法的第一阶采用传统的基于部分星座点的 P3 算法进行粗估计，第二阶采用本书介绍的改进型的 QPSK 分区算法补偿剩余的相位噪声。仿真结果表明该算法的性能与 BPS 算法相近，但计算复杂度为 BPS 算法的 1/13。

(3) 针对基于 QPSK 调制的光纤无线一体化系统频谱效率较低，不适用于未来的高速光纤通信系统的问题，提出并实验论证了一种基于 16 QAM 调制和相干检测的 Q 波段光纤无线一体化系统，即 80 Gbit/s 的偏振复用 16 QAM 信号依次在单模光纤有线链路中传输 50 km，随后在 2 × 2 MIMO 无线链路中传输 0.5 m，最后又在单模光纤有线链路中传输 50 km。在接收机中采用传统的常多模算法实现偏振解复用和最小化两个偏振方向之间的串话。这是第一次在 Q 波段使用光纤无线一体化系统传输高阶调制和偏振复用的信号，频谱效率从 QPSK 的 2 bit/s/Hz 提高到了偏振复用 16 QAM 的 8 bit/s/Hz。

(4) 针对光纤无线一体化系统在接收机基站使用 MZM 和 PM 实现电/光转换成本较高的问题，提出并实验论证了一种在接收机侧采用 DML 实现电/光转换的 W 波段光纤无线一体化系统。接收到的 85 GHz 无线毫米波信号首先下变频到 10 GHz 电中频信号，以克服随后的直接调制激光器的带宽不足。然后，在驱动直接调制激光器前使用两个级联的电放大器放大电中频信号。通过使用该方案，将 10 Gbit/s 的 16 QAM 信号投递到无线链路中传输 10 m，并在单模光纤有线链路中传输 2 km 后的 BER 低于 3.8×10^{-3} 的硬判决门槛。实验结果显示，直接调制激光器可应用于 16 QAM 信号电/光转换。

本书专注于终端天线多频段和小型化技术的研究，在天线理论数值算法的研究基础上，从加载结构的基本理论模型出发，深入研究基于加载技术的天线多频段和小型化技术，实现了移动终端内置天线的多频段、小型化和高辐射等性能。重点研究了基于分形几何，耦合谐振枝节与缝隙槽隙结构加载的天线多频段和小型化技术，实现了移动终端内置天线的多频段宽带化、小型化、高性能覆盖等性能。在天线辐射体结构设计方面，结合仿生学特点，将天线几何结构与传统 Koch 雪花分形结构、中国古典元素结构（古币、窗花、回形纹等）及自然植物外观（树枝、花朵等）图形特点融合创新，利用多种加载技术之间的电磁耦合关系，通过控制加载深度和加载维度，研制了 9 款新颖的可覆盖第二代移动通信系统（GSM、DCS 等）、第三代移动通信系统（CDMA）、第四代移动通信系统（LTE）、第五代移动通信系统、WLAN、蓝牙、卫星导航等多个通信频段的小型化天线样机并进行了性能测试。测试结果与仿真结果比较吻合，验证了设计的合理性，同时该天线具有较好的全向辐射特性，带宽、增益和效率可满足无线通信应用。

13.2 未来展望

本书设计的光子阵列天线在阻抗匹配及辐射增益方面基本达到了设计要求，不过依然有很多需要改进提升的地方。第一，天线的尺寸还需要缩小，因为在后续工作中要进行光子天线的集成化、芯片化，而目前的尺寸远远没有达到实际工程需求，所以，光子阵列天线还需要作进一步的小型化。第二，天线的增益还有待提高，与仿真结果还有一定的差距，天线的增益是衡量天线性能好坏的重要指标，必须对天线进行优化来提高增益。第三，光子阵列天线在工作频率处与50Ω馈线并没有实现完全的阻抗匹配。馈电网络的引入以及在天线每个设计参数的变化都会影响天线的电阻值和电抗值。因此阵列天线的实际电阻值与理想目标值有一定的偏差。高频电磁波光子技术的研究一直是通信领域的研究热点。在解决了以上三点不足之后，下一步要进行集成化、芯片化、开展集成芯片的仿真研究、设计、验证，根据实测结果改进设计方案。

硅基微波光子天线主要研究在硅基上实现微波光子相互转变的科学原理，从原子结构和电子能级跃迁的微观世界入手，研究实现微波光子相互转变的条件和实现方法，掌握硅基微波光子芯片的关键技术，研究清楚硅基微波光子芯片的机理。在此基础上要研究如何实现小型化，实现高集成芯片，提高芯片的稳定性和可靠性。研制高集成硅基微波光子天线拟采取如下技术路线：从芯片材料体系，芯片结构设计，芯片工艺设计，硅基混合光子集成的片上光源，超带宽超高速光电/电光转换，可编程硅基微波光子芯片，特性测试，超低损耗硅基微波光子集成工艺与封装技术，系统级硅基微波光子芯片及验证技术等方面依次设计和研究。

本书以光载无线(RoF)通信中的毫米波产生技术、相干光通信中的载波相位恢复算法以及光纤无线一体化系统为研究对象，取得了一定的学术成就，但是仍然有很多问题需要深入挖掘和研究：

(1) 相干光通信的数字信号处理算法方面，研究调制格式无关的载波相位恢复算法，现有的 CPE 算法只能适用于单一的 QPSK 或 16 QAM 等调制格式，如何实现高效低复杂度的调制格式无关的 CPE 也值得深入研究。

(2) 超奈奎斯特信号的传输及数字信号处理，目前的 WDM 或 OFDM 都需要满足正交的条件，频谱效率无法进一步提高，可以采用超奈奎斯特的方式，通过牺牲正交性，从而在信号中引入一些符号间干扰来提升频谱效率，在接收端再采用信号处理算法恢复信号。

(3) 在毫米波信号产生方面，需要进一步研究高性价比的毫米波信号，现有的矢量毫米波信号产生技术在倍频时很多都需要使用 WSS 器件，是否可以用新的技术实现光子倍频也需要深入研究。

(4) 对于光纤无线一体化系统，需要进一步简化结构，降低成本，并寻找它恰当的应用场景。

本书以多频段宽带小型化天线理论为基础，深入研究加载技术的天线多频段和小型化技术，实现了 9 款多频段、小型化和高辐射等性能的移动终端内置天线。

同时，大胆地提出了将中国古典元素等艺术结构和自然植物外观等仿生结构应用于天线辐射体的一些新颖的思路，取得了一定的学术成就。然而，由于时间精力和实验条件等方面的原因，迅猛发展的无线通信系统对多频宽带天线不断提出新要求，仍然存在许多问题有待进一步深入研究。作者认为，多频段、宽带小型化天线的研究设计还可从以下几方面进行下一步研究：

(1) 对中国古典元素图案和自然植物(也可包括动物)外观特征需要进一步提炼总结，找到共性的地方，上升到理论层次，这样对于分形几何学的完善和后续相关天线的研发可以起到重要理论指导作用。

(2) 在天线的建模过程中有些性能参数考虑不是很全面，比如天线阻抗的匹配、带宽的调整、方向性的控制等；另外，论文中对相关数据及图形曲线的分析不够深入具体，有待进一步提高。

(3) 本书只针对微带贴片天线进行了研究，通过仿真与实验测试验证了设计思路的可行性与正确性。而这仅仅是多频段宽带小型化天线领域中很小的一部分，随着智能时代的来临，可穿戴天线、柔性天线、可置入天线等超薄超轻新型天线发展迅速，希望本书的部分研究方法和思路可用于新型天线的研究。

(4) 由于考虑到制作成本问题，本书所介绍的几种天线均采用了覆铜的 FR4 介质板，如果采用介电常数更高的基板或者特殊介质，将可使得贴片天线进一步小型化，性能得到进一步提升。

索　　引

参考文献

[1] CAI J X. 100G Transmission Over Transoceanic Distance With High Spectral Efficiency and Large Capacity [J]. IEEE Journal of Lightwave Technology, 2012, 30 (24): 3845-3856.

[2] SCHVAN P, BACH J, FAIT C. A 24GS/s 6b ADC in 90nm CMOS[C]. 2008 IEEE International Solid-State Circuits Conference—Digest of Technical Papers (ISSCC), San Francisco USA: IEEE, 2008.

[3] DEDIC I. 56GS/s ADC: Enabling 100GbE[C]. in Proc. of Optical Fiber Communication Conference (OFC), San Diego USA: IEEE, 2010.

[4] SAVORY S J. Digital Coherent Optical Receivers: Algorithms and Subsystems[J]. IEEE Journal of Selected Topics in Quantum Electronics, 2010, 16(5): 1164-1179.

[5] VITERBI A J, VITERBI A M. Nonlinear estimation of PSK-modulated carrier phase with application to burst digital transmission[J]. IEEE Transactions On Information Theory, 1983, 29(4): 543-551.

[6] ZHOU X, YU J. Multi-Level, Multi-Dimensional Coding for High-Speed and High-Spectral-Efficiency Optical Transmission [J]. IEEE Journal of Lightwave Technology, 2009, 27(16): 3641-3653.

[7] CAO Y W, YU S. Modified Frequency and Phase Estimation for M-QAM Optical Coherent Detection[C]. in Proc. of 36th European Conference and Exposition on Optical Communications (ECOC), Torino Italy: IEEE,2010.

[8] LIU X, CHANDRASEKHAR S, WINZER P. 3 × 485 Gb/s WDM transmission over 4800 km of ULAF and 12×100 GHz WSSs using CO-OFDM and single coherent detection with 80 GS/s ADCs[C]. in Proc. of Optical Fiber Communication Conference (OFC), Los Angeles USA: IEEE, 2011.

[9] YU J, DONG Z, CHIEN H C. Field Trial Nyquist-WDM Transmission of 8×216.4Gb/s PDM-CSRZ-QPSK Exceeding 4b/s/Hz Spectral Efficiency[C]. in Proc. of Optical Fiber Communication Conference (OFC), Los Angeles USA: IEEE, 2012.

[10] XIA T J, WELLBROCK G A, HUANG Y.-K. 21.7 Tb/s field trial with 22 DP-8QAM/QPSK optical superchannels over 1503-km of installed SSMF[C]. in Proc. of Optical Fiber Communication Conference/National Fiber Optic Engineers Conference (OFC/NFOEC), Los Angeles USA: IEEE, 2012.

[11] CHEN L, WEN H, WEN S. A radio-over-fiber system with a novel scheme for millimeter-wave generation and wavelength reuse for up-link connection [J]. IEEE Photonics Technology Letters, 2006, 18(19): 2056-2058.

[12] LI W, YAO J. Investigation of photonically assisted microwave frequency multiplication based on external modulation [J]. IEEE Transactions On Microwave Theory And Techniques, 2010, 58(11): 3259-3268.

[13] CHEN Y, WEN A, GUO J. A novel optical mm-wave generation scheme based on three parallel Mach-Zehnder modulators [J]. Optics Communications, 2011, 284 (15): 1159-1169.

[14] YU J, JIA Z, YI L. Optical millimeter-wave generation or up-conversion using external modulators[J]. IEEE Photonics Technology Letters, 2006,18(1): 265-267.

[15] LI X, DONG Z, YU J. Fiber wireless transmission system of 108 Gb/s data over 80 km fiber and 2×2 MIMO wireless links at 100 GHz W-Band frequency[J]. Optics Letters, 2012, 37(24): 5106-5108.

[16] LI X, YU J, ZHANG Z. Photonic vector signal generation at W-band employing an optical frequency octupling scheme enabled by a single MZM[J]. Optics Communications, 2015, 349: 6-10.

[17] LI X, ZHANG J, XIAO J. W-band 8QAM vector signal generation by MZM-based photonic frequency octupling[J]. IEEE Photonics Technology Letters, 2015, 27(12): 1257-1260.

[18] LI X, YU J, ZHANG J. QAM vector signal generation by optical carrier suppression and precoding techniques [J]. IEEE Photonics Technology Letters, 2015, 27 (18): 1977-1980.

[19] YU J, CHANG G K, JIA Z. Cost-effective optical millimeter technologies and field demonstrations for very high throughput wireless-over-fiber access systems[J]. IEEE Journal of Lightwave Technology, 2010, 28(16): 2376-2397.

[20] YU J, LI X, CHI N. Faster than fiber: over 100 Gb/s signal delivery in fiber wireless integration system[J]. Optics Express, 2013, 21(19): 22885-22904.

[21] LI X, YU J, DONG Z. Seamless integration of 57. 2 Gb/s signal wireline transmission and 100- GHz wireless delivery[J]. Optics Express, 2012, 20(22): 24364-24369.

[22] CHANG C H, PENG P C, LU H H. Simplified radio-over-fiber transport systems with a low-cost multiband light source[J]. Optics Letters, 2010,35(23): 4021-4023.

[23] ZIBAR D, SAMBARAJU R, CABALLERO A. High-capacity wireless signal generation and demodulation in 75-to 110 GHz band employing all-optical OFDM [J]. IEEE Photonics Technology Letters, 2011, 23(12): 810-812.

[24] PANG X, CABALLERO A, DOGADAEV A. 100 Gbit/s hybrid optical fiber-wireless link in the W-band (75-110 GHz)[J]. Optics Express, 2011, 19(25) 24944-24949.

[25] LI X, YU J, DONG Z. Investigation of interference in multiple-input multiple-output wireless transmission at W band for an optical wireless integration system[J]. Optics Letters, 2013, 38(5): 742-744.

[26] LI X, YU J, CHI N. Antenna polarization diversity for high-speed polarization multiplexing wireless signal delivery at W-band[J]. Optics Letters, 2014, 39 (5): 1169-1172.

[27] ZIBAR D, SAMBARAJU R, ALEMANY R. Radio-Frequency Transparent Demodulation for Broadband Hybrid Wireless-Optical Links [J]. IEEE Photonics Technology Letters, 2010, 22(11): 784-786.

[28] LI X, YU J, CHI N. Optical-wireless-optical full link for polarization multiplexing quadrature amplitude/phase modulation signal transmission[J]. Optics Letters, 2013, 38(22): 4712-4715.

[29] 余建军，迟楠，陈林. 基于数字信号处理的相干光通信技术[M]. 北京：人民邮电出版社，2013：78-80.

[30] HAYKIN S. Adaptive Filter Theory[M]. Englewood Cliffs: Prentice-Hall, 2001: 38-41.

[31] GOVIND P A. Nonlinear Fiber Optics [M]. Academic Press, 2001: 92-95.

[32] SAVORY S J. Digital filter for coherent optical receivers[J]. Optics Express, 2008, 16(2): 804-817.

[33] OERDE M, MEYR H. Digital filter and square timing recovery[J]. IEEE Transactions on Communications, 1988, 36(5): 605-612.

[34] 唐进. 数字信号处理技术在高频谱效率光纤通信系统中的应用研究[D]. 长沙：湖南大学，2015.

[35] VITERBI A. J, VITERBI A. M. Nonlinear estimation of PSK-modulated carrier phase with application to burst digital transmission[J]. IEEE Transactions On Information Theory, 1983, 29(4): 543-551.

[36] LEVEN A, KANEDA N. Frequency estimation in intradyne reception [J]. IEEE Photonics Technology Letters, 2007, 19(6): 366-368.

[37] SELMI M, YAOUEN Y, CIBLAT P. Accurate digital frequency offset estimator for coherent PolMux QAM transmission systems[C]. in Proc. of 35th European Conference on Optical Communications (ECOC), Vienna Austria: IEEE, 2009.

[38] GAGNON D S, TSUKAMOTO S, KATOH K. Coherent Detection of Optical Quadrature Phase-Shift Keying Signals With Carrier Phase Estimation[J]. IEEE Journal of Lightwave Technology, 2006, 24(1): 12-21.

[39] 钟康平. DP-16QAM 相干光通信系统关键技术的研究[D]. 北京：北京交通大学，2014.

[40] 李新. 相干检测中的 DSP 算法和仿真研究[D]. 北京：北京邮电大学，2012.

[41] PFAU T, HOFFMANN S, NOE R. Hardware-efficient coherent digital receiver concept with feedforward carrier recovery for M-QAM constellations [J]. IEEE Journal of Lightwave Technology, 2009, 27(8): 989-999.

[42] ZHOU X. An improved feed-forward carrier recovery algorithm for coherent receivers with M-QAM modulation format [J]. IEEE Photonics Technology Letters, 2010, 22(14): 1051-1053.

[43] FATADIN I, IVES D. Laser Linewidth Tolerance for 16-QAM Coherent Optical Systems Using QPSK Partitioning [J]. IEEE Photonics Technology Letters, 2010, 22(9): 631-633.

[44] PFAU T, NOE R. Phase-Noise-Tolerant Two-Stage Carrier Recovery Concept for Higher Order QAM Formats [J]. IEEE Journal of Selected Topics in Quantum Electronics, 2010, 16(5): 1210-1216.

[45] FATADIN I, IVES D, SAVORY S J. Carrier Phase Recovery for 16-QAM using QPSK Partitioning and Sliding Window Averaging[J]. IEEE Photonics Technology Letters,

2014, 26(9): 854-857.

[46] IP E, KAHN J M. Carrier synchronization for 3-and 4-bit per-symbol optical transmission[J]. IEEE Journal of Lightwave Technology, 2005, 23(12): 4110-4124.

[47] SEIMETZ M. Laser linewidth limitations for optical systems with high-order modulation employing feed forward digital carrier phase estimation[C]. in Proc. of Optical Fiber Communication Conference (OFC), San Diego USA: IEEE, 2008.

[48] LI X, CAO Y. A Simplified Feedforward Carrier Recovery Algorithm for Coherent Optical QAM System[J]. IEEE Journal of Lightwave Technology, 2011, 29(5): 801-807.

[49] LI J, LI L, TAO Z. Laser-linewidth-tolerant feed-forward carrier phase estimator with reduced complexity for QAM[J]. IEEE Journal of Lightwave Technology, 2011, 29(16): 2358-2364.

[50] KE J, ZHONG K, GAO. Linewidth-Tolerant and Low-Complexity Two-Stage Carrier Phase Estimation for Dual-Polarization 16-QAM Coherent Optical Fiber Communications [J]. IEEE Journal of Lightwave Technology, 2012, 30(24): 3987-3992.

[51] ZHONG K, KE J, GAO Y. Linewidth-Tolerant and Low-Complexity Two-Stage Carrier Phase Estimation Based on Modified QPSK Partitioning for Dual-Polarization 16 QAM Systems[J]. IEEE Journal of Lightwave Technology, 2013, 31(1): 50-57.

[52] GAO Y, LAU A P T, LU C. Low-complexity two-stage carrier phase estimation for 16 QAM systems using QPSK partitioning and maximum likelihood detection[C]. in Proc. of Optical Fiber Communication Conference (OFC), Los Angeles USA: IEEE, 2011.

[53] ZHOU X, YU J. Two-stage feed-forward carrier phase recovery algorithm for high-order coherent modulation formats[C]. in Proc. of 36th European Conference and Exposition on Optical Communications (ECOC), Torino Italy: IEEE, 2010.

[54] 钟康平,李唐军,孙剑,等. 基于线性相位插值的增强型载波相位估计算法[J]. 光学学报, 2013, 33(9): 103-105.

[55] ZHONG K, LI T, SUN J. Linewidth-Tolerant and Low Complexity Carrier Phase Estimation Based on Phase Linear Interpolation[C]. in Proc. of Asia Communications and Photonics Conference (ACP), Beijing China: IEEE, 2013.

[56] TAO Z, LI L, ISOMURA A. Multiplier-free Phase Recovery for Optical Coherent Receivers[C]. in Proc. of Optical Fiber Communication Conference/National Fiber Optic Engineers Conference (OFC/NFOEC), San Diego USA: IEEE, 2008.

[57] HOFFMANN S, PEVELING R, PFAU T. Multiplier-Free Real-Time Phase Tracking for Coherent QPSK Receivers[J]. IEEE Photonics Technology Letters, 2009, 21(3): 137-139.

[58] QI J, HAUSKE F N. Multiplier-free Carrier Phase Estimation for Low Complexity Carrier Frequency and Phase Recovery[C]. in Proc. of Optical Fiber Communication Conference/National Fiber Optic Engineers Conference (OFC/NFOEC), Los Angeles USA: IEEE, 2012.

[59] ZHONG K, KE J, GAO Y. Carrier Phase Estimation for DP-16QAM Using QPSK

Partitioning and Quasi-Multiplier-Free Algorithms [C]. in Proc. of Optical Fiber Communication Conference and Exhibition (OFC), San Francisco USA: IEEE, 2014.

[60] ZHOU X, ZHONG K, GAO Y. Modulation-format-independent blind phase search algorithm for coherent optical square M-QAM systems [J]. Optics Express, 2014, 22(20): 24044-24054.

[61] CHEN S, ZHAO J. The Requirements, Challenges and Technologies for 5G of Terrestrial Mobile Teleco mmunication [J]. IEEE Communications Magazine, 2014, 52(5): 36-43.

[62] LI X, XIAO J, YU J. Long-distance wireless mm-wave signal delivery at W-band[J]. IEEE Journal of Lightwave Technology, 2016, 34(2): 661-668.

[63] LI X, YU J, XIAO J. Demonstration of ultra-capacity wireless signal delivery at W-band [J]. IEEE Journal of Lightwave Technology,2016, 34(1): 180-187.

[64] YU J, JIA Z, WANG T. Centralized lightwave radio-over-fiber system with photonic frequency quadrupling for high-frequency millimeter-wave generation[J]. IEEE Photonics Technology Letters, 2007,19(19): 1499-1501.

[65] KITAYAMA K, MARUTA A, YOSHIDA Y. Digital coherent technology for optical fiber and radio-over-fiber transmission systems [J]. IEEE Journal of Lightwave Technology, 2014, 32(20): 3411-3420.

[66] LI X, YU J, ZHANG J. Fiber-wireless-fiber link for 100 Gb/s PDM-QPSK signal transmission at W-band [J]. IEEE Photonics Technology Letters, 2014, 26 (18): 1825-1828.

[67] LI X, YU J, ZHANG J. A 400G optical wireless integration delivery system[J]. Optics Express, 2013, 21(16): 18812-18819.

[68] LI X, YU J, XIAO J. Fiber-wireless-fiber link for 128 Gb/s PDM-16QAM signal transmission at W-band [J]. IEEE Photonics Technology Letters, 2014, 26 (19): 1948-1951.

[69] ZHANG J, YU J, CHI N, DONG Z. Multichannel 120 Gb/s data transmission over 2×2 MIMO fiber-wireless link at W-band[J]. IEEE Photonics Technology Letters, 2013, 25(8): 780-783.

[70] CHOW C W, KUO F M, SHI J W. 100 GHz ultra-wideband (UWB) fiber-to-the-antenna (FTTA) system for in-building and in-home networks [J]. Optics Express, 2010, 18(2): 473-478.

[71] CHOW C W, KUO F M, SHI J W. 100 GHz ultra-wideband wireless system for the fiber to the antenna networks[C]. in Proc. of Optical Fiber Communication Conference/ National Fiber Optic Engineers Conference (OFC/NFOEC), San Diego USA: IEEE, 2010.

[72] CAO Z, YU J, LI F. Energy efficient and transparent platform for optical wireless networks based on reverse modulation [J]. IEEE Journal on Selected Areas in Communications, 2013, 31(12): 804-814.

[73] CHEN L, SHAO Y, LEI X. A novel radio-over-fiber system with wavelength reuse for

upstream data connection[J]. IEEE Photonics Technology Letters, 2007, 19(6): 387-389.

[74] OZEKI Y, KISHI M, TSUCHIYA M. Fiber-optic transmission of 60 GHz DBPSK signal employing the dual-mode PSK modulation (DMPM) method[C]. in Proc. of International Topical Meeting on Microwave Photonics (MWP), Long Beach USA: IEEE, 2001.

[75] NAKADAI S, HIGUMA K, OIKWA S. Synthesis of orthogonal dual-mode optical BPSK signals by a monolithic $LiNbO_3$ modulator[C]. in Proc. of International Topical Meeting on Microwave Photonics (MWP), Awaji-Yumebutai Japan: IEEE, 2002.

[76] WANG K, ZHENG X, ZHANG H. A Radio-Over-Fiber Downstream Link Employing Carrier-Suppressed Modulation Scheme to Regenerate and Transmit Vector Signals[J]. IEEE Photonics Technology Letters, 2007,19(18): 1365-1367.

[77] JIANG W J, LIN C T, HO C H. Photonic vector signal generation employing a novel optical direct-detection in-phase/quadrature-phase upconversion[J]. Optics Letters, 2010, 35(23): 4069-4071.

[78] WANG Y, XU Y, LI X. Balanced precoding technique for vector signal generation based on OCS[J]. IEEE Photonics Technology Letters, 2015, 27(13): 2469-2472.

[79] XIAO J, ZHANG Z, LI X. OFDM vector signal generation based on optical carrier suppression[J]. IEEE Photonics Technology Letters, 2015, 27(23): 2449-2452.

[80] XIAO J, LI X, XU Y. W-band OFDM photonic vector signal generation employing a single Mach-Zehnder modulator and precoding[J]. Optics Express, 2015, 23(18): 24029-24034.

[81] LI X, XU Y, XIAO J. W-band Mm-Wave Vector Signal Generation based on Precoding-assisted Random Photonic Frequency Tripling Scheme enabled by Phase Modulator[J]. IEEE Photonics Journal, 2016, 8(2).

[82] QI G, YAO J P, SEREGELYI J. Optical generation and distribution of continuously tunable millimeter-wave signals using an optical phase modulator[J]. IEEE Journal of Lightwave Technology, 2005,23(9): 2687-2695.

[83] LIN C T, SHIH P T, CHEN J J. Optical millimeter-wave signal generation using frequency quadrupling technique and no optical filtering[J]. IEEE Photonics Technology Letters, 2008, 20(12), 2008.

[84] CHI H, YAO J. Frequency quadrupling and upconversion in a radio over fiber link[J]. IEEE Journal of Lightwave Technology, 2008, 26(15): 2706-2711.

[85] LIN C T, SHIH P T, JIANG W J. Photonic vector signal generation at microwave/millimeter-wave bands employing an optical frequency quadrupling scheme[J]. Optics Letters, 2009, 34(14): 2171-2173.

[86] LI X, XIAO J, XU Y. Frequency-doubling photonic vector millimeter-wave signal generation from one DML[J]. IEEE Photonics Journal, 2015, 7(6): 1-7.

[87] LI X, XIAO J, XU Y. QPSK vector signal generation based on photonic heterodyne beating and optical carrier suppression[J]. IEEE Photonics Journal, 2015,7(5): 1-6.

[88] LI X, YU J, XIAO J. W-band PDM-QPSK vector signal generation by MZM-based

photonic octupling and precoding[J]. IEEE Photonics Journal, 2015, 7(4): 1-6.

[89] LI X, YU J, XIAO J. PDM-QPSK vector signal generation by MZM-based optical carrier suppression and direct detection[J]. Optics Communications, 2015,355: 538-542.

[90] XIAO J, ZHANG Z, LI X. High-Frequency Photonic Vector Signal Generation Employing a Single Phase Modulator[J]. IEEE Photonics Journal, 2015, 7(2): 1-6.

[91] YU J, ZHOU X. Ultra-high-capacity DWDM transmission system for 100G and beyond [J]. IEEE Communications Magazine,2010, 48(3): 56-64.

[92] ZHOU X. Digital signal processing for coherent multi-level modulation formats[J]. Chinese Optics Letters, 2010,8(9): 863-870.

[93] MA J, YU J, YU C. Fiber dispersion influence on transmission of the optical millimeter-waves generated using LN-MZM intensity modulation[J]. IEEE Journal of Lightwave Technology, 2007, 25(11): 3244-3256.

[94] HOMAYOON O, SHAHRAM H. Circularly polarized multiband microstrip antenna using the square and Giuseppe Peano fractals[J]. IEEE Trans. Antennas Propag. ,2012, 60(7): 3466-3470.

[95] HIRATA A, HARADA M, SATO K. Millimeter-wave photonic wireless link using low-cost generation and modulation techniques[C]. in Proc. of International Topical Meeting on Microwave Photonics (MWP), Awaji-Yumebutai Japan: IEEE, 2002.

[96] ZHANG J, DONG Z, YU J. Simplified coherent receiver with heterodyne detection of eight-channel 50 Gb/s PDM-QPSK WDM signal after 1040 km SMF-28 transmission[J]. Optics Letters, 2012, 37(19): 4050-4052.

[97] DONG Z, LI X, YU J. Generation and transmission of 8×112 Gb/s WDM PDM-16QAM on a 25 GHz grid with simplified heterodyne detection[J]. Optics Express, 2013, 21(2): 1773-1778.

[98] KOENIG S, BOES F, DIAZ D L. 100 Gbit/s wireless link with mm-wave photonics[C]. in Proc. of Optical Fiber Communication Conference/National Fiber Optic Engineers Conference (OFC/NFOEC), Anaheim USA: IEEE, 2013.

[99] KANNO A, INAGAKI K, MOROHASHI I. 40 Gb/s W-band (75-110 GHz) 16-QAM radio-over-fiber signal generation and its wireless transmission[C]. in Proc. of 37th European Conference and Exposition on Optical Communications (ECOC), Geneva Switzerland: IEEE, 2011.

[100] SAMBARAJU R, ZIBAR D, ALEMANY R. Radio frequency transparent demodulation for broadband wireless links[C]. in Proc. of Optical Fiber Communication Conference (OFC), San Diego USA: IEEE, 2010.

[101] YARIV A, YEH P. Photonics: Optical Electronics in Modern Communications[M]. New York: Oxford University Press, 2006.

[102] XIAO J, TANg C, LI X. Polarization multiplexing QPSK signal transmission in optical wireless-over fiber integration system at W-band[J]. Chinese Optics Letters, 2014, 61(5): 11-14.

[103] MAHGEREFTEH D, MATSUI Y, ZHENG X. Chirp managed laser and applications

[J]. IEEE Journal of Selected Topics in Quantum Electronics, 2010, 16(5): 1126-1139.

[104] DONG Z, YU J, LI X. Integration of 112 Gb/s PDM-16QAM Wireline and Wireless Data Delivery in Millimeter Wave RoF System [C]. in Proc. of Optical Fiber Communication Conference/National Fiber Optic Engineers Conference (OFC/NFOEC), Anaheim USA: IEEE, 2013.

[105] YU J, LI X, ZHANG J, XIAO J. 432 Gb/s PDM-16QAM signal wireless delivery at W-band using optical and antenna polarization multiplexing[C]. in Proc. of European Conference on Optical Communication (ECOC), Cannes France: IEEE, 2014.

[106] XU Y, ZHANG Z, LI X . Demonstration of 60Gbit/s W-band optical mm-wave signal full-duplex transmission over fiber-wireless-fiber network [J]. IEEE Communication Letters, 2014, 18(12): 2105-2108.

[107] TANG C, LI R, SHAO Y. Experimental demonstration for 40 km fiber and 2 m wireless transmission of 4 Gb/s OOK signals at 100 GHz carrier[J]. Chinese Optics Letters, 2013,11(2): 24-26.

[108] YU J, LI X, YU J, CHI N. Flattened optical frequency-locked multi-carrier generation by cascading one directly modulated laser and one phase modulator[J]. Chinese Optics Letters, 2013,11(11): 33-37.

[109] LI F, CAO Z, LI X. Fiber-wireless transmission system of PDM-MIMO-OFDM at 100 GHz frequency [J]. IEEE Journal of Lightwave Technology, 2013, 31 (14): 2394-2399.

[110] JAHROMI M N, FALAHATI A, EDWARDS R M. Bandwidth and impedance-matching enhancement of fractal monopole antennas using compact grounded coplanar waveguide[J]. IEEE Trans. Antennas Propag. , 2011, 9(7): 2480-2487.